JOURNAL FÜR HIRNFORSCHUNG

INTERNATIONALES JOURNAL FÜR NEUROBIOLOGIE
INTERNATIONAL JOURNAL OF NEUROBIOLOGY
JOURNAL INTERNATIONAL DE NEUROBIOLOGIE

BEGRÜNDET VON CÉCILE UND OSKAR VOGT

Unter Mitwirkung des Cécile und Oskar Vogt Instituts für Hirnforschung in Düsseldorf
und der Arbeitsgemeinschaft für vergleichende Neuroanatomie
der Fédération mondiale de Neurologie (World Federation of Neurology)

BAND 13 · 1972/73

AKADEMIE-VERLAG BERLIN

Verantwortlich für den Inhalt: Prof. Dr. A. Hopf, 4 Düsseldorf; Prof. Dr. W. Kirsche, 104 Berlin.
Verlag: Akademie-Verlag GmbH, 108 Berlin, Leipziger Straße 3–4;
(Fernruf: 200441, Telex-Nr. 011 2020, Postscheckkonto: Berlin 35021). Bestellnummer dieses Heftes: 1018/13.
Das „Journal für Hirnforschung" erscheint sechsmal jährlich. 6 Hefte bilden einen Band.
Der Preis je Einzelheft 25,– M. Der Preis für einen Band beträgt 150,– M.
Satz und Druck: VEB Druckhaus „Maxim Gorki", 74 Altenburg.
Veröffentlicht unter der Lizenznummer 1326 des Presseamtes beim Vorsitzenden des Ministerrates der Deutschen Demokratischen Republik.

Inhaltsverzeichnis Band 13

Der Band enthält 372 Abbildungen und 35 Tabellen

JOURNAL FÜR HIRNFORSCHUNG

INTERNATIONALES JOURNAL FÜR NEUROBIOLOGIE
INTERNATIONAL JOURNAL OF NEUROBIOLOGY
JOURNAL INTERNATIONAL DE NEUROBIOLOGIE

BEGRÜNDET VON CÉCILE UND OSKAR VOGT

Unter Mitwirkung des Cécile und Oskar Vogt Instituts für Hirnforschung in Düsseldorf und der Arbeitsgemeinschaft für vergleichende Neuroanatomie der Fédération mondiale de Neurologie (World Federation of Neurology)

BAND 13 · HEFT 1/2 · 1971

AKADEMIE-VERLAG · BERLIN

Inhalt des Heftes 1/2

Seite

Im JOURNAL FÜR HIRNFORSCHUNG werden Arbeiten aus dem Gesamtgebiet der normalen Morphologie (Anatomie, Histologie, Cytologie, Elektronenmikroskopie, Histochemie) und der Entwicklungsgeschichte des Nervensystems unter Einschluß experimentell-anatomischer Arbeiten veröffentlicht. Neurophathologische Arbeiten werden nur angenommen, wenn sie Beiträge zur normalen Struktur, den Strukturwandlungen oder deren funktionellen Bedeutungen nthalten. Zum Publikationsgebiet des JOURNAL FUER HIRNFORSCHUNG gehören auch Arbeiten, die sich mit der Zuordnung experimenteller Reiz- und Ausfallerscheinungen bzw. klinischen Symptomen zu bestimmten Strukturen des Gehirns („Lokalisationslehre") befassen. Als spezielles Publikationsgebiet ist die vergleichende Neurobiologie vorgesehen.

The JOURNAL FÜR HIRNFORSCHUNG will publish studies on normal morphology (anatomy, histology, cytology, electron microscopy, histochemistry), on the development of the nervous system, as well experimental anatomical studies. Neuropathological studies will only be published if they contribute to the knowledge of normal structures, structural changes or their functional significance. Papers dealing with the cerebral localization of experimental excitation and deficit phenomena or clinical symptoms (localization theory) will als be published by the JOURNAL FUER HIRNFORSCHUNG. A special part of the publication is reserved for comparative neurobiology.

Le JOURNAL FÜR HIRNFORSCHUNG publiera des études sur la morphologie normale (anatomie, histologie, cytologie, microscopie électronique, histochimie), sur le développement du système nerveux ainsi que des études anatomiques expérimentales. Des études neuropathologiques seront seulement acceptées quand elles contribuent à la connaissance des structures normales, des changements structurels ou de leur signification fonctionelle. Des études sur la localisation cérebrale de phénoménes expérimentaux ou cliniques d'excitation ou de déficit (doctrine des localisations) seront également publiées par le JOURNAL FUER HIRNFORSCHUNG. Une partie spéciale sera réservée à la neurobiologie comparée.

Verantwortlich für den Inhalt: Prof. Dr. A. Hopf, 4 Düsseldorf; Prof. Dr. W. Kirsche, 104 Berlin.
Verlag: Akademie-Verlag GmbH, 108 Berlin, Leipziger Straße 3–4.
(Fernruf: 200441, Telex-Nr. 011 2020; Postscheckkonto: Berlin 35021. Bestellnummer dieses Heftes: 1018/13/1/2.
Das „Journal für Hirnforschung" erscheint sechsmal jährlich. 6 Hefte bilden einen Band.
Preis je Einzelheft 25,– M. Der Preis für einen Band beträgt 150,– M.
Satz und Druck: VEB Druckhaus „Maxim Gorki", 74 Altenburg.
Veröffentlicht unter der Lizenznummer 1326 des Presseamtes beim Vorsitzenden des Ministerrates der Deutschen Demokratischen Republik.

JOURNAL FÜR HIRNFORSCHUNG

Internationales Journal für Neurobiologie

BAND 13 Heft 1/2 1971

Aus dem Anatomischen Institut des Medizinischen Bereichs (Charité)
der Humboldt-Universität zu Berlin
(Direktor: Professor Dr. sc. med. W. KIRSCHE)

Experimentelle Untersuchungen über enzymhistochemische Veränderungen im olfactorischen System von Ambystoma mexicanum nach einseitiger Resektion des Riechorganes[1] [2]

Von

H. WENK und E. WINKELMANN

Mit 10 Abbildungen

(Eingegangen am 1. 12. 1970)

Einleitung

Zu den zentralen Problemen der experimentellen Neurobiologie gehören jene Vorgänge, die den Ablauf degenerativer, reaktiver und regenerativer Prozesse nach traumatischen Läsionen peripheren oder zentralnervösen Gewebes beeinflussen. Die nach Kontinuitätsunterbrechung am Neuron und der Neuroglia ablaufenden morphologischen Veränderungen blieben seit den klassischen Beschreibungen durch WALLER (1850), SPATZ (1921), SPIELMEYER (1922) und CAJAL (1928) Gegenstand einer Vielzahl von Untersuchungen, die eine Fülle von Einzelbefunden lieferten. Der mit den konventionellen histologischen Methoden gewonnene Einblick in die Vorgänge der neuronalen und gliösen Reaktion nach Läsionen des peripheren Nerven wurde durch die Elektronenmikroskopie (WEBSTER 1962, WECHSLER und HAGER 1962, WETTSTEIN und SOTELO 1963, BLÜMCKE 1964, BLÜMCKE und NIEDORF 1965, THOMAS 1966, THOMAS und JONES 1967, HOLTZMAN et al. 1967) und Methoden der Histochemie in neuerer Zeit bedeutend erweitert (COLMANT 1959, FRIEDE 1959, 1960, 1964, KREUTZBERG 1963a, 1964, 1966, KREUTZBERG und WECHSLER 1963, BLÜMCKE 1964, FRIEDE und KNOLLER 1964, HANEFELD 1965, 1966, HOLTZMAN und NOVIKOFF 1965, SJÖSTRAND 1965, FRIEDE und JOHNSTONE 1967, THOMAS und EXSS 1967, THOMAS 1969 Lit!). Auch konnten elektronenmikroskopische (DAVID et al. 1963, SCHLOTE 1964, 1966, 1970 Lit!, LAMPERT und CRESSMAN 1964) und histochemische Untersuchungen zeigen (SCHLOTE 1961, COLMANT 1962, RUBINSTEIN et al. 1962, KREUTZBERG 1963b, METZ 1968), daß der Schädigung von Bahnen des Zentralnervensystems — unabhängig vom Regenerationserfolg — prinzipiell ähnliche Veränderungen wie am peripheren Nerven folgen. Dabei laufen nach Durchtrennung eines

[1]) Unserem verehrten Lehrer, Herrn Prof. Dr. sc. med. L.-H. KETTLER zum 60. Geburtstage herzlichst gewidmet.

[2]) Mit Unterstützung durch einen Forschungsauftrag des Ministeriums für das Hoch- und Fachschulwesen der DDR.

Axons im proximalen und distalen Abschnitt andersgeartete Vorgänge ab (KREUTZBERG 1963b, KREUTZBERG und WECHSLER 1963, FRIEDE und KNOLLER 1964, KREUTZBERG 1964, HANEFELD 1965, 1966, BLÜMCKE et al. 1966, SCHLOTE 1966, 1970, METZ 1968, THOMAS 1969 Lit!).

Regenerative Veränderungen, die grundsätzlich nur am proximalen, noch mit dem Perikaryon in Verbindung gebliebenen Axonabschnitt einsetzen (Neuronteilregeneration KIRSCHE 1965 Lit!), führen im allgemeinen am peripheren Nerven zu einem besseren Regenerationserfolg als im ZNS. Die Regenerationsfähigkeit des zentralnervösen Gewebes ist wiederum bei „niederen" Wirbeltieren — obwohl auch hier bis heute noch nicht befriedigend geklärte Unterschiede bestehen — besser ausgeprägt als bei „höheren" (WINDLE 1955, KIRSCHE 1960, WINKELMANN 1963, SCHÖNHEIT 1965, 1968 u. a.). Besonders das ZNS von Urodelen zeigt eine bemerkenswerte Regenerationsfähigkeit (KIRSCHE und KIRSCHE 1964, BUTLER und WARD 1965, KIRSCHE 1965 Lit!, SCHÖNHEIT und REHMER 1967, 1968, KIRSCHE und KIRSCHE 1968, 1969, RICHTER 1968, WINKELMANN und WINKELMANN 1970). Außerdem können diese relativ einfach gebauten Gehirne zur Schaffung morphologischer und funktioneller Modelle dienen, wodurch der Einblick in die Vorgänge komplizierterer gebauter Systeme — bei aller gebotenen Vorsicht vor kritikloser Verallgemeinerung — erweitert werden kann.

In vorausgegangenen Untersuchungen (WINKELMANN 1967, WINKELMANN und MARX 1969) interessierte die Frage, ob bei Ambystoma nach einer Reizausschaltung durch Resektion des Riechrezeptors — und der damit verbundenen Unterbrechung des Einströmens olfactorischer Reize auf das Gehirn — die Möglichkeit einer Wiederaufnahme von Reizen gegeben ist. Die Experimente zeigten, daß — neben dem Ablauf degenerativer Vorgänge im verbliebenen Nervenstumpf und Vorderhirn — eine Neubildung spezifischen Sinnesepithels mit Aussprossung olfactorischer Fasern auftrat. Dabei konnte licht- und elektronenmikroskopisch der Beweis einer Kontaktaufnahme der neugebildeten olfactorischen Fasern mit dem verbliebenen Nervengewebe des Vorderhirns erbracht werden. Da besonders die Enzymhistotopochemie durch Darstellung enzymatischer Stoffwechselschritte Bilder über funktionelle Zustandsänderungen von Geweben oder Einzelzellen zu vermitteln vermag, verfolgte die vorliegende Untersuchung das Ziel, mit Hilfe einiger enzymhistochemischer Reaktionen unter analogen experimentellen Bedingungen ein funktionelles Äquivalent zu den lichtmikroskopisch erkennbaren und feinstrukturellen Veränderungen zu schaffen. Darüber hinaus interessierte die Frage, inwiefern die enzymatische Differenzierung regenerierender Sinnesneurone mit der normalen Enzymreifung des olfactorischen Systems von Ambystoma (WENK und WINKELMANN 1970) korreliert.

Material und Methodik

Als Versuchstiere standen 55 Exemplare von *Ambystoma mexicanum* (albinotische Form einer institutseigenen Zucht) zur Verfügung. Bei einer Körperlänge von 12 bis 16 cm wurde den Tieren in Urethannarkose unter dem Stereo-Mikroskop SM XX (VEB Carl Zeiss Jena) die rechte Oberkieferhälfte mit dem Riechorgan entfernt. Bei einigen Tieren erfolgte nur eine Durchtrennung des N. olfactorius. Eine detailliertere Beschreibung der Operation und des postoperativen Verlaufes wurde bereits in früheren Arbeiten gegeben (WINKELMANN 1967, WINKELMANN und MARX 1969). Die Tiere gelangten 4, 8, 12, 24, 48 Stunden, 4, 6, 9, 16, 28, 35, 50, 94, 129, 140, 156, 185 und 345 Tage post operationem zur Untersuchung. In jedem dieser Stadien wurden 2 bis 8 Tiere histochemisch untersucht. Die Tötung erfolgte durch Dekapitation mittels eines Scherenschlages. Sofort danach wurden die Köpfe in toto rasch mit CO_2-Schnee eingefroren. Sie waren dabei so auf dem Gefriertisch orientiert, daß das Operationsgebiet (bzw. das intakte gegenseitige Riechorgan), der N. olfactorius und das Vorderhirn in einer (etwa transversalen) Schnittebene lagen. Bei $-20\,°C$ wurden im Kryostaten (Dittes-Duspiva) 16 µm dicke Schnitte angefertigt, auf Objektträger aufgenommen und angetaut. An den vor- oder unfixierten, bei Raumtemperatur luftgetrockneten Schnitten wurden folgende Enzymaktivitäten dargestellt.

1. *Saure Phosphomonoesterase* (SPase) nach BARKA (1960) mit α-Naphthylphosphat bei pH 5,6. Inkubationszeiten: 30, 45 und 60 min bei Raumtemperatur (18 bis 20 °C). In einigen Versuchen wurde zusätzlich der Nachweis nach GOMORI (PEARSE 1960) mit β-Glycerophosphat durchgeführt.
2. *Alkalische Phosphomonoesterase* (APase) nach KISZELY und PÓSALAKY (1964) bei pH 9,3. Inkubationszeiten: 30 und 45 min bei Raumtemperatur (18—20 °C).
3. *Cytochromoxydase* (CyO) nach BURSTONE (1959) mit N-phenylparaphenylendiamin (Arco) und 1-Hydroxy-2-naphthoesäure (Ferak). Zur Erfassung der Enzymaktivität war ein Zusatz von Cytochrom-c (Reanal) in einer Endkonzentration von 1 mg/ml erforderlich. Inkubationszeit 75 min bei 37 °C.
4. *Succinodehydrogenase* (SDH) modifiziert nach NACHLAS et al. (1957) mit Nitro-BT (Chemapol) und Zusatz von Phenazinmethosulfat (Endkonz. 10 µg/ml). Inkubationszeit 75 min bei 37 °C.

5. *NADH$_2$-Tetrazoliumsalz-Reduktase* (NADH-TR) nach SCARPELLI et al. (1958) mit Nitro-BT und NADH$_2$ (68%ig, AWD) als Substrat. Inkubationszeit 45 min bei 37 °C.

6. *NAD-abhängige Lactat-* (LDH), *Malat-* (MDH) und *β-Hydroxybutyrat* (β-HBDH) *Dehydrogenase* modifiziert nach HESS et al. (1958). Inkubation der Schnitte in einem Polyvinylalkohol-Gel (ARNOLD et al. 1967) mit Nitro-BT für 45 min bei 37 °C, Coenzym NAD (85%ig, AWD). Hinsichtlich der genauen Herstellung und Zusammensetzung dieser Medien sei auf eine frühere Arbeit verwiesen (WENK 1970).

Fixierung: Zur Darstellung von APase und SPase erfolgte zumeist eine Vorfixierung der Schnitte in eiskaltem 10%igem Calzium-Formalin oder Azeton für 5 bis 10 min. In einigen Versuchen wurde ohne Vorfixierung inkubiert. Alle anderen Enzymreaktionen wurden an unfixierten Nativschnitten durchgeführt.

Kontrollen: Bei allen Enzymnachweisen wurden Kontrollschnitte in substratfreien Medien mitgeführt. Zur Kontrolle der CyO-Aktivität erfolgte eine Hemmung des Enzyms durch Zusatz von NaCN zum Medium in einer Endkonz. von 10^{-3} mol.

Nach der Inkubation wurden die Schnitte in 10%igem eiskaltem Calzium-Formalin für 15 min nachfixiert und nach Zwischenwässerung in Glyceringelatine eingeschlossen.

Als histologische Vergleichspräparate standen Orange-Eosin-Toluidinblau und Gallocyanin-Kernechtrot gefärbte Schnittserien von Tieren entsprechender Versuchsanordnung aus früheren Untersuchungen zur Verfügung (WINKELMANN 1967, WINKELMANN und MARX 1969).

Befunde

1. *Normalbefunde*

Als Vergleich für die im postoperativen Verlauf aufgetretenen Veränderungen dienten die nichtoperierte Gegenseite sowie Normalbilder der Enzymverteilung intakter Tiere gleicher Körperlänge aus einer früheren Untersuchung (WENK und WINKELMANN 1970). Hinsichtlich der normalen Verteilungsmuster der hier untersuchten Enzyme sei auf diese Arbeit verwiesen.

2. *Früher postoperativer Verlauf* (4 Std. bis 16 Tage p. o.)

In jedem dieser Stadien wurden Tiere untersucht, denen der Oberkiefer mit dem kompletten Riechorgan reseziert worden war, bis zum 9. Tage p. o. auch solche, bei denen nur eine partielle oder totale Durchtrennung des N. olfactorius erfolgte.

a) *Befunde am operierten N. olfactorius und Riechorgan.* Hierbei gelten folgende Richtungsangaben: proximal = peripherer bzw. nasaler, mit den Perikarya der Sinneszellen des Riechorganes in Verbindung stehender Nervenstumpf; distal = zentraler bzw. cerebraler, von den Perikarya abgetrennter Stumpf.

Distaler Stumpf nach Resektion des Riechorganes. Bereits 4 Std. p. o. zeigt sich im Axoplasma distaler Nervenstümpfe eine deutliche Aktivitätssteigerung an SPase (Abb. 1a) in einem kurzen, umschriebenen Abschnitt in geringer Entfernung von der Schnittstelle. Zu diesem Zeitpunkt ist die Aktivität der anderen Enzyme gegenüber dem nichtoperierten Nerv unverändert. Nach 8 Std. p. o. wird erstmals ein geringfügiger Aktivitätsanstieg von NADH-TR und der NAD-abhängigen Dehydrogenasen erkennbar, der bis zu 24 Std. p. o. schnell zunimmt (Abb. 1b) und bereits 48 Std. p. o. einen Maximalwert erreicht (Abb. 1c). Bei einem Tier fand sich am 4. Tage p. o. nur eine mäßige Aktivitätssteigerung in den aufgelockert verlaufenden Fila olfactoria (Abb. 1d). Die SPase erreicht zwischen dem 2. und 4. postoperativen Tage ihre Maximalaktivität (Abb. 1e). Im Bereich der hyperaktiven Zonen von maximal 0,5 mm Länge sind der Nervenstamm kolbig (Abb. 1b und c), die isolierten Axone leicht spindelförmig verdickt (Abb. 1d). Zwischen dieser hyperaktiven Zone und dem Schnittrand erstreckt sich ein terminaler Faserabschnitt von unterschiedlicher Länge (ca. 0,2 bis 0,8 mm, vgl. Abb. 1b, c und f), der 24 Std. p. o. für alle Enzyme ein etwa normaktives Axoplasma enthält (Abb. 1b und c). Unter Aktivitätsverlust fallen diese terminalen Axonstrecken zwischen dem 4. bis 6. Tage p. o. der Degeneration anheim (Abb. 1f). Am 2. Tage hat sich die Wundfläche bereits mit einem wenig fermentaktiven Epithel überzogen, das bis zum 4. Tage an Dicke, nicht aber an Enzymaktivität zunimmt (Abb. 1f). Ein Aktivitätsanstieg von SDH und CyO deutet sich im distalen Stumpf erstmals 24 Std. p. o. an. Beide Enzyme erreichen erst zwischen dem 4. und 6. Tage p. o. ihre Aktivitätsmaxima (Abb. 2b und c). Somit zeigen NADH-TR, NAD-abhängige Dehydrogenasen und SPase am 2. bis 4. Tage, SDH und CyO am 4. bis 6. Tage p. o. in Axoplasmaverdickungen distaler Stümpfe einen maximalen Aktivitätsanstieg. Während die Aktivität der SPase vom 6. bis zum 9. Tage p. o. langsam abfällt, bleibt die der oxydativen Enzyme bis zu diesem Zeitpunkt relativ konstant. Vom 9. Tage an verändert sich das Bild rasch. Die Dicke der Nervenstümpfe hat abgenommen. Sie erscheinen aufgelockerter. Neben kleinen noch hyperaktiven Abschnitten, die sich jetzt auch distaler von der

Läsionsstelle finden, zeigt die Mehrzahl der Axone einen deutlichen Abfall der Aktivität oxydativer Enzyme (Abb. 1g). Die SPase ist in der Regel vom 16. Tage p. o. an im Axoplasma von Stumpfresten nicht mehr nachweisbar. Nur bei einem Tier konnten wir auch am 16. Tage p. o. noch eine intensive Reaktion an oxydativen Enzymen und SPase im distalen Stumpf beobachten (Abb. 1h).

Durchtrennung des N. olfactorius. Die nach partieller oder totaler Durchtrennung des Nerven an

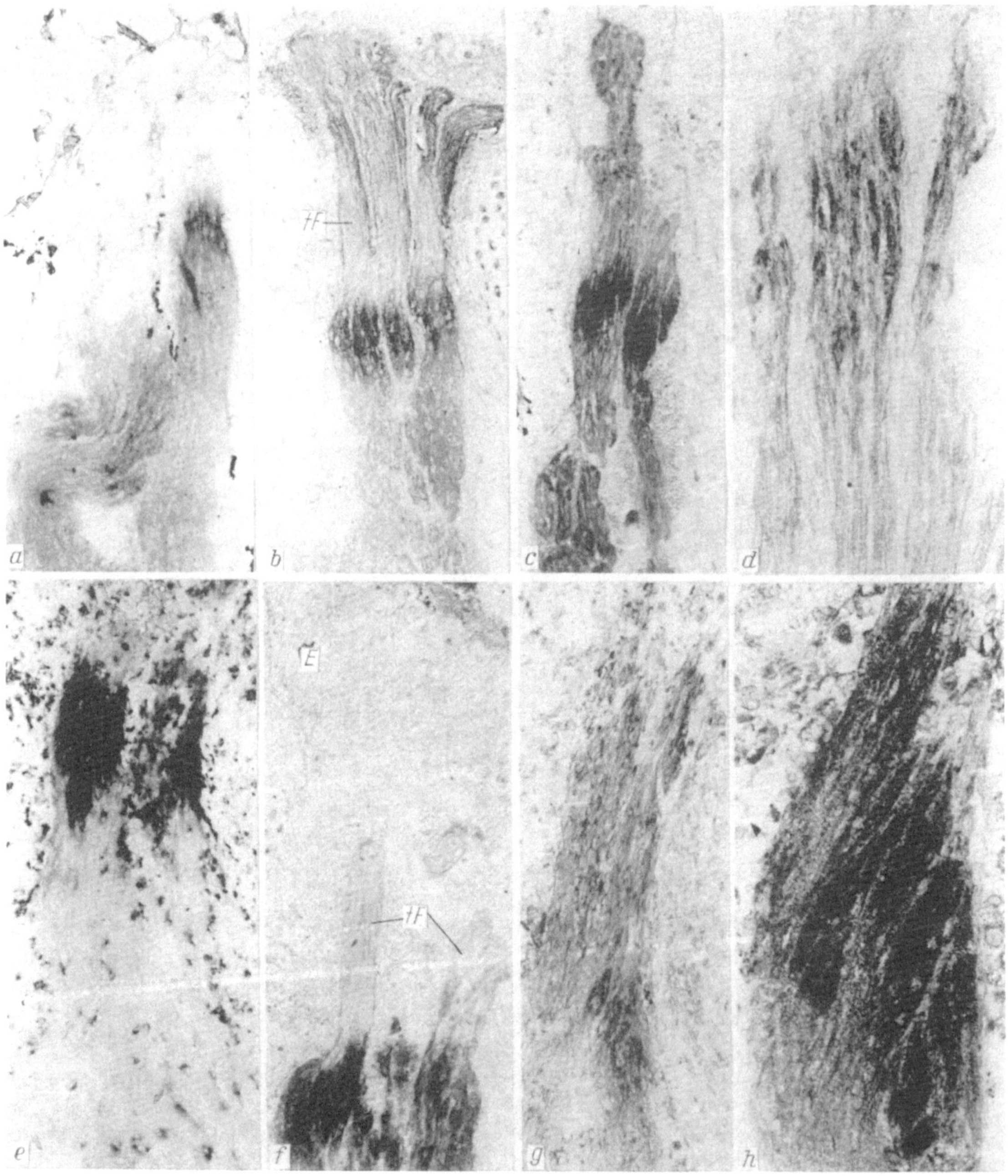

Abb. 1. Anschoppungen der Enzymaktivität in Axonanschwellungen distaler Stümpfe des N. olfactorius von Ambystoma mexicanum nach Resektion des Riechorganes. Saure Phosphatase 4 Std. (a) und 4 Tage p. o. (e). MDH 24 Std. (b) und LDH 4 Tage p. o. (f) mit terminalen norm- oder inaktiven Faserstrecken (tF) und Epithelneubildung (E). Individuell variable Reaktionsweise dargestellt am Beispiel der NADH-TR (c, d, g, h). Intensive Aktivitätssteigerung 48 Std. (c) und 16 Tage p. o. (h). Vergleichsweise mäßige Anschoppung am 4. Tage (d) und regressiver Aktivitätsabfall am 9. Tage p. o. (g). Kryostatschnitte 16 µm, Inkubationszeiten 45 min. Vergrößerungen: 1 : 56 (a—c, e—g) und 1 : 136 (d und h).

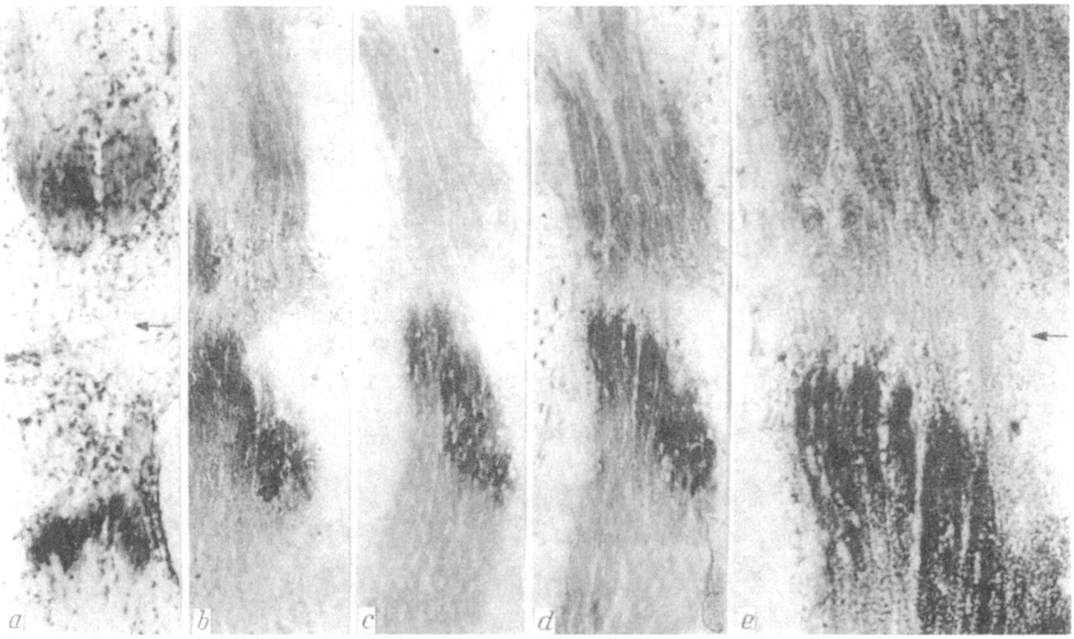

Abb. 2. Verhalten der Enzymaktivität in proximalen (oberer Bildabschnitt) und distalen Stümpfen (unterer Bildabschnitt) nach totaler (a) oder partieller Durchtrennung des N. olfactorius von Ambystoma mexicanum (b—e) 6 Tage post operationem. Schnittführung (→). Saure Phosphatase (a), Cytochromoxydase (b), Succinodehydrogenase (c) und $NADH_2$-Tetrazoliumsalzreduktase (d, e). Kryostatschnitte 16 µm, Inkubationszeiten 45 min (a, d und e) und 75 min (b, c). Vergrößerungen: 1 : 78 (a), 1 : 56 (b—d) und 1 : 136 (e).

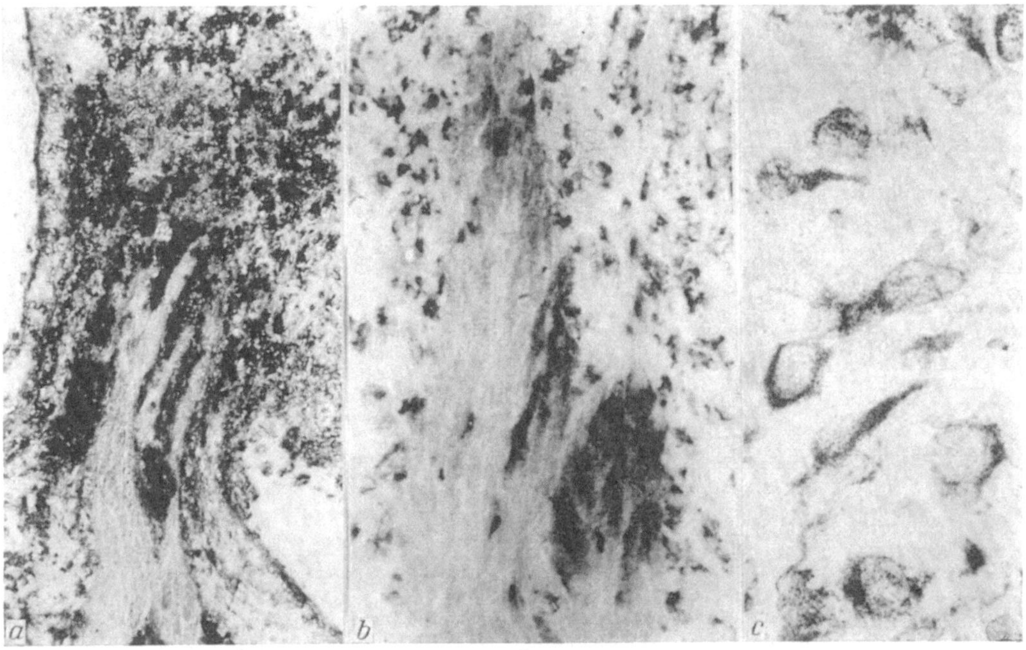

Abb. 3. Stumpfumgebung des N. olfactorius von Ambystoma mexicanum nach Resektion des Riechorganes. Intensive Reaktion alkalischer Phosphatase im Bindegewebe (a) und saurer Phosphatase (b) sowie NADH-TR (c) in histiozytären Makrophagen am 4. Tage (a, b) bzw. 16. Tage p. o. (c). Kryostatschnitte 16 µm. Inkubationszeiten 30 min (a) und 45 min (b, c). Vergrößerungen: 1 : 56 (a), 1 : 136 (b) und 1 : 400 (c).

den distalen Stümpfen auftretenden Veränderungen entsprechen in ihrem Verlauf und Ausmaß denen distaler Stümpfe nach Resektion des Riechorganes. Auffällig ist jedoch, daß die Aktivitätssteigerungen jetzt stets in unmittelbarer Nähe der Läsionsstelle auftreten (vgl. Abb. 1 und 2). Völlig andersgeartet verhalten sich dagegen die proximalen, noch mit den Perikarya in Verbindung gebliebenen Nervenfasern. Als einziges Enzym weist hier die SPase regelmäßig eine Aktivitätssteigerung auf (Abb. 2a), die im zeitlichen Ablauf der distaler Stümpfe entspricht, jedoch meist nicht deren Intensität erreicht. Alle oxydativen Enzyme zeigen dagegen im gesamten Untersuchungszeitraum (4 Std. bis 9 Tage p. o.) nur gelegentlich geringfügige Aktivitätsanstiege (Abb. 2b) oder bleiben meist normaktiv (Abb. 2c—e). Die bei partieller Durchtrennung im Läsionsbereich morphologisch intakt gebliebenen Axone zeigen in einer kurzen Verlaufsstrecke einen Aktivitätsabfall (Abb. 2d und e).

Veränderungen in der Umgebung des operierten N. olfactorius. Im Axoplasma proximaler und distaler Nervenstümpfe läßt die APase — un-

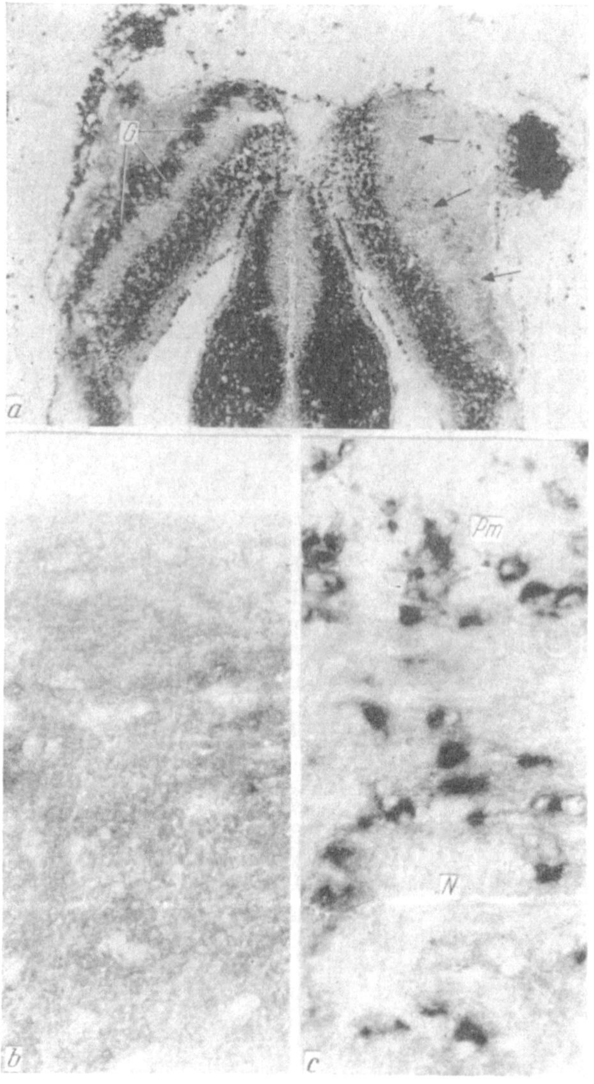

Abb. 4. Histochemischer Nachweis von saurer Phosphatase im Vorderhirn und Bulbus olfactorius von Ambystoma mexicanum nach einseitiger Resektion des Riechorganes. a: Markanter Aktivitätsverlust am 4. postoperativen Tage in der Zone der Glomeruli olfactorii (G) auf der operierten Seite (→). c: Hochaktive Phagozyten im Bereich der Pia mater (Pm) und im Bulbusneuropil (N) am 6. postoperativen Tage. b: Normalbild der kontralateralen, unbeeinflußten Seite. Kryostatschnitte 16 μm. Inkubationszeiten: GOMORI-Reaktion, 24 Std. (a). Azokupplung, 30 min (b, c). Vergrößerungen: 1 : 22 (a), 1 : 200 (b, c).

abhängig ob nach Resektion des Riechrezeptors oder Nervendurchtrennung — keine Aktivitätsveränderungen erkennen. Sie ist jedoch vom 2. Tage p. o. an in den Gefäßwänden und zahlreichen Kapillarsprossen in der näheren Umgebung der Stümpfe sowie im Perineurium verstärkt nachweisbar (Abb. 3a). Vom gleichen Zeitpunkt an treten — beginnend in der Umgebung, später im Nervenstumpf selbst — an SPase hochaktive histiozytäre Makrophagen auf (Abb. 3b)

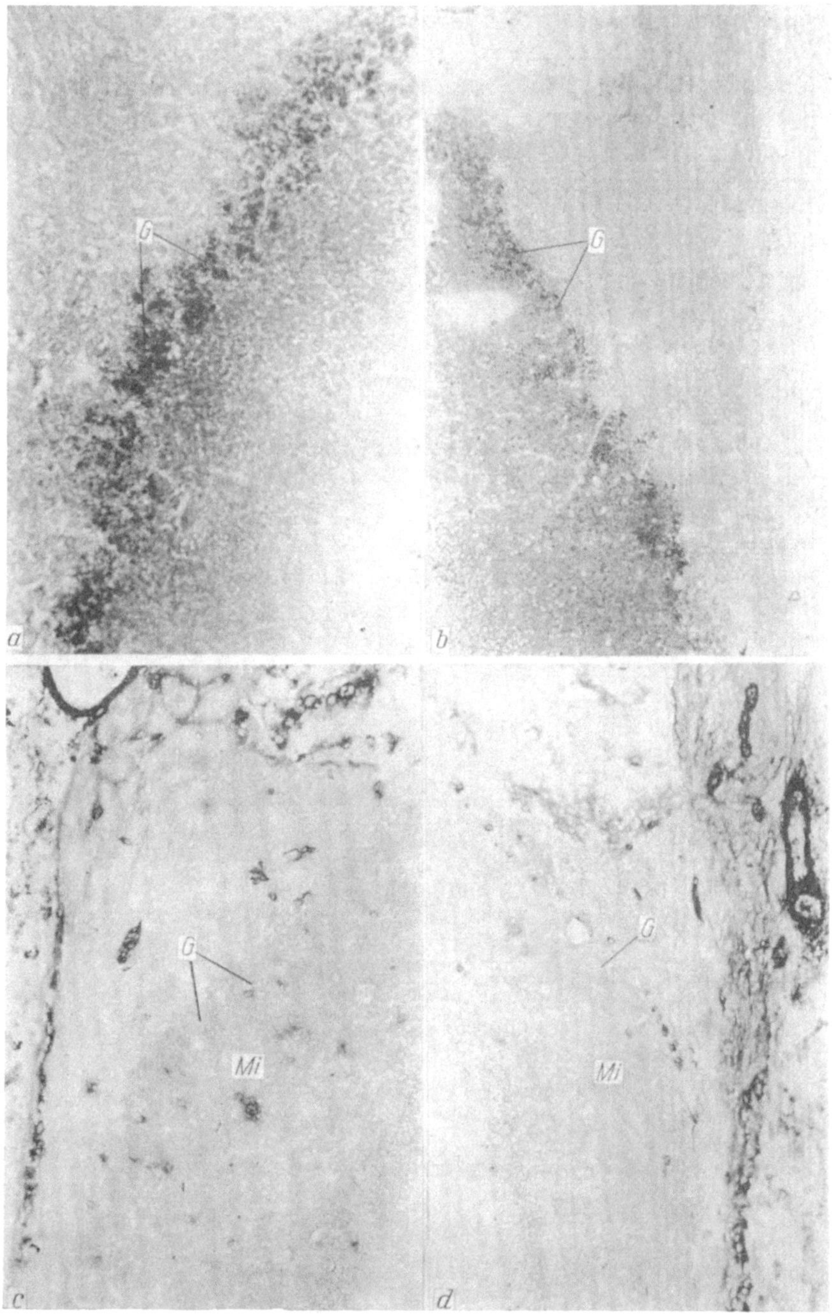

Abb. 5. Vorderhirn mit Bulbus olfactorius von Ambystoma mexicanum 9 Tage nach einseitiger Resektion des Riechorganes. Aktivitätsabfall von Succinodehydrogenase in den Glomeruli olfactorii (G) der operierten Seite (b). Unbeeinflußte Gegenseite (a). Abfall der Aktivität von alkalischer Phosphatase in den Glomeruli olfactorii und in der Schicht der Mitralzelldendriten (Mi) auf der operierten Seite (d). Unbeeinflußte Gegenseite (c). Kryostatschnitte 16 µm. Inkubationszeiten: 75 min (a, b) und 30 min (c, d). Vergrößerungen: 1 : 56.

In späteren postoperativen Stadien (9. und 16. Tag p. o.) zeigen diese Zellen im umgebenden Bindegewebe auch eine erhöhte Aktivität an oxydativen Enzymen (Abb. 3c). An den Riechorganen können nach Durchtrennung des N. olfactorius bis zum Endpunkt (9. Tag p. o.) — verglichen mit den Organen der nichtoperierten Seite oder intakter Tiere — keine Veränderungen im Verhalten der untersuchten Enzyme gefunden werden.

b) *Befunde am Bulbus olfactorius.* In den ersten postoperativen Untersuchungsstadien (4 Std. bis 24 Std. p. o.) sind im Bulbus olfactorius keine enzymhistochemischen Veränderungen erfaßbar. Die ersten deutlichen Erscheinungen zeigt die SPase, deren Aktivität 48 Std. p. o. im Bereich der Glomeruli olfactorii abfällt. Am 4. Tage p. o. läßt sich mit beiden Methoden — auch bei Überinkubation der Schnitte (Abb. 4a) — in den Glomeruli der operierten Seite kaum noch SPase nachweisen. Zu diesem Zeitpunkt treten besonders in der Pia mater und in der meningealen Zone des Bulbusneuropils an SPase hochaktive Zellen auf, die am 6. Tage p. o. im gesamten Bulbus olfactorius der operierten Seite (Abb. 4c), nicht aber auf der intakten Gegenseite zu finden sind (Abb. 4b). Es dürfte sich hierbei — wie in der Umgebung der Nervenstümpfe — primär um Perizyten sowie aus den Kapillaren ausgetretene Makrophagen handeln. Ob eine „Aktivierung" von Neurolemmzellen zu diesem Zeitpunkt auftritt, ist an Hand der Präparate nicht sicher zu entscheiden. Eine Aktivitätssteigerung oxydativer Enzyme tritt in diesen Zellen nicht auf. NADH-TR, NAD-abhängige Dehydrogenasen, SDH, CyO und APase zeigen in den Bulbi olfactorii vor dem 6. Tage p. o. keine Veränderungen. Am 6. Tage deutet sich bei einigen Tieren erstmals ein geringfügiger Aktivitätsabfall in den Fila olfactoria und Glomeruli olfactorii an. Am 9. Tage p. o. ist dieser Aktivitätsverlust bei allen oxydativen Enzymen stärker ausgeprägt (vgl. Abb. 5a und b). Auch die APase zeigt zu diesem postoperativen Termin in den Glomeruli und in der Zone der Mitralzelldendriten (2. olfactorisches Neuron) einen Aktivitätsabfall, der als Ausdruck einer „transneuralen Reaktion" zu werten ist (vgl. Abb. 5c und d). Am 16. postoperativen Tage sind im verbliebenen Nervengewebe der stark verkleinerten Bulbi olfactorii keine nennenswerten Aktivitäten der untersuchten Enzyme mehr erfaßbar.

3. *Späte postoperative Untersuchungsstadien* (28 bis 345 Tage p. o.)

In diesen Stadien wurden nur Tiere untersucht, bei denen der rechte Oberkiefer mit dem kompletten Riechorgan reseziert worden war.

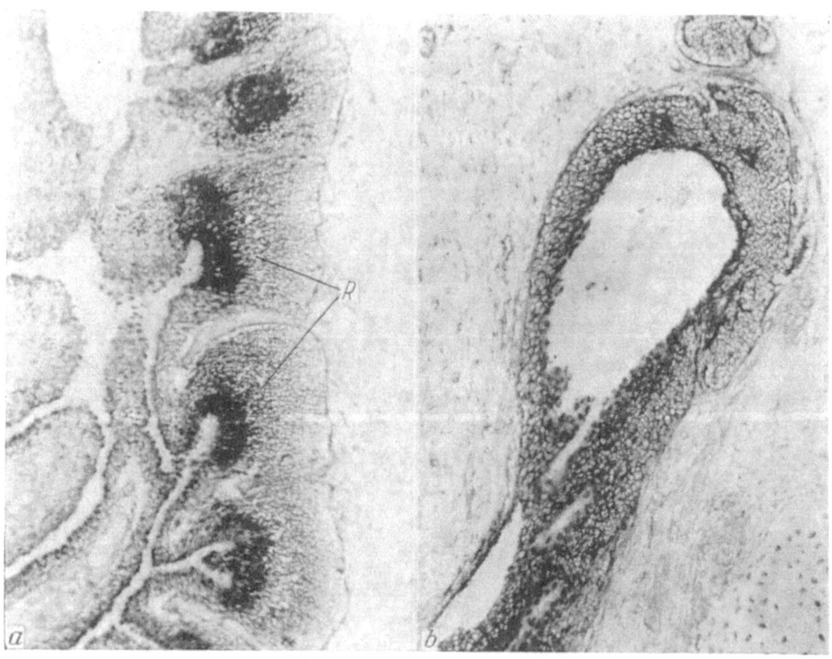

Abb. 6. Histochemische Darstellung von $NADH_2$-Tetrazoliumsalzreduktase im Riechorgan von Ambystoma mexicanum. a: Normales Organ mit intensiver Reaktion im Riechepithel (R) der nichtoperierten Seite. b: Riechhöhlenregenerat nach vorausgegangener einseitiger Resektion des Rezeptororganes am 50. postoperativen Tage. Kryostatschnitte 16 µm. Inkubationszeit 45 min. Vergrößerungen: 1 : 56.

a) *Neubildung von spezifischem Riechepithel.* Das die Wundfläche vom 2. postoperativen Tage an bedeckende Epithel zeigt bis zum Endpunkt der Untersuchung kaum nennenswerte Aktivitäten an oxydativen Enzymen oder APase. Nur die SPase ist in den oberflächlichen Zellagen gut dargestellt. Am 50. Tage p. o. findet sich erstmals bei einem Tier eine neue geschlossene Nasenhöhle (Abb. 6b), dessen Epithel jedoch im Vergleich zu dem normalen Riechorgan niedriger ist und auch die typische Gliederung in abgegrenzte Bezirke spezifischen Sinnesepithels („Riechknospen" WINKELMANN 1967) vermissen läßt (vgl. Abb. 6a und b). In den oberflächlichen Zellen dieses Epithels ist

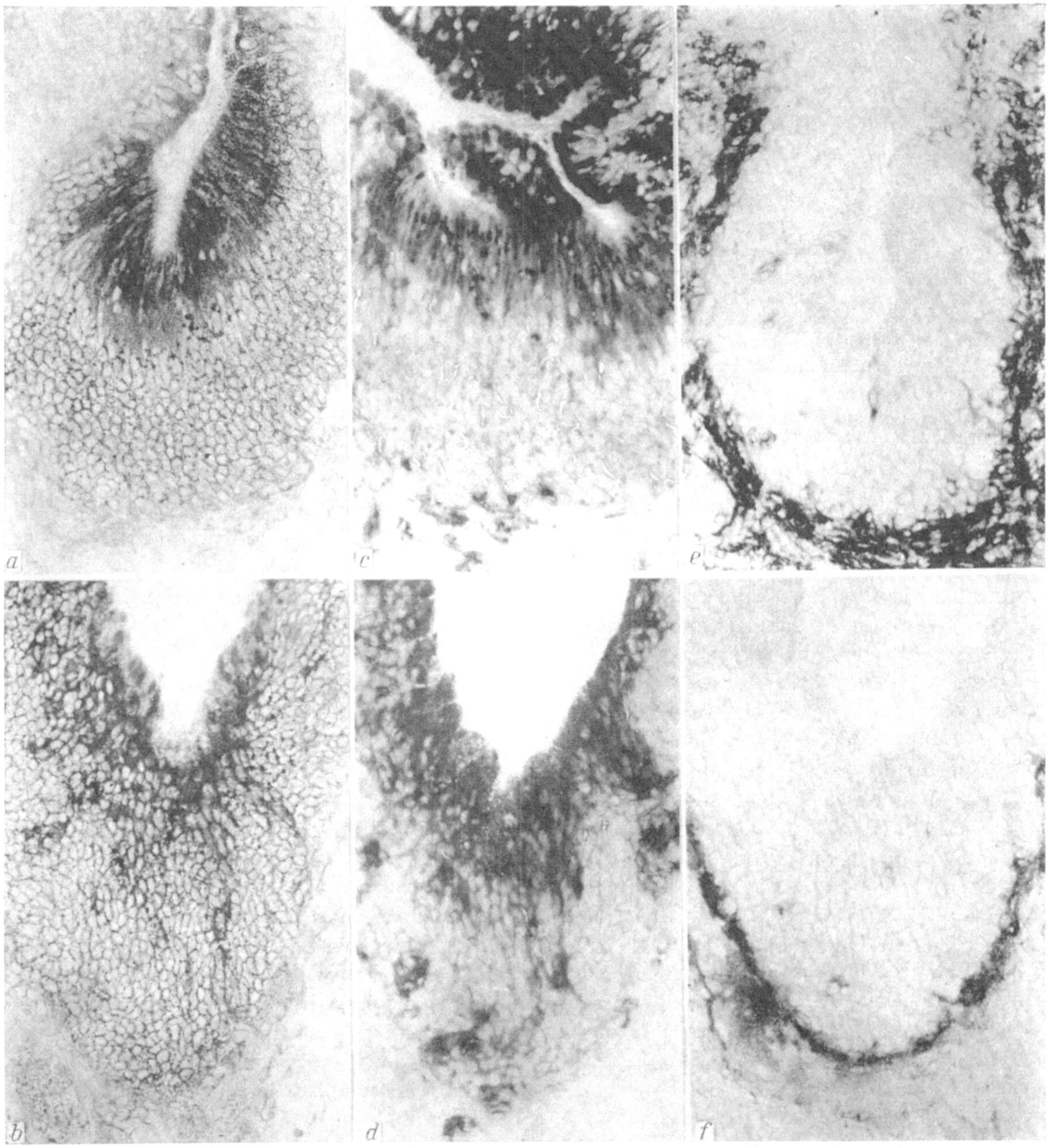

Abb. 7. Ausschnitte aus regenerierten Riechorganen nach vorausgegangener einseitiger Resektion am 129. Tage post operationem (b, d, f) im Vergleich mit dem normalen Riechepithel der unbeeinflußten Seite (a, c, e). Lactatdehydrogenase (a und b), saure Phosphatase (c und d) und alkalische Phosphatase (e und f). Kryostatschnitte 16 μm. Inkubationszeiten: 45 min (a—d) und 30 min (e, f). Vergrößerungen: 1 : 136.

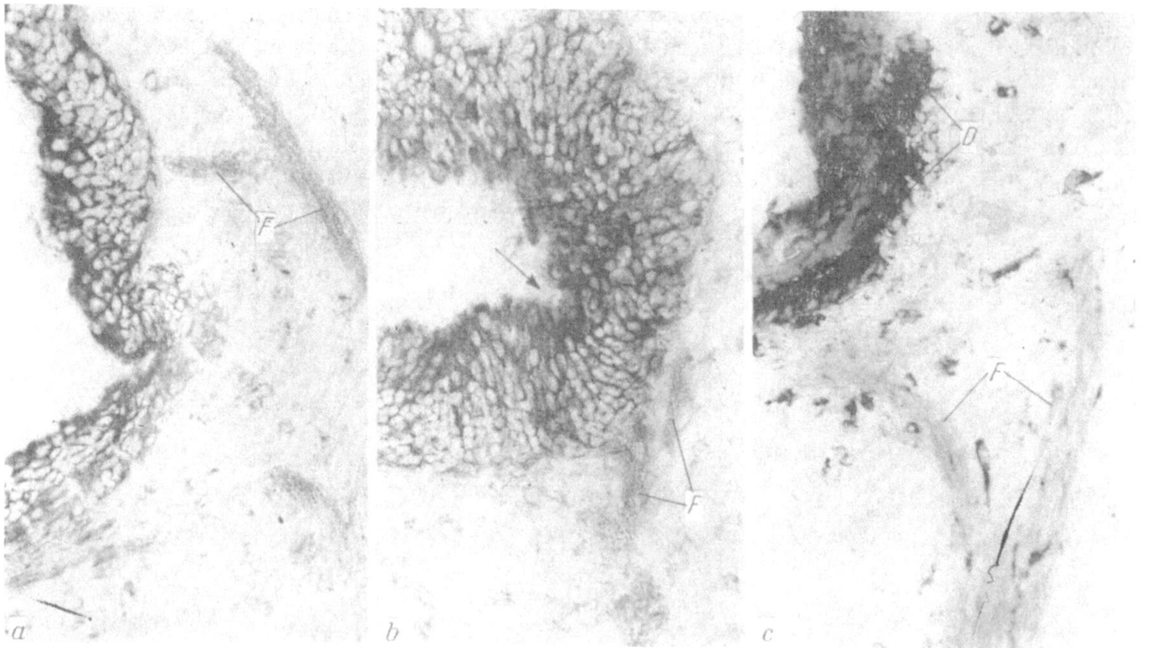

Abb. 8. Regenerate von Riechorganen mit aussprossenden Fila olfactoria (F) 140 Tage nach einseitiger Resektion des Rezeptororganes. Neubildung von Sinnesepithel (→) und von phosphataseaktiven Drüsen (D). NADH-TR (a), β-HBDH (b) und saure Phosphatase (c). Kryostatschnitte 16 μm. Inkubationszeiten 45 min. Vergrößerungen: 1 : 136.

eine intensive Reaktion an NADH-TR (Abb. 6b), an NAD-abhängigen Dehydrogenasen und SPase, eine mäßige an SDH und CyO dargestellt. Die Basalmembran enthält eine — mit normalen Riechorganen verglichen — zunächst noch geringere Aktivität an APase. In den folgenden postoperativen Stadien fanden wir — neben Tieren, die keinerlei regenerative Anzeichen zeigten — die besten Resultate am 94., 129. und 140. Tage (Abb. 7 und 8). In den Epitheleinsenkungen der Regenerate enthält die verbreiterte apicale Zytoplasmazone im Vergleich zum normalen Sinnesepithel eine etwas geringere Aktivität an oxydativen Enzymen (vgl. Abb. 7a und b) und eine höhere an SPase (vgl. Abb. 7c und d). Die APase reagiert in der Basalmembran kaum weniger intensiv als am normalen Riechepithel (vgl. Abb. 7e und f). In der näheren Umgebung der Regenerate finden sich Anschnitte neugebildeter Fila olfactoria, deren Axoplasma für alle Enzyme etwa normaktiv reagiert (Abb. 8a—c). Die Fasern verlassen das regenerierte Epithel im Bereich der am weitesten fortgeschrittenen Differenzierung (Abb. 8b). In die Regenerate einmündende tubulöse Drüsen zeigen wie am normalen Riechorgan eine intensive Aktivität an SPase (Abb. 8c).

b) *Befunde am Nervus und Bulbus olfactorius.* Am 28. und 35. postoperativen Tage sind Nervus und Bulbus olfactorius weitgehend der WALLERschen Degeneration anheimgefallen. Gelegentlich finden sich noch dünne, destrukturierte Reste von Nervenstümpfen mit verminderter APase-Reaktion im Perineurium. Nur noch vereinzelt treten in diesen Stumpfresten an SPase aktive Zellen auf. Nennenswerte Aktivitäten an oxydativen Enzymen sind hier nicht mehr erfaßbar. Der Bulbus olfactorius zeigt das gleiche Bild. Das rechte Vorderhirn ist deutlich verkürzt. Die glomeruläre Schicht ist enzymhistochemisch nicht mehr dargestellt. Mitunter findet sich ein schmaler Restsaum der Filaschicht, der keine Aktivität an oxydativen Enzymen oder APase zeigt und nur noch wenige, an SPase aktive Makrophagen enthält. Die in den folgenden Stadien — vom 50. postoperativen Tage bis zum Endpunkt der Untersuchung — am Nervus und Bulbus olfactorius der operierten Seite ablaufenden Veränderungen sind nicht zeitabhängig, sondern korrelieren in ihrem Ausmaß mit dem Differenzierungsgrad neugebildeten Riechepithels. Die auffälligsten Veränderungen zeigt die SPase-Reaktion in den Nn. olfactorii (Abb. 9a—d). Beginnend am 50. Tage,

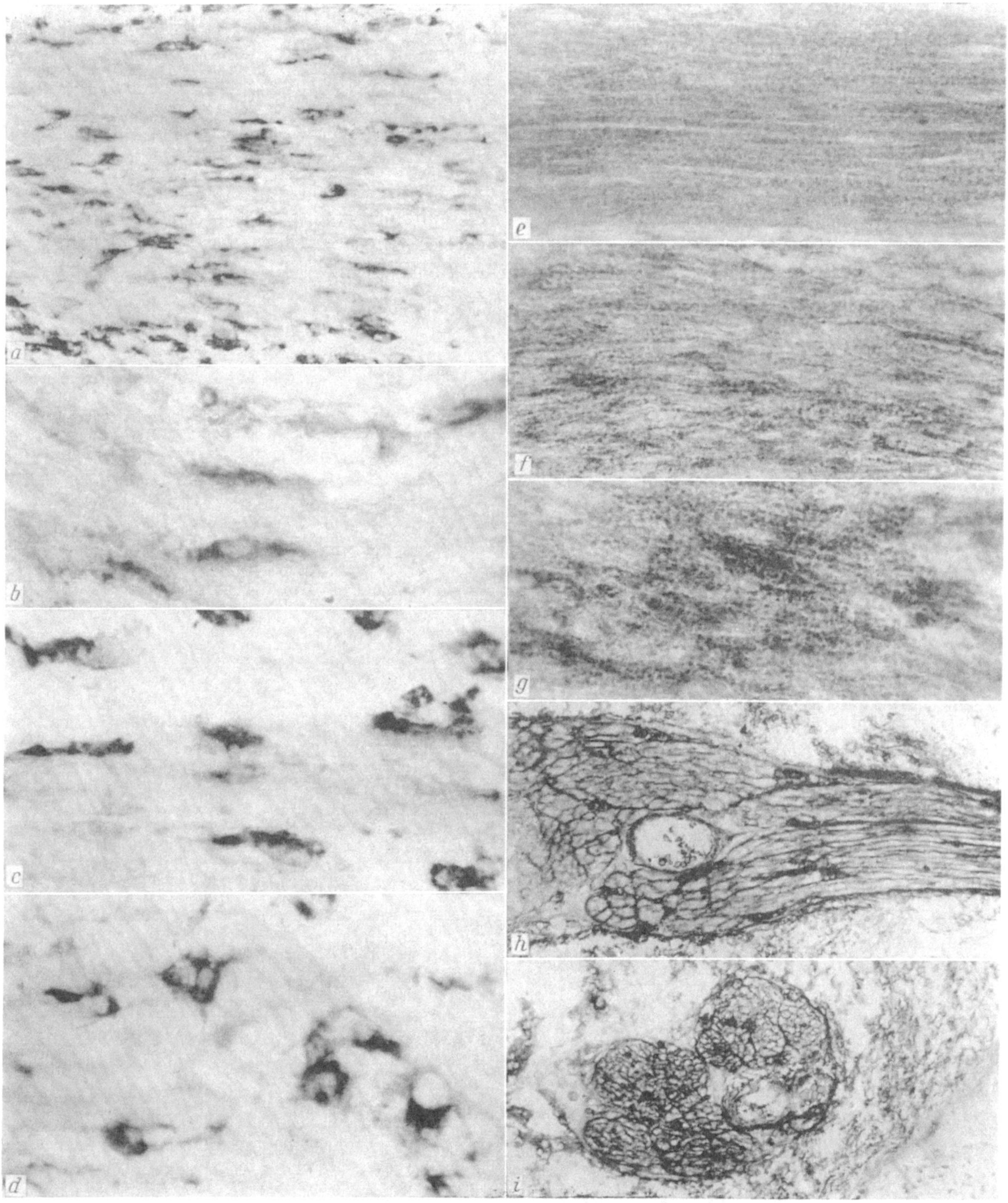

Abb. 9. Ausschnitte aus dem N. olfactorius von Ambystoma mexicanum nach einseitiger Resektion des Riechorganes. Saure Phosphatase mit hoher Aktivität in Neurolemmzellen von Nervenregeneraten am 94. Tage (c) und 140 Tage p. o. (d) sowie unbeeinflußter gegenseitiger Nerven 94 Tage (a) und 129 Tage p. o. (b). Lactatdehydrogenase (e und f) und Succinodehydrogenase (g) im unbeeinflußten (e) und regenerierten Nerven (f und g) mit dem Bild der „Tigerung" 129 Tage post operationem. Alkalische Phosphatase im Peri- und Endoneurium des Nervenregenerates (i) und des unbeeinflußten gegenseitigen Nerven (h) 129 Tage post operationem. Kryostatschnitte 16 µm. Inkubationszeiten 45 min (a–f), 75 min (g) und 30 min (h, i). Vergrößerungen: 1 : 56 (h, i), 1 : 136 (a) und 1 : 350 (b–g).

ausgeprägter vom 94. Tage p. o. an, treten im Perineurium und zwischen den Nervenfaserbündeln im neugebildeten rechten Nerven (Abb. 9c und d), jedoch auch im intakten linken Nervenstamm (Abb. 9a und b) an SPase hochaktive Zellen auf. Sie besitzen zwischen straff gelagerten Faserbündeln eine langgestreckte, spindelförmige Gestalt (Abb. 9a—c). Zwischen lockerer verlaufenden Nervenfasern und im Perineurium erscheinen sie abgerundeter oder sternförmig (Abb. 9d). An Hand histologischer Vergleichspräparate lassen sich die Zellen eindeutig als an SPase „aktivierte" Neurolemmzellen identifizieren. Sie finden sich vereinzelt auch im Bulbusneuropil beider Seiten, in der unmittelbaren Umgebung des unbeeinflußten linksseitigen und regenerierten rechtsseitigen Riechepithels sowie aussprossender Fila olfactoria (Abb. 8c). Im intakten linken N. olfactorius treten diese SPase-aktiven Neurolemmzellen in gleicher Zahl und Aktivität auch bei Tieren auf, die keinerlei Anzeichen regenerativer Veränderungen auf der operierten Seite erkennen lassen. Das an SPase sehr schwach reagierende Axoplasma zeigt keine Seitendifferenzen. Die APase reagiert in den perineuralen Hüllen regenerierter Nerven wie auf der intakten Seite intensiv (vgl. Abb. 9h und i). Die

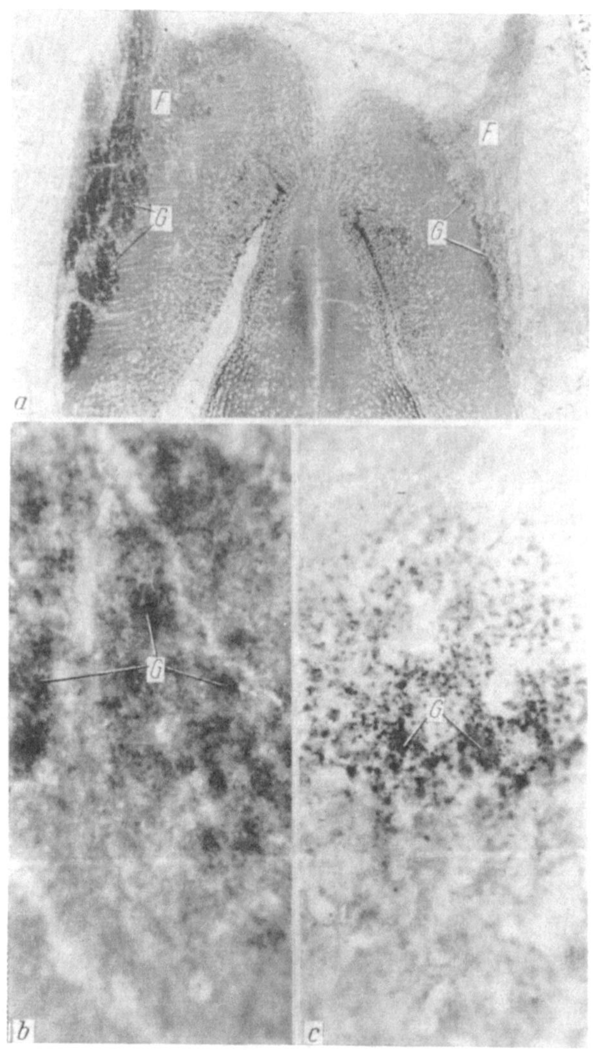

Abb. 10. Vorderhirn mit Bulbus olfactorius von Ambystoma mexicanum nach einseitiger Resektion des Riechorganes. $NADH_2$-Tetrazoliumsalzreduktase (a). Verminderte Aktivität in den neugebildeten Fila olfactoria (F) der operierten Seite 94 Tage nach Rezeptorentfernung und Ausbildung eines kleinen Regenerates. Succinodehydrogenasereaktion (b, c) im Bereich der Glomeruli olfactorii (G) am 140. postoperativen Tage. Grobgranuläre Formazanablagerung im wiederaufgebauten Bulbus (c). Normalbild der kontralateralen, unbeeinflußten Seite (b). Kryostatschnitte 16 μm. Inkubationszeiten 45 min (a) und 75 min (b, c). Vergrößerungen: 1: 22 (a) und 1 : 350 (b, c).

oxydativen Enzyme zeigen im Axoplasma neugebildeter Nn. olfactorii und in der Filaschicht des Bulbus gegenüber der nichtoperierten Seite eine deutlich geringere Aktivität (Abb. 10a). In einigen Nerven von Tieren mit guter Regeneration des Riechepithels finden sich an Oxydoreduktasen norm- bis hyperaktive, leicht verdickte Axone, so daß der Nerv im Vergleich zum Normalbild eine gewisse ,,Tigerung" erkennen läßt (vgl. Abb. 9e—g). Hyperaktive Axonendanschwellungen (Wachstumskolben) wurden in den Präparaten niemals gesehen. Die neugebildeten Bulbi olfactorii zeigen nur in einer schmalen Zone an der Grenze zwischen der Schicht der Fila olfactoria und der Mitralzelldendriten eine gesteigerte Aktivität an NADH-TR (Abb. 10a), NAD-abhängigen Dehydrogenasen und SDH. Das Reaktionsprodukt (Formazan) ist hier regelmäßig grobgranulärer als im Bereich der Glomeruli olfactorii der intakten Seite abgelagert (Abb. 10b und c). Ein Aktivitätsanstieg an SPase ist in dieser Zone kaum erfaßbar. Die APase zeigt bei diesen Tieren einen deutlichen Anstieg der Aktivität der Mitralzelldendriten. In den neugebildeten Bulbi olfactorii wird somit — mit Ausnahme der SPase — ein Enzymstatus erreicht, der in der Verteilung dem Bulbus der intakten Seite nahe kommt, jedoch bei keinem Tier dessen Intensität erreicht.

Diskussion

Veränderungen im Verhalten der Enzymaktivität lassen sich histochemisch dort sicher verfolgen, wo experimentell beeinflußtes und unbeeinflußtes Gewebe im gleichen Schnitt verglichen werden kann. Bei Ambystoma ist es außerdem bei geeigneter Wahl der Schnittebene möglich, das gesamte olfactorische System von der Rezeptorzelle bis zu den zentralen Schaltstellen in einem Schnitt zu überschauen. Unsere unter diesen Bedingungen erhaltenen histochemischen Befunde lassen mehrere Vorgänge erkennen, die sich in ihrem zeitlichen Ablauf, formalgenetisch und funktionell unterscheiden und darum getrennt besprochen werden sollen.

Während bei Säugetier und Mensch die Fortsatzregeneration (Neuronteilregeneration) im Vordergrund eines reparativen Geschehens steht, erfolgt bei niederen Vertebraten wie Knochenfischen, Anuren und Urodelen der Ersatz nervösen Gewebes bevorzugt durch eine Neubildung von Nervenzellen (Neuronregeneration) aus indifferenten Matrixzellen (Kirsche 1964a, 1965 Lit!). Hinsichtlich des Erfolges der Regeneration olfactorischer Sinnesneurone entsprechen die vorliegenden Befunde früheren experimentellen Ergebnissen (Winkelmann 1967, Winkelmann und Marx 1969). Vom 50. postoperativen Tage an fanden wir auf der operierten Seite Neubildungen von Riechorganen, die kleine Inseln spezifischer Riechzellen enthielten. Der Enzymstatus dieser Regenerate entspricht etwa dem sich differenzierender normaler Plakoden, wie sie in den ersten Wochen nach dem Schlüpfen bei Ambystoma auftreten (Wenk und Winkelmann 1970). Die von den Regeneraten aussprossenden Fila olfactoria enthalten im Axoplasma — im Vergleich zur unbeeinflußten Seite — eine auffallend geringe Aktivität an oxydativen Enzymen. Auch die normale Chemodifferenzierung des olfactorischen Systems von Ambystoma ist in den frühen Entwicklungsstadien durch eine geringe Aktivität oxydativer Enzyme charakterisiert (Wenk und Winkelmann 1970). Nach Richter (1955) kann auf Grund biochemischer Untersuchungen zwischen einem ,,Stoffwechsel des Wachstums" mit einem geringen O_2-Verbrauch und einem ,,Stoffwechsel der Funktion" mit einem Anstieg der Aktivität von Enzymen der terminalen Oxydation unterschieden werden. Diese Gesetzmäßigkeit spiegelt sich auch eindrucksvoll in der unterschiedlichen Stoffwechseldifferenzierung bei der Hirnentwicklung von ,,Nesthockern" und ,,Nestflüchtern" wider (Knolle 1959, Ochi 1966). Die rasche Umstellung eines anaeroben auf einen aeroben Energiegewinn stellt im Meerschweinchengehirn nach Flexner et al. (1953) eine ,,kritische Periode" in der Individualentwicklung dar, die ein Ausdruck der funktionellen Reifung ist. In diesem Zusammenhang erscheint es bedeutsam, daß in Abhängigkeit vom Ausmaß des Regenerationserfolges des Rezeptororganes nur eine relativ geringe Zahl der neugebildeten Fila olfactoria im Axoplasma eine Rückkehr der oxydativen Aktivität zur Norm zeigt. Ebenso finden sich im wiederaufgebauten Bulbus olfactorius in der glomerulären Schicht (Zone der synaptischen Transformation zwischen 1. und 2. olfactorischen Neuron) nur kleine Bezirke mit etwa normaktiver Reaktion oxydativer Enzyme. Unter Berücksichtigung der Konzeption von Richter (1955) und Flexner et al. (1953) kann demnach angenommen werden, daß eine nennenswerte funktionelle Potenz nur die ,,aktiveren" Axone erreicht haben. Die histochemischen Befunde liefern damit ein funktionelles Äquivalent zu den elektronenmikroskopischen Ergebnissen, wonach gleichfalls abhängig vom Grad der Regeneration des Riechepithels in erweiterten Abschnitten neugebildeter Fila olfactoria Mitochondrien und in den Glomeruli synaptische Aktivzonen und Mitochondrien wieder nachweisbar sind (WINKELMANN und MARX 1969). Weiterhin wird durch die äußerst auffällige Übereinstimmung des Verhaltens der oxydativen Enzyme in regenerierenden Sinnesneuronen mit der neuronalen Chemodifferenzierung bei Ambystoma (WENK und WINKELMANN 1970) die Hypothese von FLEXNER (1950) gestützt, wonach in der Reifung von Nervenzellen eine Korrelation zum Problem der Nervengeneration besteht.

Ein interessantes Abweichen vom Verhalten in der normalen Entwicklung zeigen jedoch extraneuronale Elemente im Endo- und Perineurium. Während im Verlauf der ontogenetischen Entwicklung in den Zellen des Neurolemms keine SPase-Aktivität nachgewiesen werden kann (WENK und WINKELMANN 1970), steigt sie unter den experimentellen Bedingungen — zeitlich etwa parallel mit dem Beginn der Faseraussprossung — in diesen Zellen beträchtlich an. Die SPase-„aktivierten" Zellen kommen jedoch nicht nur in den Nervenregeneraten vor, sondern auch im unbeeinflußten N. olfactorius der Gegenseite. Lichtmikroskopisch lassen sich im Neurolemm regenerierender und unbeeinflußter gegenseitiger Nn. olfactorii auch zahlreiche Mitosen nachweisen (WINKELMANN 1967, GEISSLER pers. Mitteilung). Da bei diesen Untersuchungen die unbeeinflußte Seite (Plakode, Nerv und Bulbus olfactorius) eher Anzeichen einer Vergrößerung zeigt, läßt sich der Phosphataseanstieg schwerlich im Sinne einer Abräumfunktion der Zellen im Zusammenhang mit degenerativen Vorgängen interpretieren.

Auf eine Beteiligung des Endo- und Perineuriums an regenerativen Prozessen des peripheren Nerven weisen elektronenmikroskopische Befunde von THOMAS (1966) und THOMAS und JONES (1967) hin. Histochemisch fand E. THOMAS (1969) im Perineurium reinnervierter peripherer Nerven noch 1 Jahr nach Schädigung weit distal von der Verletzungsstelle eine gesteigerte Aktivität von Oxydoreduktasen und dephosphorylierenden Enzymen. Damit sind unsere Befunde nur teilweise vergleichbar. Ohne faßbare Aktivität an oxydativen Enzymen reagiert in den Neurolemmzellen ausschließlich die SPase, im Endo- und Perineurium auch die APase bis zum 345. postoperativen Tage intensiv.

Wenn auch a priori weder morphologisch noch funktionell eine direkte Beziehung zwischen Neurolemmzellen und der differenzierteren zentralen Glia des Säugers zu vermuten ist, scheinen uns doch Befunde von COLMANT (1962) interessant. Danach war bei histochemischen Untersuchungen an experimentell erzeugten Parenchymnekrosen des Rattengehirnes auffällig, daß die Mikroglia bei geringer oxydativer Aktivität einen erheblichen Anstieg an SPase aufweist. Nach COLMANT vermag die gegen O_2-Mangel resistente Mikroglia scheinbar Energie auf nichtoxydativem Wege zu gewinnen. Nach unseren Befunden zeigt die Neurolemmzelle von Ambystoma unter den experimentellen Bedingungen einen auffällig ähnlichen Metabolismus.

Ein Anstieg der SPase-Aktivität als Leitenzym für primäre und verschiedene sekundäre Lysosomentypen (HOLTZMAN und NOVIKOFF 1965, KREUTZBERG und HAGER 1966, HOLTZMAN et al. 1967), Zellstrukturen also, die bei intrazellulären Um- und Abbauprozessen von Bedeutung sind, weist auf eine Adaptation der Zellen an veränderte Bedingungen während der regenerativen Vorgänge hin. KREUTZBERG (1966) gelangt auf Grund autoradiographischer Untersuchungen mit markiertem Thymidin nach experimenteller Nervendurchtrennung zu der Ansicht, daß im Verlaufe der Regeneration gesteigerte Austauschvorgänge zwischen Glia und Achsenzylinder von Bedeutung sind. Die Aktivität der APase, eines Enzyms, das im Zusammenhang mit Austauschvorgängen an Membranen diskutiert wird (NOVIKOFF et al. 1962, GOLDFISCHER et al. 1964), erreicht in den perineuralen Scheiden der Nervenregenerate nur eine mit der unbeeinflußten Seite vergleichbare Intensität. Da aber auch hier die Neurolemmzellen eine gesteigerte SPase-Reaktion zeigen, was darauf hinweist, daß auch im ungeschädigten gegenseitigen Riechorgang regenerative Vorgänge ablaufen — möglicherweise als Ausdruck einer funktionellen kompensatorischen Hyperplasie (vgl. KIRSCHE und KIRSCHE 1964c) — kann ein Anstieg der APase-Aktivität durch den visuellen Seitenvergleich im histochemischen Präparat nicht erfaßt werden. Der Neurolemmzelle könnte eine funktionelle Bedeutung für die neuronalen Regenerationsvorgänge im Sinne der Bereitstellung zusätzlicher Stoffwechselmetabolite durch hydrolytische Spaltung von Makromolekülen in weiterverwertbare niedermolekulare Verbindungen (HOLTZMAN und NOVIKOFF 1965) beizumessen sein. Das Phänomen ließe sich als Ausdruck eines im Verlaufe der Regeneration gesteigerten „axonalen Transversalstoffwechsels" (SCHLOTE 1970) deuten. Unsere Befunde liefern damit weitere

Anhaltspunkte dafür, daß die regenerativen Vorgänge durch extraneuronale Faktoren beeinflußt werden (BRATTGÅRD et al. 1957, SCHLOTE 1961, 1970, KREUTZBERG 1963b, 1966, 1967, SJÖSTRAND 1965, P. K. THOMAS 1966, THOMAS und JONES 1967, THOMAS 1969). Völlig offen bleibt jedoch die Frage nach der Kausalgenese der Stoffwechseladaptation des außerneuronalen Gewebes.

Den besprochenen regenerativen Veränderungen gehen am verbliebenen Nervenstumpf und Bulbus olfactorius degenerative und reaktive Erscheinungen voraus. Auffällig ist der bereits 48 Std. nach Axonunterbrechung in den praesynaptischen terminalen Faserabschnitten der Glomeruli olfactorii einsetzende Abfall der SPase-Reaktion. Morphologisch zeigen sich an den Glomeruli feinstrukturell erst am 4. postoperativen Tage, lichtmikroskopisch erst am 7. bis 8. Tage degenerative Veränderungen (KIRSCHE 1964b, WINKELMANN 1967, WINKELMANN und MARX 1969). Im Gegensatz zu den oxydativen Enzymen, die mit einem Aktivitätsabfall erst antworten, wenn auch lichtmikroskopisch degenerative Erscheinungen erfaßt werden, erweist sich die SPase-Reaktion als ein empfindlicher Indikator für eine schon früh einsetzende Veränderung der Reaktionsweise geschädigter praesynaptischer Fasern. Der erst später erfaßbare Abfall der APase-Aktivität in den Mitralzelldendriten kann als Ausdruck einer frühen antegrad-transneuralen Reaktion gedeutet werden, wie sie nach Spinalnervendurchtrennung in der Substantia gelatinosa dorsalis des Rückenmarkes der Ratte — hier allerdings durch einen Abfall an SPase charakterisiert — auftritt (COLMANT 1959).

Eindrucksvolle Veränderungen zeigen die distalen Stümpfe der traumatisch geschädigten Nervi olfactorii. Mit Ausnahme der APase steigen in umschriebenen Axonanschwellungen alle Enzymaktivitäten schon im frühen postoperativen Verlauf erheblich an.

Der Einblick in die Natur von Axonendanschwellungen, die nach einer Läsion sowohl am proximalen als auch am distalen Stumpfende auftreten, konnte in jüngster Zeit durch histochemische und feinstrukturelle Untersuchungen am peripheren Nerven (FRIEDE 1959, 1960, 1964, WECHSLER und HAGER 1962, KREUTZBERG und GULLOTTA 1963, KREUTZBERG und WECHSLER 1963, LUBINSKA et al. 1963, WETTSTEIN und SOTELO 1963, BLÜMCKE 1964, KREUTZBERG 1964, BLÜMCKE und NIEDORF 1965, HANEFELD 1965, 1966, HOLTZMAN und NOVIKOFF 1965, THOMAS 1969 Lit! u. a.) sowie an zentralen Axonen erheblich erweitert werden (SCHLOTE 1961, 1964, 1966, 1970 Lit!, DAVID et al. 1963, KREUTZBERG 1963b, LAMPERT und CRESSMAN 1964, METZ 1968, WENZEL et al. 1969 Lit!). Danach muß zwischen sogenannten „Reaktionskolben", die schon früh nach einer Axonschädigung in beiden Stumpfenden auftreten, und „Wachstumskolben", die nur im proximalen Abschnitt vorliegen und sich morphologisch von Kolbenformen früher Stadien abgrenzen lassen (SCHLOTE 1961, BLÜMCKE 1964b) unterschieden werden. Nach BLÜMCKE (1964b) entstehen die „Wachstumskolben" durch eine Transformation des „inaktiven" in ein „aktiv wachsendes" Plasma. Auf Grund elektronenmikroskopischer Untersuchungen am Nervus opticus der Ratte grenzt SCHLOTE (1966, 1970) eine früh einsetzende peritraumatische Reaktion von später folgenden regenerativen Vorgängen (Sprossungsphänomenen), die allein am proximalen Abschnitt einsetzen und an die Aktivität des Perikaryons gebunden sind, formal und genetisch ab.

Schon wenige Stunden nach traumatischer Schädigung kommt es in den Reaktionskolben zu einem Aktivitätsanstieg oxydativer Enzyme (FRIEDE 1959, 1960, 1964a und b, KREUTZBERG 1963b, KREUTZBERG und WECHSLER 1963, FRIEDE und KNOLLER 1964, HANEFELD 1965, 1966, METZ 1968, THOMAS 1969), saurer Phosphatase (BUBIS und WOLMAN 1965, E. THOMAS 1966, 1969, HOLTZMAN und NOVIKOFF 1965, METZ 1968) und Acetylcholinesterase (BLÜMCKE 1964, LUBINSKA 1964, THOMAS 1969). Auch ließen sich in durchtrennten adrenergen Fasern fluoreszenzhistochemisch Katecholamine verstärkt nachweisen (BLÜMCKE 1964a, BLÜMCKE und NIEDORF 1965b, DAHLSTRÖM 1965). Feinstrukturell zeigen sich in den Axonanschwellungen gleichfalls überraschend früh nach Schädigung gehäuft Mitochondrien, Vesikel, Lamellenkörper, Neurotubuli und fibrilläre Strukturen (WECHSLER und HAGER 1962, DAVID et al. 1963, WETTSTEIN und SOTELO 1963, LAMPERT und CRESSMAN 1964, SCHLOTE 1964, 1966, 1970, BLÜMCKE und NIEDORF 1965, BLÜMCKE et al. 1966) sowie verschiedene sekundäre Lysosomen („dense bodies" und autolytische Körper) mit intensiver SPase-Reaktion (HOLTZMAN und NOVIKOFF 1965).

Während die Enzymanschoppungen in den reaktiven Kolben distaler Stümpfe schon nach Stunden ein regressives Verhalten zeigen, bleiben sie in proximalen Stümpfen peripherer wie zentraler Axone erheblich längere Zeit nachweisbar (KREUTZBERG 1963b, 1964, KREUTZBERG und WECHSLER 1963, HANEFELD 1965, 1966, BLÜMCKE 1964, DAHLSTRÖM 1965, METZ 1968, THOMAS 1969). Mit diesen an Säugern erhobenen Befunden läßt sich das Verhalten der oxydativen Enzyme in den Axonanschwellungen von Ambystoma nur begrenzt in Einklang bringen. 1. Während nach Läsionen des N. ischiadicus oder von Rückenmarksbahnen der Ratte die Anschoppungen oxydativer Enzyme im Axoplasma distaler Stümpfe bereits nach 48 Stunden wieder abklingen (KREUTZBERG 1963b, 1964, HANEFELD 1965, 1966, METZ 1968), werden bei Ambystoma die Aktivitätsmaxima erst zwischen dem 4. bis 6. Tage und ein Aktivitätsabfall frühestens in der 2. Woche p. o. manifest. Hierbei könnte es sich jedoch lediglich um eine zeitliche Verschiebung im Ablauf grundsätzlich gleicher Vorgänge handeln, da auch der Terminplan der Chemodifferenzierung des Ambystomagehirnes gegenüber dem Säugergehirn zeitlich auffällig elongiert ist (vgl. WENK und WINKELMANN 1970). Möglicherweise adaptiert sich der Stoffwechsel des neotenen Kaltblüters auch nach experimentellen Eingriffen langsamer als der des Säugers. In diesem Zusammenhang muß aber auch auf die auffällige individuelle Variabilität in der Reaktionsweise der Tiere hingewiesen werden (vgl. Abb. 1), was vor zu weitreichenden Schlußfolgerungen warnen sollte, zumal, wenn die Befunde nur an einem sehr kleinen Versuchsmaterial erhoben wurden (z. B. HANEFELD 1965, 1966: 11 einseitig operierte Tiere untersucht in 10 postoperativen Stadien!). 2. In dem von uns gewählten Untersuchungszeitraum kam es nach Durchtrennung des N. olfactorius in den proximalen, d. h. mit den Sinneszellperikarya in Verbindung gebliebenen Axonstümpfen zu keinen nennenswerten Aktivitätssteigerungen oxydativer Enzyme (Abb. 2). Dieser Befund weicht erheblich von denen nach Läsion des N. ischiadicus (KREUTZBERG und WECHSLER 1963, FRIEDE und KNOLLER 1964, HANEFELD 1965, 1966, METZ 1968, THOMAS 1969) oder nach Durchtrennung der langen Bahnen des Rückenmarkes der Ratte ab (KREUTZBERG 1963b). Bei diesen Untersuchungen wurden gerade in den proximalen Stümpfen langanhaltende Aktivitätssteigerungen oxydativer Enzyme beobachtet. Unsere Befunde korrelieren dagegen extrem mit Ergebnissen nach Läsionen des N. opticus der Ratte. Hier kommt es gleichfalls — bei relativ geringfügigen Veränderungen im proximalen (orbitalen) Stumpf — besonders in den distalen (cerebralen) Axonanschwellungen zu einer bemerkenswert konstanten initialen Anreicherung von Organellen (SCHLOTE 1966, 1970) sowie zu intensiven Aktivitätssteigerungen oxydativer Enzyme und SPase (METZ 1968). Die Läsionen erfolgten bei diesen Experimenten in unterschiedlicher Entfernung von den Perikarya (1—5 mm hinter dem Bulbus oculi). Da bei einer relativ bulbusfernen Läsion (mindestens 2 mm hinter dem Bulbus) gelegentlich auch organellenreiche und leicht enzympositive Axonanschwellungen im proximalen (orbitalen) Operationsstumpf auftraten, folgern die Autoren, daß die reaktiven Vorgänge bei kurzer proximaler Faserstrecke möglicherweise durch lokale Verletzungsströme (FRIEDE 1964b) unterdrückt werden. Auch unsere Befunde könnten durch diesen Mechanismus gedeutet werden, da die Durchtrennung des Riechnerven von Ambystoma vergleichbar perikaryonnah (ca. 2—5 mm vom Riechorgan entfernt) erfolgte. Zwangsläufig drängt sich aber auch ein anderer, äußerst interessanter Vergleich auf. Sowohl im N. opticus wie im N. olfactorius liegt übereinstimmend eine qualitativ einheitliche Faserpopulation vor, d. h. die einer Faserläsion folgenden Effekte können eindeutig auf sensible bzw. sensorische Neurone bezogen werden. Demgegenüber ist infolge des Nebeneinanders sensibler und motorischer Fasern bei Experimenten am Rückenmark (auch bei Anfertigung von orientierenden Querschnitten; KREUTZBERG 1963b) nur in begrenztem Maße und am N. ischiadicus in keinem Falle eine exakte Bestimmung der funktionellen Qualität reaktiv veränderter Fasern möglich. Es muß darum wohl weiteren Untersuchungen vorbehalten bleiben, inwieweit sich die reaktiven Enzymveränderungen faserspezifisch verhalten, wenn auch KREUTZBERG (1963b) betont, daß am durchtrennten Rückenmark der Ratte alle Aktivitätssteigerungen oxydativer Enzyme unabhängig von der funktionellen Qualität der Fasern auftreten. Solche Untersuchungen dürften nicht zuletzt bedeutsame Rückschlüsse für eine Interpretation der reaktiven Vorgänge aus funktioneller Sicht erwarten lassen. Wir stimmen mit SCHLOTE (1970) voll überein, daß die initialen Enzymanschoppungen als funktionelles Äquivalent organellenreicher Axonauftreibungen nicht als „Regenerationsversuch" gedeutet werden können, sondern sich kausal nur „als Antwort des Axons auf die Schädigung" erklären lassen. 3. Hinsichtlich des Verhaltens der SPase, die in distalen Stümpfen intraaxonal die höheren Werte erreicht, lassen sich die Befunde von Ambystoma zwanglos mit denen vom Säuger in Einklang bringen (BUBIS und WOLMAN 1965, E. THOMAS 1966, 1969, HOLTZMAN und NOVIKOFF 1965, METZ 1968).

Noch nicht befriedigend beantwortet ist bis heute die Frage nach der Kausalgenese der Enzymvermehrung in den Axonanschwellungen. Nach Befunden von FRIEDE (1964a und b) soll eine Enzymanschoppung an den Stumpfenden „in vitro" wie „in vivo" durch lokale Verletzungsströme induziert werden können. Gestützt auf die

Konzeption einer konstanten, proximo-distal gerichteten Axoplasmaverschiebung (WEISS 1944 bis 1967) wird eine Verlagerung von Baustoffen (SCHLOTE 1961) und von oxydativen Enzymen (FRIEDE 1959, 1960, 1964b) aus dem Perikaryon zu einem proximal von der Läsionsstelle entstehenden Axoplasmaanstau angenommen. Für die Enzymverlagerung sprach ein gleichzeitig beobachteter Abfall der perikaryellen Aktivität (FRIEDE 1959, 1960). Diese Befunde konnten jedoch durch andere Untersucher nicht bestätigt werden. In chromatolytischen Nervenzellen erfolgt nicht nur ein Anstieg des Protein- und RNS-Gehaltes (BRATTGÅRD et al. 1957, HYDEN 1959 zit. nach THOMAS 1969) und sekundärer Lysosomen (HOLTZMAN et al. 1967), sondern auch ein Aktivitätsanstieg zahlreicher oxydativer Enzyme mit Ausnahme von SDH und CyO (KREUTZBERG 1963a, SÖDERHOLM 1965, THOMAS und EXSS 1967, THOMAS 1969).

Histochemische, besonders aber feinstrukturelle Beobachtungen gaben wiederholt Anhaltspunkte dafür, daß offenbar lokale anabole Vorgänge in den Axonanschwellungen für eine Neubildung von enzymhaltigen Organellen von Bedeutung sind (WEBSTER 1962, WECHSLER und HAGER 1962, KREUTZBERG 1963b, KREUTZBERG und WECHSLER 1963, WETTSTEIN und SOTELO 1963, BLÜMCKE 1964a, SCHLOTE 1964, 1966, 1970 Lit., BLÜMCKE und NIEDORF 1965, HOLTZMAN und NOVIKOFF 1965, THOMAS 1969). Das Vorkommen einer löslichen RNS vom ribosomalen Typ im Axoplasma (KOENIG 1965) stützt diese Hypothese. Auch ist es heute allgemein anerkannt, daß Mitochondrien auf Grund ihres Gehaltes an DNS die Fähigkeit zur autonomen Reduplikation besitzen (NASS und NASS 1963, LUCK 1966, TUPPY und WINTERSBERGER 1966, STOCKEM 1968). Autoradiographische Untersuchungen mit markiertem Leucin (KREUTZBERG 1967) führten allerdings zu Ergebnissen, die dafür sprechen, daß primär ein axonaler Transport und in geringerem Umfang lokale Synthesevorgänge für die gesteigerte Stoffwechselaktivität in den Axonanschwellungen verantwortlich sind. Die Annahme eines axonalen Transportes von Mitochondrien scheint zumindest in ungeschädigten Neuronen berechtigt zu sein, wie die mathematisch-statistische Auswertung quantitativ-morphologischer Untersuchungen an Spinalnerven des Rindes ergaben (BLUME und SCHARF 1964, SCHARF und BLUME 1964, 1966). Völlig rätselhaft blieb zunächst das auch am distalen Stumpfende beobachtete Phänomen einer Aktivitätssteigerung von Enzymen. In Erweiterung der WEISSschen Konzeption wird die Enzymanreicherung in distalen Axonanschwellungen durch einen bei Verletzung einsetzenden bidirektionalen, stumpfwärts gerichteten Axoplasmastrom erklärt (LUBINSKA et al. 1963, LUBINSKA 1964). Damit ließe sich wohl das Verhalten der SPase in den abgetrennten, distalen Abschnitten der Fila olfactoria erklären, nicht aber das der oxydativen Enzyme. So fällt die SPase-Aktivität kontinuierlich innerhalb der ersten 4 Tage p. o. in den terminalen Endstrecken der verletzten Fasern (Glomeruuli olfactorii) in dem Maße ab, wie sie in den reaktiven Axonanschwellungen ansteigt. Dies könnte im Sinne einer retrograden, zur Verletzungsstelle hin gerichteten Verlagerung von Lysosomen gedeutet werden. Eine bidirektionale Axoplasmaströmung wird jedoch unwahrscheinlich, betrachtet man das Verhalten der oxydativen Enzyme. Die Aktivitäten dieser Enzyme fallen in den Glomeruli olfactorii zeitlich erst nach dem Erreichen ihrer Maxima in den Axonanschwellungen der Nervenstümpfe ab, was eher für die Bedeutung lokaler Synthesevorgänge spricht. Die Unterschiedlichkeit der Befunde und ihrer Deutungsmöglichkeiten zeigt, daß die Ergebnisse nur mit einer gewissen Zurückhaltung interpretiert werden können. Sie liefern somit keine sicheren Anhaltspunkte dafür, ob primär ein axonaler Transport oder lokale Synthesevorgänge für die Enzymanschoppung in den Axonanschwellungen verantwortlich zu machen sind.

Zusammenfassung

Bei 55 Exemplaren von Ambystoma mexicanum (Tierlänge 12—16 cm) wurde das Aktivitätsverhalten von oxydativen Enzymen (SDH, CyO, NADH-TR, NAD-abhängiger LDH, MDH und β-HBDH) sowie von unspezifischer saurer und alkalischer Phosphatase nach einseitiger Durchtrennung des N. olfactorius oder einseitiger Resektion und folgender Regeneration des Riechorgans nach verschiedenen Überlebenszeiten (4 Std. bis 345 Tage p.o.) histochemisch untersucht. Zusammengefaßt ergaben sich folgende Resultate:

1. Im frühen postoperativen Verlauf kommt es mit Ausnahme von alkalischer Phosphatase zu einer raschen Anschoppung aller untersuchten Enzyme in spindelförmigen Axonanschwellungen distaler, von den Sinneszellperikarya abgetrennter Faserstümpfe mit Maximalwerten zwischen dem 4. und 6. postoperativen Tage. In den proximalen, mit den Perikarya in Verbindung gebliebenen Faserstrecken durchtrennter Nn. olfactorii zeigt sich dagegen lediglich eine Erhöhung der Aktivität an saurer Phosphatase. In der 2. postoperativen Woche

klingen alle Aktivitätssteigerungen in den reaktiv veränderten Axonauftreibungen wieder ab.

2. In den terminalen Faserstrecken der geschädigten Fila olfactoria (Glomeruli olfactorii) fällt bis zum 4. Tage die Aktivität an saurer Phosphatase und nach dem 6. Tage die aller oxydativen Enzyme markant ab.

3. Im umgebenden Bindegewebe und in der Pia mater des Bulbus olfactorius treten vom 2. postoperativen Tage an zahlreiche an saurer Phosphatase hochaktive Makrophagen auf. Die Zellen finden sich vom 4. Tage an auch im Nervenstumpf und Bulbus olfactorius der operierten Seite. Mit zunehmender Verkleinerung von Nervenstumpf und Bulbus olfactorius, die am 35. postoperativen Tage weitgehend der Degeneration anheim gefallen sind, verringert sich die Zahl der Makrophagen.

4. Vom 50. postoperativen Tage an werden Riechhöhlenregenerate mit kleinen Inseln spezifischer Riechzellen gefunden. Der Enzymstatus der Regenerate entspricht etwa dem normaler Riechplakoden von Ambystoma der ersten Wochen nach dem Schlüpfen.

5. Die Veränderungen in neugebildeten Fila, Nervi und Bulbi olfactorii sind nicht zeitabhängig, sondern korrelieren in ihrem Ausmaß mit dem Umfang an neugebildetem Riechepithel. Auffällig ist die geringe Aktivität an oxydativen Enzymen und saurer Phosphatase im Axoplasma regenerierter Fila olfactoria und in der schmalen wiedergebildeten Schicht der Glomeruli olfactorii (Zone der synaptischen Transformation zwischen 1. und 2. olfactorischen Neuron).

6. Die Zellen des Neurolemms von Nervenregeneraten und — im Gegensatz zu nichtoperierten Tieren — auch gesunder gegenseitiger Nn. olfactorii zeigen vom 50. postoperativen Tage an eine intensive Aktivität an saurer Phosphatase. Gleichzeitig reagieren Peri- und Endoneurium von Nervenregeneraten mit der kontralateralen Seite vergleichbar intensiv an alkalischer Phosphatase.

7. Die enzymhistochemischen Befunde werden im Zusammenhang mit licht- und submikroskopischen Veränderungen nach analogen experimentellen Eingriffen sowie mit Befunden der Chemodifferenzierung des olfactorischen Systems von Ambystoma diskutiert und zu Ergebnissen anderer enzymhistochemischer und submikroskopischer Untersuchungen in Beziehung gebracht.

Summary

In 55 ambystoma mexicanum (length of animals between 12 and 16 cm) the relation of the activities of oxidative enzymes (SHD, CyO, NADH-TR, NAD-linked LDH, MDH and β-HBDH) and unspecific acid and alkaline phosphatase was investigated after unilateral severing of the olfactory nerve, or after unilateral resection and subsequent regeneration of the olfactory organ. The animals were killed within a period ranging from 4 hours to 345 days after the operation.

The following results emerged:

1. In the early postoperative development all the investigated enzymes, with the exception of alkaline phosphatase, showed a rapid increase in the spindle-shaped axon swellings of distal fibre stumps that were severed from the sensory cell bodies, with maximum values between the 4th and 6th days. In the case of severing the olfactory nerve, however, the proximal fibres that were still connected with the cell body showed an increase of the activity of acid phosphatase only. In the second postoperative week all the intensified activities decreased.

2. In the terminal parts of the damaged fibres (glomeruli olfactorii) the activity of acid phosphatase shows a marked decrease by the 4th day, and that of all other oxidative enzymes after the 6th day.

3. The surrounding connective tissue and the pia mater of the olfactory bulb contain numerous macrophages with a high activity of acid phosphatase from the 2nd postoperative day. From the 4th day the cells are also to be found in the nerve stump and the olfactory bulb on the operated side. With progressing degeneration of the nerve stump and the olfactory bulb, which have largely disappeared by the 35th day p.o., the number of macrophages diminishes.

4. From the 50th postoperative day regenerated olfactory organs with small islands of specific sensory cells are found. The enzyme status of the regenerated olfactory organs corresponds roughly to that of the organs of normal animals within the first weeks after emerging from the spawn.

5. The alterations in the newly formed nerves and olfactory bulbs do not depend on time, but their extent correlated with that of the size of the newly formed olfactory epithelium. The low activity of oxidative enzymes and acid phosphatase in the axoplasm of the regenerated olfactory nerve and in the thin re-formed layer of glomeruli olfactorii (area of synaptic transformation between the 1st and 2nd olfactory neuron) is evident.

6. The cells of the neurolemma of regenerated nerves and — in contrast to animals not operated on — also in undamaged contralateral olfactory nerves show an intensive activity of acid phosphatase from the 50th postoperative day. Moreover, peri- and endoneurium of the regenerated nerves show a reaction intensity of alkaline phosphatase comparable to that of the contralateral side.

7. The histochemical findings are discussed in connection with light and electron microscopic alterations after analogous experiments, and in connection with results of chemodifferentiation of the olfactory system of ambystoma. They are related to findings of other enzyme histochemical and submicroscopic investigations.

Literatur

Arnold, F., K. D. Kunze und H. Simon: Zur Problematik des histotopochemischen Nachweises der Fructose-1, 6-diphosphat-Aldolase am Beispiel der Rattenniere. Histochemie **9**, 84—92 (1967).

Barka, T.: A simple azo-dye method for histochemical demonstration of acid phosphatase. Nature (London) **187**, 248—249 (1960).

Blümcke, S.: Zur Histochemie und Feinstruktur der Wachstumsendkolben peripherer Nervenfaserregenerate. Verh. anat. path. Ges. **48**, 268—272 (1964a).

Blümcke, S.: Untersuchungen über die Acetylcholinesterase-Aktivität in Wachstumsendkolben regenerierender peripherer Nervenfasern. Acta Neuropath. **4**, 58—64 (1964b).

Blümcke, S., und H. R. Niedorf: Elektronenoptische Untersuchungen an Wachstumsendkolben regenerierender peripherer Nervenfasern. Virchows Arch. path. Anat. **340**, 93—104 (1965a).

Blümcke, S., und H. R. Niedorf: Fluoreszenzmikroskopische und elektronenmikroskopische Untersuchungen an regenerierenden adrenergischen Nervenfasern. Z. Zellforsch. **68**, 724—732 (1965b).

Blümcke, S., H. R. Niedorf and J. Rode: Axoplasmic alterations in the proximal and distal stumps of transsected nerves. Acta Neuropath. **7**, 44—61 (1966).

Blume, R., und J.-H. Scharf: Histologische, histochemische und statistische Untersuchungen über Länge und Verteilung der Mitochondrien in der peripheren segmentierten Nervenfaser und ihren Hüllzellen des N. intercostalis bei Bos taurus. Acta histochem. (Jena) **19**, 24—22 (1964).

Brattgård, S. O., J. E. Edström and H. Hyden: The chemical changes in regenerating neurons. J. Neurochem. (London) **1**, 316—325 (1957).

Bubis, J. J., and M. Wolman: Hydrolytic enzymes in Wallerian degeneration. Israel J. Med. Sciences **1**, 410—414 (1965). Zit. nach Thomas (1969).

Burstone, M. S.: New histochemical techniques for the demonstration of tissue oxidase (cytochrome oxidase). J. Histochem. Cytochem. (Baltimore) **7**, 112—122 (1959).

Butler, E. G., and M. B. Ward: Reconstitution of the spinal cord following ablation in urodele larvae. J exper. Zool. **160**, 47—65 (1965).

Cajal, R. S. y and R. M. May: Degeneration and regeneration of the nervous system. Hafner Publishing Co., New York 1959. (Neubearb. Cajal, R. S. y, 1928.)

Colmant, H. J.: Aktivitätsschwankungen der sauren Phosphatase im Rückenmark und den Spinalganglien der Ratte nach Durchschneidung des Nervus ischiadicus. Arch. Psychiatr. Nervenk. **199**, 60—71 (1959).

Colmant, H. J.: Enzymhistochemische Befunde an der elektiven Parenchymnekrose des Rattenhirns. Proc. IV. Internat. Congr. Neuropathol. (München 1961). **I**, 89—95 (1962), Thieme-Verlag, Stuttgart.

Dahlström, A.: Observations on the accumulation of noradrenaline in the proximal and distal parts of peripheral adrenergic nerves after compression. J. Anat. (London) **99**, 677—689 (1965).

David, H., E. Winkelmann und I. Marx: Elektronenmikroskopische Untersuchungen degenerativer und regenerativer Vorgänge am durchtrennten Rückenmark von Ambystoma mexicanum. J. Hirnforsch. **6**, 235—255 (1963).

Flexner, L. B.: The cytological, biochemical and physiological differentation of the neuroblast. In: Genetic Neurology, edit. P. Weiss, Chicago Univ. Press, 194—198 (1950).

Flexner, L. B., E. L. Belknap jr. and J. B. Flexner: Biochemical and physiological differentiation during morphogenesis. Cytochrome oxidase, succinic dehydrogenase and succinic oxidase in the developing cerebral cortex and liver of the fetal guinea pig. J. Cell Comp. Physiol. **42**, 151—161 (1953).

Friede, R. L.: Transport of oxidative enzymes in nerve fibers; a histochemical investigation of the regenerative cycle in neurons. Exp. Neurol. **1**, 441—466 (1959).

Friede, R. L.: Histochemical demonstration of enzyme movements in injured nerve fibers. J. Neuropath. exp. Neurol. **19**, 143 (1960).

Friede, R. L.: Axon swellings produced in vivo in isolated segments of nerves. Acta Neuropath. **3**, 229 bis 237 (1964a).

Friede, R. L.: Electrophoretic production of "reactive" axon swellings in vitro and their histochemical properties. Acta Neuropath. 3, 217—228 (1964b).

Friede, R. L., and M. A. Johnstone: Responses of thymidine labeling of nuclei in gray matter and nerve following sciatic transection. Acta Neuropath. **7**, 218—231 (1967).

Friede, R. L., and M. Knoller: Lactate dehydrogenase isoencymes in transected nerves. J. Neurochem. (London) **11**, 537—540 (1964).

Goldfischer, S., E. Essner and A. B. Novikoff: The localization of phosphatase activities at the level of ultrastructure. J. Histochem. Cytochem. (Baltimore) **12**, 72—95 (1964).

Hanefeld, F.: Histochemische Untersuchungen bei experimenteller Nervendurchtrennung. Naturwissensch. **52**, 592—593 (1965a).

Hanefeld, F.: Veränderungen des Enzymmusters nach experimenteller Nervendurchtrennung. Verh. Dtsch. Ges. Path. 49. Tagung 342—345 (1965b). G. Fischer, Stuttgart.

Hanefeld, F.: Histochemisch nachweisbare Veränderungen im Enzymmuster des Nerven nach experimenteller Durchtrennung. Dtsch. Z. Nervenhk. **188**, 357—383 (1966).

Hess, R., D. G. Scarpelli and A. G. E. Pearse: The cytochemical localization of oxidative enzymes. II. Pyridine nucleotide-linked dehydrogenases. J. biophys. biochem. Cytol. **4**, 753—760 (1958).

Holtzman, E., and A. B. Novikoff: Lysosomes in the rat sciatic nerve following crush. J. Cell Biol. **27**, 651—669 (1965).

Holtzman, E., A. B. Novikoff and H. Villaverde: Lysosomes and gerl in normal and chromatolytic neurons of the rat ganglion nodosum. J. Cell Biol. **33**, 419—435 (1967).

Kirsche, W.: Regeneration im zentralen Nervensystem. Forschen und Wirken. Festschrift zur 150-Jahr-Feier der Humboldt-Universität **II**, VEB Deutscher Verl. der Wissenschaften, Berlin, 407—438 (1960).

Kirsche, W.: Regenerative Vorgänge im Gehirn und Rückenmark. Erg. Anat. **38**, 143—194 (1965).

Kirsche, K., und W. Kirsche: Regenerative Vorgänge im Telencephalon von Ambystoma mexicanum. J. Hirnforsch. **6**, 421—436 (1964a).

Kirsche, K., und W. Kirsche: Experimentelle Untersuchungen über den Einfluß der Regeneration des Nervus olfactorius auf die Vorderhirnregeneration von Ambystoma mexicanum. J. Hirnforsch. **7**, 315—333 (1964b).

KIRSCHE, K., und W. KIRSCHE: Kompensatorische Hyperplasie und Regeneration im Endhirn von Ambystoma mexicanum nach Resektion einer Hemisphäre. Z. mikrosk.-anat. Forsch. **71**, 505—525 (1964c).

KIRSCHE, K., und W. KIRSCHE: Über Homotransplantation eines Endhirndrittels von Ambystoma mexicanum. Z. mikrosk.-anat. Forsch. **79**, 223—243 (1968).

KIRSCHE, K., und W. KIRSCHE: Experimentelle Untersuchungen zur Transplantation einer Endhirnhemisphäre von Ambystoma mexicanum während der Postembryonalperiode. Roux' Arch. Entw. mech. **162**, 78—94 (1969).

KISZELY, G., and Z. PÓSALAKY: Mikrotechnische und histochemische Untersuchungsmethoden. Budapest: Akadémiai Kiadó 370—371 (1964).

KNOLLE, J.: Über die Reifung des cerebralen Fermentmusters der Succinodehydrogenase in der Ontogenese von „Nesthockern" und „Nestflüchtern" (PORTMANN) bei Vögeln und Säugetieren. Z. Zellforsch. **50**, 183—231 (1959).

KOENIG, E.: Synthetic mechanisms in the axon. II. RNA in myelinfree axons of the cat. J. Neurochem. (London) **12**, 357—361 (1965).

KREUTZBERG, G.: Changes of coenzyme (TPN) diaphorase and TPN-linked dehydrogenase during axonal reaction of the nerve cell. Nature (London) **199**, 393—394 (1963a).

KREUTZBERG, G.: Enzymhistochemische Veränderungen in Axonen des Rückenmarks nach Durchschneidung der langen Bahnen. Dtsch. Z. Nervenhk. **185**, 308—318 (1963b).

KREUTZBERG, G.: Das Verhalten oxydativer Enzyme im peripheren Nerven bei der sekundären Degeneration. Arch. Psychiatr. Nervenk. **206**, 281—292 (1964).

KREUTZBERG, G.: Autoradiographische Untersuchung über die Beteiligung von Gliazellen an der axonalen Reaktion im Facialiskern der Ratte. Acta Neuropath. **7**, 149—161 (1966).

KREUTZBERG, G.: Autoradiographic study on incorporation of leucine-H in peripheral nerves during regeneration. Experientia (Basel) **23**, 33—34 (1967).

KREUTZBERG, G., and F. GULLOTTA: Growth of nerve fibers from embryonic ganglia cells. Histochemical studies on tissue cultures. Folia histochem. cytochem. **1**, Suppl. **1**, 20—21 (1963).

KREUTZBERG, G., and H. HAGER: Electron microscopical demonstration of acid phosphatase activity in the central nervous system. Histochemie **6**, 254—259 (1966).

KREUTZBERG, G., und W. WECHSLER: Histochemische Untersuchungen oxydativer Enzyme am regenerierenden Nervus ischiadicus der Ratte. Acta Neuropath. **2**, 349—361 (1963).

LAMPERT, P., and M. CRESSMAN: Axonal regeneration in the dorsal columns of the spinal cord of adult rats. An electronmicroscopic study. Lab. Invest. **13**, 825 to 839 (1964).

LUBINSKA, L.: Axoplasmic streaming in regenerating and in normal nerve fibres. In: Mechanisms of Neural Regeneration. Prog. Brain Res. **13**, 1—71 (1964).

LUBINSKA, L., S. NIEMIERKO, B. ODERFELD, L. SZWARC and J. ZELENA: Bidirectional movements of axoplasm in peripheral nerve fibres. Acta Biol. exp. (Warszawa) **23**, 239—247 (1963).

LUCK, D. J. L.: The biogenesis of mitochondria in neurospora. A summary of present findings. In: SITTE, P.: Probleme der biologischen Reduplikation. Springer-Verlag, Berlin–Heidelberg–New York, 314—324 (1966).

METZ, E.: Enzymhistochemische Untersuchungen am Nervus opticus nach experimentellen Läsionen. Arch. Psychiatr. Nervenk. **210**, 420—436 (1968).

NACHLAS, M. M., K. CH. TSOU, E. DE SOUZA, CH. S. CHENG and A. M. SELIGMAN: Cytochemical demonstration of succinic dehydrogenase by the use of a new p-nitrophenyl substituted ditetrazole. J. Histochem. Cytochem. (Baltimore) **5**, 420—436 (1957).

NASS, M. M. K., and S. NASS: Intramitochondrial fibers with DNA-characteristics. I. Fixation and electron staining reactions. J. Cell Biol. **19**, 593—611 (1963).

NASS, S., and M. M. K. NASS: Intramitochondrial fibers with DNA-characteristics. II. Enzymatic and other hydrolyting treatments. J. Cell Biol. **19**, 613—629 (1963).

NOVIKOFF, A. B., E. ESSNER, S. GOLDFISCHER and M. HEUS: Nucleosidephosphatase activities of cytomembranes. In: HARRIS, R. J. C.: The interpretation of ultrastructure. Symp. Intl. Soc. Cell Biol. **1**, 149 to 192 (1962), Acad. Press. Inc. New York and London.

OCHI, J.: Über die Chemodifferenzierung des Bulbus olfactorius von Ratte und Meerschweinchen. Histochemie **6**, 50—84 (1966).

PEARSE, A. G. E.: Histochemistry. Theoretical and applied. Second Edition. London: J. and A. CHURCHILL 1960.

RICHTER, R.: The metabolism of the developing brain. In: WAELSCH, H.: Biochemistry of the developing nervous system. New York: Acad. Press 225—250 (1955).

RICHTER, W.: Regenerative Vorgänge nach einseitiger Entfernung des caudalen Endhirnabschnittes einschließlich des telodiencephalen Grenzbereiches bei Ambystoma mexicanum. J. Hirnforsch. **10**, 515—534 (1968).

RUBINSTEIN, L. J., I. KLATZO and J. MIQUEL: Histochemical observations on oxidative enzyme activity of glial cells in a local brain injury. J. Neuropath. exp. Neurol. **21**, 116—136 (1962).

SCARPELLI, D. G., R. HESS and A. G. E. PEARSE: The cytochemical localization of oxidative enzymes. I. Diphosphopyridine nucleotide diaphorase and triphosphoridine nucleotide diaphorase. J. biophys. biochem. Cytol. **4**, 747—752 (1958).

SCHARF, J.-H., und R. BLUME: Über die Abhängigkeit der axonalen Mitochondrienzahl vom Kaliber der segmentierten Nervenfaser auf Grund einer Regressionsanalyse. J. Hirnforsch. **6**, 361—376 (1964a).

SCHARF, J.-H., und R. BLUME: Quantitativ-morphologische Befunde zur Hypothese des Mitochondrientransportes im Neuron. Z. Zellforsch. **62**, 454—467 (1964b).

SCHARF, J.-H., und R. BLUME: Über das Problem der Mitochondrien im Neuron. Psychiatrie **18**, 41—59 (1966).

SCHLÖTE, W.: Morphologische und histochemische Untersuchungen an retrograden Axonveränderungen im Zentralnervensystem. Acta Neuropath. **1**, 135—158 (1961).

SCHLOTE, W.: Die läsionsbedingten primär retrograden Veränderungen der Axone zentraler Nervenfasern im elektronenmikroskopischen Bild. Acta Neuropath. **4**, 138—157 (1964).

SCHLOTE, W.: Zur Abgrenzung reaktiver von regenerativen Vorgängen im Axoplasma zentraler Nervenfasern. Verh. Dtsch. Ges. Path. **50**. Tagung, 277—280 (1966), G. Fischer, Stuttgart.

SCHLOTE, W.: Nervus opticus und experimentelles Trauma. Beitrag zur Cytologie und Cytopathologie eines zentralnervösen Markfasersystems. Springer, Berlin–Heidelberg–New York 1970.

SCHÖNHEIT, B.: Regeneration des durchtrennten Rückenmarks bei Rana esculenta. Z. mikrosk.-anat. Forsch. **72**, 519—562 (1965).

SCHÖNHEIT, B.: Weitere Untersuchungen zur Regeneration des Rückenmarks bei Rana esculenta L. und Rana temporaria L. Z. mikrosk.-anat. Forsch. **78**, 557—596 (1968).

SCHÖNHEIT, B., und H. REHMER: Regeneration des durchtrennten Rückenmarkes bei Pleurodeles Waltli Michah (1830). Z. mikrosk.-anat. Forsch. **77**, 453—528. (1967).

SCHÖNHEIT, B., und H. REHMER: Weitere Untersuchungen zur Regeneration des Rückenmarkes von Pleurodeles Waltli Michah (1830). Z. mikrosk.-anat. Forsch. **79**, 389—401 (1968).

SJÖSTRAND, J.: DNA synthesis in glial cells during nerve regeneration. Experientia (Basel) **21**, 142—143 (1965).

SÖDERHOLM, U.: Histochemical localization of esterases, phosphatases and tetrazolium reductases in the motor neurones of the spinal cord of the rat and the effect of nerve division. Acta Physiol. Scand. **65**, Suppl. 256, 1—60 (1965).

SPATZ, H.: Über die Vorgänge nach experimenteller Rückenmarksdurchtrennung mit besonderer Berücksichtigung der Unterschiede der Reaktionsweise des reifen und unreifen Gewebes nebst Beziehungen zur menschlichen Pathologie (Porenzephalie und Syringomyelie). Nissl-Alzheimers histol. und histopathol. Arbeiten über die Großhirnrinde. Erg. Bd. G. Fischer, Jena 49—364 (1921).

SPIELMEYER, W.: Histopathologie des Nervensystems. Springer, Berlin (1922).

STOCKEM, W.: Über den DNS- und RNS-Gehalt der Mitochondrien von Physarum polycephalum. Histochemie **15**, 160—183 (1968).

THOMAS, E.: Histochemie am peripheren Nervensystem. In: Proceedings of the fifth International Congress of Neuropathology (Zürich 1965). Edit by: A. Bischoff and F. Lüthy. Excerpta Medica Foundation Amsterdam 1966, 396—404. Zit. nach THOMAS (1969).

THOMAS, E.: Histotopochemie und Histopathochemie des peripheren Nervensystems bei Verletzungen und Tumoren. G. Fischer, Stuttgart 1969.

THOMAS, E., und R. EXSS: Histochemische Untersuchungen von Oxydoreduktasen und Esterasen im Perikaryon nach Axondurchtrennung. Acta Neuropath. **7**, 253—260 (1967).

THOMAS, P. K.: The cellular response to nerve injury. I. Cellular outgrowth from the distal stump of transsected nerve. J. Anat. **100**, 287—303 (1966).

THOMAS, P. K., and D. G. JONES: The cellular response to nerve injury. II. Regeneration of the perineurium after nerve section. J. Anat. **101**, 45—55 (1967).

TUPPY, H., und E. WINTERSBERGER: Mitochondrien als Träger genetischer Information. In: SITTE, P.: Probleme der biologischen Reduplikation. Springer-Verlag, Berlin–Heidelberg–New York 325—339 (1966).

WALLER, A.: Experiments on the section of the glossopharyngeal and hypoglossal nerves of the frog, and observations of the alterations produced thereby in the structure of their primitive fibres. Transact. Royal Soc. (London) **II**, 423—429 (1850).

WEBSTER, H. DE F.: Transient, focal accumulation of axonal mitochondria during the early stages of Wallerian degeneration. J. Cell Biol. **12**, 361—384 (1962).

WECHSLER, W., und H. HAGER: Elektronenmikroskopische Befunde zur Feinstruktur von Axonveränderungen in regenerierenden Nervenfasern des Nervus ischiadicus der weißen Ratte. Acta Neuropath. **1**, 489—506 (1962).

WEISS, P.: Damming of axoplasm in constricted nerve: a sign of perpetual growth in nerve fibers. Anat. Rec. **88**, 464 (1944).

WEISS, P.: The concept of perpetual neuronal growth and proximo-distal substance convection. In: Regional Neurochemistry, edit. by KETY, S. S., and J. ELKES. Pergamon Press: Oxford–London–New York–Paris, 220—242 (1961).

WEISS, P.: Neuronal dynamics. N.R.P. Bulletin **5**, 371—400 (1967).

WENK, H.: Beitrag zum histochemischen Nachweis löslicher NAD-abhängiger Dehydrogenasen mittels PVA-Gelinkubation. Acta histochem. (Jena) **35**, 380—391 (1970).

WENK, H., und E. WINKELMANN: Über die Fermentreifung im Riechorgan und Telencephalon von Ambystoma mexicanum. Z. mikrosk.-anat. Forsch. **82**, 93—121 (1970).

WENZEL, J., E. BÄRLEHNER, M. WENZEL und D. ILIUS: Zur Regeneration des Cortex cerebri bei Mus musculus. I. Morphologische Befunde regenerativer Vorgänge nach Exstirpation eines Cortexabschnittes. Z. mikrosk.-anat. Forsch. **81**, 1—31 (1969a).

WENZEL, J., und E. BÄRLEHNER: Zur Regeneration des Cortex cerebri bei Mus musculus. II. Morphologische Befunde regenerativer Vorgänge nach Replantation eines Cortexabschnittes. Z. mikrosk.-anat. Forsch. **81**, 32—70 (1969b).

WETTSTEIN, R., and J. R. SOTELO: Electron microscope study on the regenerative process of peripheral nerves of mice. Z. Zellforsch. **59**, 708—730 (1963).

WINDLE, W. F.: Regeneration in the central nervous system. Charles C. Thomas Publisher, Springfield, Illinois (1955).

WINKELMANN, E.: Die Regeneration des Rückenmarkes bei Wirbeltieren unter experimentellen Bedingungen. Z. ärztl. Fortbild. **57**, 1202—1212 (1963).

WINKELMANN, E.: Licht- und elektronenmikroskopische Untersuchungen zur postembryonalen Entwicklung des Telencephalon von Ambystoma mexicanum nach Resektion und folgender Regeneration des Riechorgans unter Berücksichtigung der normalen Ontogenese. Habilitationsschrift. Med. Fak., Berlin 1967.

WINKELMANN, E., und I. MARX: Experimentelle Untersuchungen über die mikroskopischen und submikroskopischen Veränderungen im Telencephalon von Ambystoma mexicanum nach Resektion des Riechorgans. Z. mikrosk.-anat. Forsch. **81**, 71—95 (1969).

WINKELMANN, E., und A. WINKELMANN: Experimentelle Untersuchungen zur Regeneration des Telencephalon von Ambystoma mexicanum nach Resektion beider Hemisphären. Z. mikrosk.-anat. Forsch. **82**, 149—171 (1970).

Anschrift der Autoren:

Dr. med. H. WENK
Dozent Dr. med. habil. E. WINKELMANN
Anatomisches Institut des Medizinischen Bereiches
der Humboldt-Universität
104 Berlin, Hannoversche Str. 28/29

Laboratoire de crâniologie comparée (E.R. 93 du C.N.R.S.) 56 Rue du Port (59) Lille
Directeur: Dr. R. FENART

Position de l'épiphyse dans le système d'axes vestibulaires d'orientation

Par

R. FENART, P. WATINE et R. EMPEREUR-BUISSON

Avec 5 figures et 3 tableaux

(Reçu le 6 octobre 1970)

L'intervention chirurgicale sur les éléments intra-crâniens nécessite à la fois une détermination stéréotaxique précise de ceux-ci et la connaissance de l'importance de leur variabilité, tant absolue que relative à d'autres structures de l'extrémité céphalique. Bien que de nombreuses recherches aient porté sur ce sujet, nous avons jugé utile de repenser le problème à partir d'une technique d'orientation utilisant les axes «vestibulaires».

La «méthode vestibulaire» est maintenant bien connue des anatomistes et des anthropologistes, et elle commence aussi à porter ses fruits dans le domaine de l'orthopédie dento-faciale; mais, à l'exception de recherches sur les ventricules du cerveau (A. DELATTRE et R. FENART 1954, R. FENART 1955), le contenu endocrânien n'a guère été étudié jusqu'ici, de cette manière. Notre attention a été attirée sur la glande pinéale par l'image obtenue sur la tomographie médiane de la tête, au cours d'orientations «in vivo» effectuées pour d'autres buts, ce qui nous a amenés à pousser nos investigations en ce sens.

Méthode vestibulaire

Elle repose sur la détermination d'un système de 3 plans orthogonaux dans lequel tout point de l'espace céphalique peut être fixé avec précision par ses coordonnées rectangulaires: X et Y (et éventuellement une troisième, lorsqu'il s'agit d'un point latéral, ce qui n'est pas le cas dans cette étude). Les axes sont orientés positivement vers le haut et vers l'arrière de la tête.

Le plan horizontal est défini à partir de la direction du canal semi-circulaire externe (gauche, par convention) projeté sagittalement. Le plan vertico-frontal passe par le centre de la boucle de ce canal; quant au troisième plan, il est sagittal médian.

Nous ne pouvons ici nous étendre sur les raisons, d'ordre divers, qui ont guidé notre choix préférentiel pour l'orientation vestibulaire; le lecteur les trouvera dans des publications antérieures (J. DARDENNE 1970, A. DELATTRE et R. FENART 1960, R. FENART 1966).

Technique

Le procédé employé peut être trouvé, en détails, dans divers mémoires (J. DARDENNE 1970, R. EMPEREUR-BUISSON, R. FENART, J. DARDENNE et P. BÉCART 1968, R. FENART, R. EMPEREUR-BUISSON et P. BÉCART 1966); nous en rappellerons l'essentiel.

Dans un premier temps, par le moyen d'une pluri-stratigraphie, et grâce à un étalonnage précisé par des recherches théoriques préalables (R. FENART et B. ROUSSELLE 1966), 12 tomographies para-sagittales du labyrinthe sont obtenues. La meilleure est retenue, celle qui montre l'image de la double section de la boucle du canal semi-circulaire externe.

Dans un second temps, couplé avec le précédent, et avec le même centrage sur sujet maintenu immobile, une tomographie médiane de l'ensemble de la tête est tirée. Un système de plombs et de caches fenestrés permet, après développement, la superposition commode et exacte des calques dessinés d'après les 2 films.

Dans un dernier temps, une téléradiographie est prise (y compris les parties molles), de profil strict, à 4m50, dans un céphalostat. L'orientation vestibulaire de ce dernier cliché est déterminée à partir de celle des précédents, après réduction optique ou géométrique.

La visualisation de la tâche épiphysaire est facilitée par le fait qu'on la repère sur la tomographie médiane, sans avoir besoin de la rechercher sur le télécrâne «in toto».

Il convient alors de procéder comme suit: le point retenu pour les études statistiques ultérieures est le centre de la trace laissée par la calcification épiphysaire, ou, si plusieurs tâches rapprochées existent, c'est le milieu de la figure géométrique (par exemple: triangle pour **3** tâches) obtenue en joignant les centres de ces tâches. Au cours de la réduction du calque de la tomographie médiane, pour l'amener à la grandeur du télécrâne, le point central de l'épiphyse est également reporté et sa distance au centre des axes de référence est réduite de même. Ce sont les coordonnées rectangulaires (X_e et Y_e) de ce nouveau point qui sont relevées et mises en tableaux.

On note, en même temps, les caractéristiques «vestibulaires» de certains éléments du crâne qui, au cours de notre étude, se sont révélés être en corrélation avec la position de l'épiphyse; ils seront détaillés plus loin. Inversement, pour estimer la position la plus probable de

Tableau I

		♂	♀
nombre de tâches	1	18	12
	2	3	2
	3	1	0
image habénulaire		2	0
étendue	f	4	1
	m	7	10
	F	11	3
intensité	1	14	11
	2	6	3
	3	2	0

Tableau II

En haut: paramètres mâles. En bas: paramètres femelles. (Détail des mensurations).

N⁰	X_e	Y_e	X_p	L	a. Cliv.	a. For.	Y_{Pr}	a. C. S. Ba	Y_{Ba}	Ba-Ac	i. céph.	E-S	a. Ba. S. E.
3	− 9	+36	68	189	50	9	83	128	20	136	81,8	42	83
4	− 4	+30	76	185	48	20	92	131	30	140	80,6	42	89
5	− 7	+38	72	182	41	13	75	134	25	142	80	44	90
7	− 3	+36	72	182	42	14	78	129	30	142	81,5	44	90
9	+ 2,5	+42	84	187	40	5	64	135	21	144	83,4	45	93
11	−10	+45	69	180	48	13	76	138	20	141	82,2	46	93
16	− 7	+36,5	75	192	47	22	89	137	27	149	82,6	48	97
17	− 5	+41	69	206	53	29	92	132	31	153	74,5	60	72
23	− 8,5	+46	80	200	42	21	88	127	25	155	82	48	88
24	−15	+29	66	184	54	11	84	128	25	139	84,7	40	88
25	− 7,5	+39	89	201	43	14	78	135	24	148	76	41	89
28	− 5	+33	81	199	48	15	82	137	26	142	78,4	43	81
29	− 4	+35	79	196	51	13	80	139	20	140	78,4	41	80
31	− 9,5	+35	77	188	57	23	84	133	29	141	87	40	88
35	− 1	+34	80	188	46	9	78	137	21	128	83,2	43	80
36	−14	+33	74	189	54	21	86	135	26	139	82,1	38	103
41	−12	+33	65	178	52	11	86	134	22	133	83,9	41	91
42	−10,5	+36	65	174	48	12	79	144	24	138	86,3	41	91
43	− 7,5	+46	76	187	36	8	78	120	25	136	85	47	100
44	− 2,5	+33	80	188	33	8	77	121	27	140	82,8	41	89
49	+ 4	+36	77	195	46	11	86	134	20	144	77,5	50	71
50	+ 5	+41	82	192	50	9	82	137	20	140	76,6	51	80
8	− 4,5	+41	76	181	47	16	79	132	19	141	88,4	42	91
12	− 4,5	+39	74	176	45	9	76	130	21	135	84,1	43	93
14	− 7,5	+36	78	187	46	9	79	130	24	137	75,4	42	94
15	−11	+33,5	69	188	53	26	88	135	30	140	76,9	47	89
19	− 4	+35	80	193	48	21	87	130	27	141	77,5	45	82
20	− 3	+35,5	82	185	48	14	81	135	18	131	78,1	41	83
22	− 7	+29,5	83	199	46	18	85	134	30	145	78,7	42	87
27	− 9	+38,5	78	181	49	13	75	132	23	143	88	41	88
37	− 7	+36	75	190	54	12	74	135	17	132	77	44	75
38	− 5	+43	75	193	55	18	75	133	18	135	77	49	84
39	− 2	+37	83	187	37	3	64	134	25	146	77,5	41	94
40	−12	+39	72	185	50	15	80	130	21	143	79,5	41	98
51	− 7,5	+36	66	172	51	15	81	128	20	130	83,2	40	90
52	−13	+34	63	173	56	18	82	127	20	129	81,4	40	92

celle-ci, pour un sujet donné, dont on connait l'orientation vestibulaire, il suffira de se référer aux dites corrélations.

Matériel d'Etude

Notre recherche a été effectuée sur des adultes jeunes, ce sont des étudiants débutant leurs études médicales (Lille), et il est intéressant de noter que malgré cela, le pourcentage de visualisation s'est montré assez élevé (65%). Une seule orientation a été pratiquée par sujet, pour éviter l'accumulation des doses de rayons X. Après élimination des cas où l'épiphyse n'apparaissait pas, il nous est resté 36 dossiers dont 22 masculins et 14 féminins. Mais nous verrons qu'au niveau de l'épiphyse aucune différence sexuelle statistiquement significative n'ayant pu être mise en évidence (contrairement à ce qui a lieu pour certains points de la face, par exemple!), c'est finalement sur un total homogéne de 36 sujets qu'a porté cette étude.

Aspect radiographique

On trouvera dans le tableau I quelques renseignements d'ordre morphologique fournissant, sur notre population: le nombre de tâches épiphysaires (par individu), la présence éventuelle parmi celles-ci, d'une calcification habénulaire en «croissant», l'étendue de l'ensemble calcifié (systématisée un peu empiriquement en 3 catégories: faible = f, moyenne = m, forte = F), et le degré de calcification (représenté par 3 stades croissants: 1, 2, 3).

Présentation des résultats chiffrés

Ceux-ci peuvent être trouvés dans le tableau II où, pour chaque sujet (fiché par le numéro de son dossier), on a noté, outre les coordonnées vestibulaires de l'épiphyse (X_e et Y_e), les paramétres retenus en vue de l'établissement de corrélations. Il faut remarquer que le signe de l'abscisse du point e est négatif lorsque le point est devant l'axe vertico-frontal vestibulaire, et positif en arrière de celui-ci. Un recul de la glande pinéale fait passer celle-ci du signe — au signe +.

Le tableau III fournit les chiffres résultant de l'analyse statistique du tableau II. On y trouve: les moyennes (m), les écarts-types (σ), et la distribution calculée largement, avec 3σ de chaque côté de la moyenne.

Les calculs ont été opérés sur «EPIC Monroe 3000» électronique.

Il importe tout particulièrement d'attirer l'attention sur le fait que tous ces chiffres, ainsi que ceux issus de calculs ultérieurs (sauf les angles et les indices) devront encore subir une légére réduction, en vue d'une application directe au patient. Cela tient au fait que la téléradiographie, même tirée à l'importante distance citée plus haut, est encore un peu augmentée par effet de parallaxe; il faudra diviser par 1,0478 les paramètres linéaires et par 1,0978 les surfaces pour rétablir les grandeurs réelles. Les chiffres utiles à retenir seront donnés par nous, à la fois sans et avec cette réduction. Quant aux calculs de corrélations, ils seront effectués sur les valeurs non réduites, ce qui ne change rien aux conclusions.

Différences sexuelles

Avant de calculer les moyennes pour l'ensemble des paramètres (♂ et ♀ groupés), nous avons voulu rechercher, au niveau de l'épiphyse, l'existence

Tableau III

	X_e	Y_e	X_p	L	a. cliv.	a. For.	Y_{Pr}
m	− 6,3194	+36,8472	75,2777	187,5555	47,6111	+14,3888	80,6388
σ	4,5858	4,1981	6,1771	7,9506	5,5792	5,7364	6,2423
$m+3\sigma$	+ 7,4380	+49,4415	93,8090	211,4073	64,3487	+31,5980	99,3657
$m-3\sigma$	−20,0768	+24,2529	56,7464	163,7037	30,8735	− 2,8204	61,9119

	a. C. S. Ba.	Y_{Ba}	Ba-Ac	i. céph.	E-S	a. Ba. S. E.
m	132,5000	23,6388	139,9444	80,9222	43,7222	87,9722
σ	4,6696	3,9173	6,0606	3,6345	4,1609	6,7968
$m+3\sigma$	146,5088	35,3907	158,1262	91,8257	56,2049	108,3626
$m-3\sigma$	118,4912	11,8869	121,7626	70,0187	31,2395	67,5818

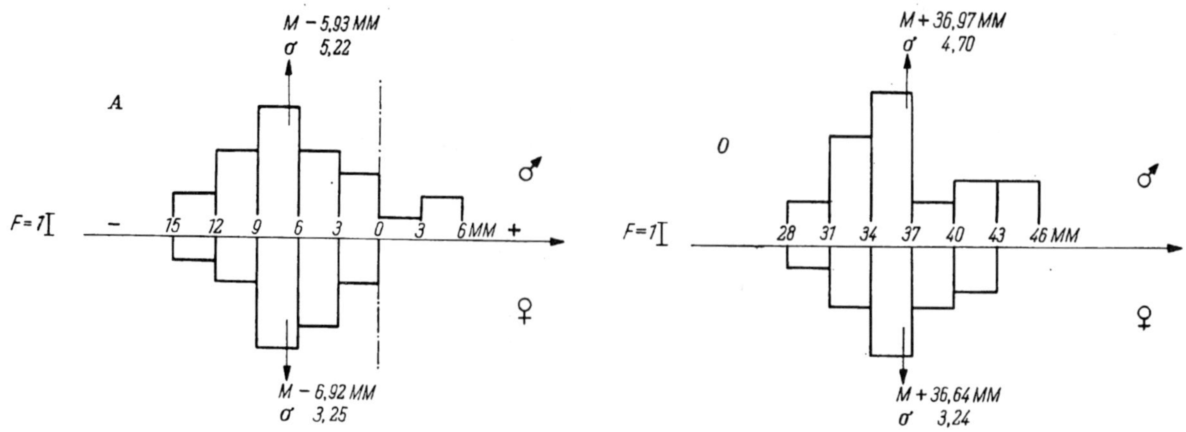

Fig. 1. Histogrammes de la répartition des fréquences de l'abscisse (A) et de l'ordennée (0) du point central de l'épiphyse, chez les individus de chaque sexe.

d'une éventuelle différence sexuelle dans la position vestibulaire de celle-ci. Pour ce faire, les 2 coordonnées ont été considérées successivement, en comparant pour chacune d'elles les ♂ et les ♀.

La figure 1 montre les histogrammes de répartition de fréquences, adossés, afin de faciliter les comparaisons. Les moyennes ont été calculées pour chaque coordonnée de chaque sexe, et le test «t» donne des chiffres de 0,70 pour les X_e, et de 0,25 pour les Y_e, largement au dessous du seuil de signification! Nous sommes donc en droit maintenant, de réunir tous nos résultats en un effectif unique de 36, ce qui a pour avantage de pouvoir leur appliquer les lois des grands nombres.

Point moyen de l'épiphyse

En réunissants les ♂ et les ♀, les chiffres suivants sont obtenus:

		avant réduction	après réduction (chiffres réels)
X_e	m	− 6,3194	− 6,0311
	σ	4,5858	4,3765
	$m + 3\sigma$	+ 7,4380	+ 7,0986
	$m - 3\sigma$	−20,0768	−19,1609
	S_m	0,7751	....
	$m - 2{,}6 S_m$	− 8,3346	− 7,9543
	$m + 2{,}6 S_m$	− 4,3042	− 4,1078
Y_e	m	+36,8472	+35,1662
	σ	4,1981	4,0065
	$m + 3\sigma$	+49,4415	+47,1860
	$m - 3\sigma$	+24,2529	+23,1464
	S_m	0,7096	....
	$m - 2{,}6 S_m$	+35,0023	+33,4055
	$m + 2{,}6 S_m$	+38,6921	+36,9269

S_m est l'erreur-standard et $m \pm 2{,}6 S_m$ donne l'intervalle de confiance de la moyenne.

Ainsi, on peut dire que, pour la population étudiée, l'épiphyse se trouve, en moyenne, à un peu plus de 6 mm en avant de la verticale vestibulaire, et à un peu plus de 35 mm au-dessus de l'horizontale vestibulaire. Connaissant, de plus, (tableau III) les valeurs de Y_{Ba} et de la hauteur Ac–Ba, on peut donc estimer que l'épiphyse est, à peu de chose près, aux 3/7 de la hauteur du neurocrâne (mesurée en orientation vestibulaire).

Les intervalles de confiance des moyennes (lues en bas des colonnes précédentes), montrent que celles-ci se trouvent «sûrement» (avec une sécurité de 99%), à l'intérieur d'un petit rectangle de 3,8 mm de long sur 3,5 mm de haut, centré sur le point moyen (Fig. 2).

Nuage de points

Dans un même système d'axes orientés (Fig. 2) sont disposés les points représentant les épiphyses de la population, l'ensemble figurant un «nuage». On remarque que si les points sont en majorité prévestibulaires, il y en a pourtant quelques-uns en arrière du plan vertico-frontal. Pour étudier la

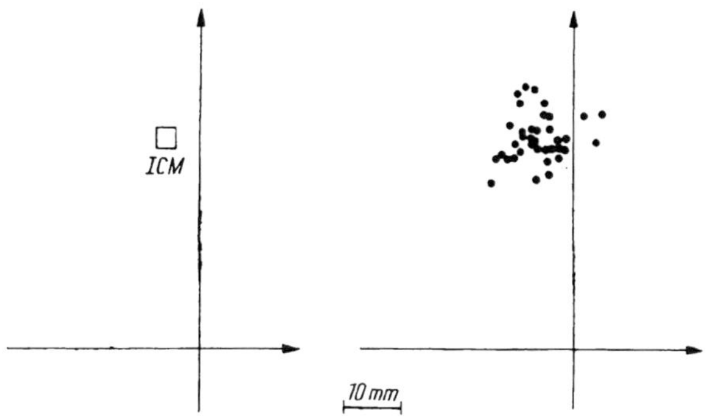

Fig. 2. A droite: nuage de points se rapportant au centre de la tâche épiphysaire, chez les sujets de notre population.
A gauche: Rectangle figurant l'intervalle de confiance (ICM) des moyennes pour les 2 coordonnées.
Echelle = 10 mm. Les axes sont orientés vers le haut et vers l'arrière du crâne.

forme de ce nuage, le coefficient de corrélation a été calculé entre les abscisses et les ordonnées; sa valeur est de $r = +0{,}1957$, c'est à dire non significative (la répartition pourrait aussi bien être circulaire). Malgré cette restriction, et à titre de complément d'information, ce coefficient a été retenu pour construire «l'ellipse équi-probable» de ce nuage, comprenant 99% des points de la population (Fig. 3).

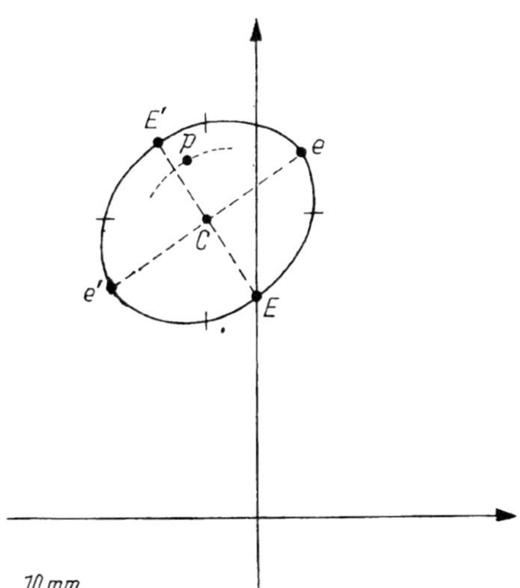

Fig. 3. Ellipse équiprobable se rapportant au nuage de points de la figure 2, et possédant une probabilité de 99%. Les 2 axes de l'ellipse (e e' et E E') se coupent au point moyen (C) du nuage.
Même échelle et mêmes conventions d'orientation que pour la figure 2. Le point p est celui dont la situation a été calculée, par rapport à l'ellipse de notre population.

Le grand axe de cette ellipse est dirigé en bas et en avant, et sa pente est exprimée par la tg. = 0,6453, soit 32° 8361 (en fractions décimales de degrés). D'autres paramètres de l'ellipse peuvent encore être calculés, et, parmi ceux-ci:

	avant réduction	*après réduction* (chiffres réels)
grand axe:	29,3935 mm	28,0525 mm
petit axe:	23,6730 mm	22,5930 mm
surface:	5,4650 cm²	4,9781 cm²
tangente antér.:	−19,9671 mm	−19,0562 mm
,, post.:	+ 7,3283 mm	+ 6,9939 mm
,, sup.:	+49,3411 mm	+47,0901 mm
,, inf.:	+24,3533 mm	+23,2423 mm

La formule du grand axe de l'ellipse (avant réduction) est: $y = 0{,}6453x + 40{,}9251$.

De tout ceci, il faut retenir essentiellement que 99% des centres épiphysaires sont compris dans une surface inférieure à 5 cm², et qui s'étend de 28 mm dans un sens et de 22 mm dans l'autre. La précision est supérieure à celle d'autres techniques, classiques.

Situation d'un point donné

Connaissant maintenant parfaitement la distribution du point central de l'épiphyse dans «l'espace vestibulaire» de la tête, il est possible de tester la position d'un point épiphysaire donné, par rapport à cet ensemble.

Soit un télé-profil (cas du sujet No 1, non représenté dans nos tableaux), fournissant, après orientation, une épiphyse dont les coordonnées sont: $x = -9$ et $y = +44$ (réduction finale non effectuée); il est facile de calculer, à partir de ces chiffres, une valeur (E. Defrise-Gussenhoven, 1955): λ^2 qui s'est révélée être égale à 3,7785. Après report à une table, on lit que ce point se situe sur le tracé d'une autre ellipse, concentrique à la précédente, mais plus petite, et telle que 10 à 20% des cas de la population primitive se situent hors d'elle. (N. B. les résultats sont d'autant meilleurs que le point étudié se rapproche davantage du centre des axes, c'est à dire que le pourcentage de cas situés au dehors de la nouvelle ellipse, augmente. Si la nouvelle ellipse avait été extérieure à celle de la population originelle, on devrait en conclure que le point aurait été incompatible avec celle-ci).

Etude des corrélations

Avec quels paramètres de la tête la position de l'épiphyse varie-t-elle? et en quel sens? — Pour le savoir, les coordonnées de chaque point central de l'épiphyse ont été mises en corrélation avec un certain nombre de mesures (Fig. 4). Celles-ci appartiennent à la fois au neuro-crâne et au splanchno-crâne, et comportent des données vestibulaires et des données classiques. A ces mensurations, basées sur le télé-profil, ont été ajoutés les résultats de l'indice céphalique pris sur le vivant (donc avec parties molles). Le choix des paramètres n'a pas été fait au hasard, mais s'appuie, bien au contraire, sur les observations résultant de plusieurs travaux antérieurs (R. P. Cousin 1969, R. P. Cousin et J. Dardenne 1968, R. P. Cousin, J. Dardenne et R. Fenart 1969, A. Delattre, R. Fenart et P. Bécart (1964).

Les mesures suivantes ont été retenues:

1° — X_p = abscisse du point le plus reculé du neuro-crâne, en orientation vestibulaire; il est déterminé par une tangente verticale. X_p exprime la notion de longueur rétro-vestibulaire (mesure osseuse).

2° — L = longueur maximale (classique) du crâne, de la Glabelle à l'opistho-crânion (mesure osseuse).

3° — a. Cliv. = inclinaison du clivus, mesurée par l'angle compris entre l'horizontale et la perpendiculaire abaissée du centre des axes sur le clivus.

4° — a. For. = angle foraminien; il mesure l'inclinaison du trou occipital et est compté entre la droite basion-opisthion et la parallèle à l'horizontale, passant par le basion.

5° — Y_{Pr} = Distance du prosthion à l'horizontale vestibulaire; elle donne la notion de hauteur de la face.

6° — a. C. S. Ba = angle de la base du crâne, joignant le centre S de la selle turcique, au point criblé antérieur (Ca) et au basion (Ba).

7° — Y_{Ba} = Distance verticale entre le Basion et l'horizontale vestibulaire.

8° — Ba–Ac = Hauteur totale du neuro-crâne, entre le Basion et l'Acrion (point où la voûte est percée par la verticale vestibulaire).

9° — Indice céphalique (mesuré directement sur le patient).

Pour l'ensemble des paramètres qui vont être utilisés maintenant, le tableau III donne les moyennes, les σ et $M \pm 3\sigma$.

Ne pouvant raisonnablement multiplier le nombre des corrélations, nous en avons volontairement

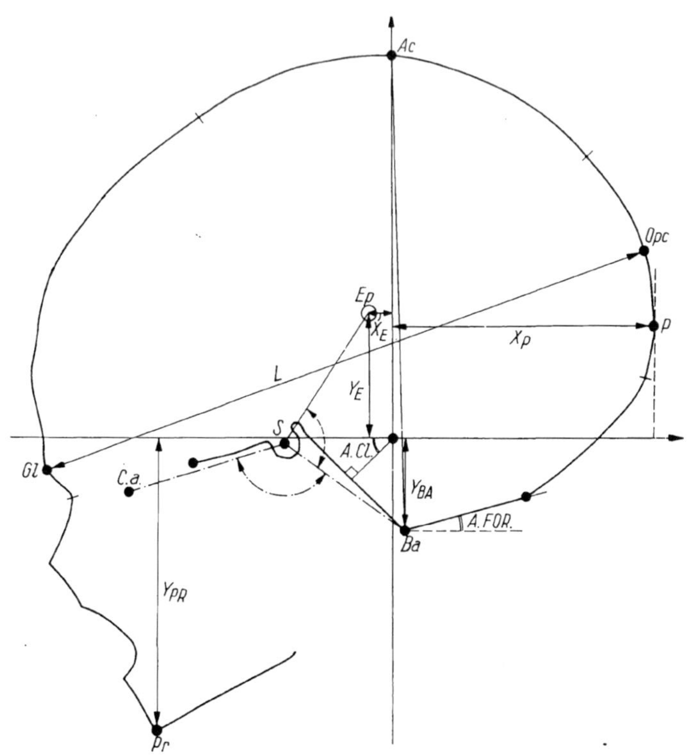

Fig. 4. Représentation des paramètres qui sont utilisés au cours de ce travail.

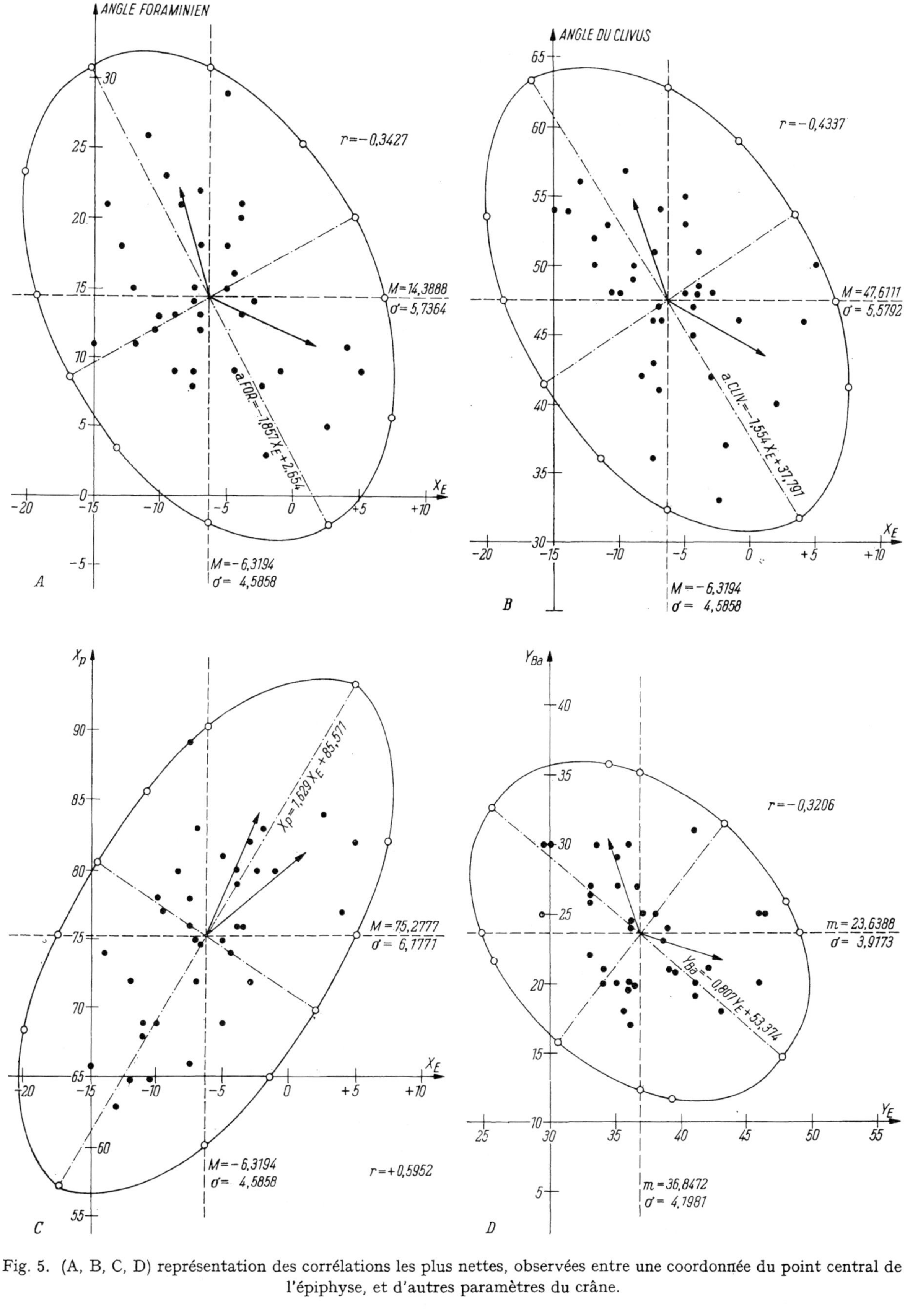

Fig. 5. (A, B, C, D) représentation des corrélations les plus nettes, observées entre une coordonnée du point central de l'épiphyse, et d'autres paramètres du crâne.

choisi 11, en nous référant aux précédents résultats du Laboratoire:

Y_e a été corrélé avec les paramètres: 7, 8, 6 et 9.

X_e l'a été avec les paramètres: 1, 2, 3, 4, 5, 6 et 9.

Avec notre effectif, le coefficient (r) de corrélation est significatif à 0,32 pour une sécurité de 95%, et à 0,43 pour une sécurité de 99%.

La Figure 5 représente les résultats qui se sont révélés être significatifs. Les pentes des 2 droites de régression ont été calculées et s'y trouvent dessinées. De plus, les unités étant rendues de même grandeur sur les 2 axes, l'ellipse équiprobable a été calculée et représentée. La «régression» de l'ensemble du nuage est fournie par le grand axe de l'ellipse, dont la formule est proposée à chaque fois (en valeurs non réduites, c'est à dire telles qu'elles sont lues sur les télé-radios). Ainsi, connaissant un paramètre significatif, on peut en déduire (par l'examen de la figure 5 ou par calcul utilisant le grand axe de l'ellipse) la valeur idéale de X_e ou de Y_e correspondant, et inversement.

Corrélations avec l'abscisse (X_e) du point central de l'épiphyse

Il n'y a aucune corrélation ($r = -0{,}26$) entre X_e et la hauteur (Y_{Pr}) de la face, ni ($r = +0{,}12$) avec l'angle de la base du crâne (C. S. Ba), ce qui contraste avec le chiffre ($r = -0{,}43$) hautement significatif obtenu avec le degré d'inclinaison du clivus. Il faut en conclure — ce qui est appuyé par des recherches antérieures — que, dans l'angle de la base du crâne, les 2 branches du compas ont une position dont le déterminisme est distinct: la branche antérieure suit les variations du massif facial, tandis que le clivus participe aux changements survenant dans la zone cérébelleuse. Ainsi, quand le clivus tend à se verticaliser, l'épiphyse recule. Le tracé du grand axe de l'ellipse équiprobable (Fig. 5) permet de dire que cette glande va franchir le plan vertico-frontal vestibulaire lorsque l'angle du clivus (mesuré comme il a été dit) sera compris entre 37 et 38°.

Dans le même ordre d'idée, le foramen magnum fait partie de la loge cérébelleuse, et des travaux antérieurs ont permis de démontrer que ses variations étaient liées à celles du clivus (d'où la notion de «bloc cérébelleux»); il n'est donc pas surprenant de constater, ici encore, une corrélation significative ($r = -0{,}34$). De la sorte, lorsque l'ensemble de la loge cérébelleuse varie en «basculant» vers l'arrière (angle foraminien diminué), l'épiphyse recule dans le système d'axes (X_e augmenté).

Par rapport au crâne pré-vestibulaire, plus fixe, le crâne rétro-vestibulaire, mesuré ici par X_p, présente un allongement lorsque l'ensemble cérébelleux subit une bascule vers le bas, et la forte corrélation ($r = +0{,}59$) démontre que, dans cette éventualité, l'épiphyse recule. Elle arrive dans le plan vertico-frontal pour un postéro-crâne ayant dépassé la valeur de 85 mm.

Bien que participant à la longueur maximale du crâne (mesurée d'ailleurs un peu plus obliquement), le crâne postérieur n'influe qu'imparfaitement sur celle-ci, et c'est sans doute pourquoi la corrélation entre la position antéro-postérieure de l'épiphyse et la longueur maximale du crâne ($r = +0{,}26$), bien que positive, est légérement au dessous du seuil de signification; il n'est pas impensable que, sur un effectif plus fort, on arriverait à montrer que l'épiphyse recule lorsque la longueur maximale de la tête augmente.

La longueur (prise, cette fois avec les parties molles) intervient au dénominateur de l'indice céphalique; celui-ci présente une corrélation négative, mais également insuffisamment significative ($r = -0{,}29$) avec la situation de l'épiphyse. Celle-ci aurait tendance à reculer lorsque l'individu a un indice céphalique faible (donc à plus forte longueur relative)?

Corrélations avec l'ordonnée (Y_e) du point central de l'épiphyse

Il existe une corrélation significative ($r = -0{,}32$) entre l'ordonnée de l'épiphyse et la distance entre le Basion et l'horizontale: quand la première augmente, la seconde diminue, ce qui démontre un mouvement de même sens entre ces points.

La liaison entre l'épiphyse et un point de la base du crâne, rétro-hypophysaire, se trouve donc confirmée dans le sens de la hauteur.

Quant à la hauteur totale (Basion-Acrion), elle semble varier dans le même sens que l'ordonnée de l'épiphyse, mais le chiffre ($r = +0{,}28$) n'atteint pas tout à fait le seuil significatif.

Il n'y a aucune corrélation ($r = -0{,}09$) entre l'ordonnée de l'épiphyse et la valeur de l'angle de la base du crâne (C. S. Ba), ni avec l'indice céphalique ($+0{,}04$).

Interprétation

En somme, si nous essayons d'interpréter les résultats précédents, nous voyons que la situation de l'épiphyse n'est pas corrélée avec les paramètres splanchnocrâniens. Elle semble être en relation (mais imparfaitement) avec les deux diamètres sagittaux principaux du neurocrâne: la longueur totale et la hauteur totale, et varier dans le même sens qu'eux. Mais c'est surtout avec le neurocrâne postérieur (rétro-vestibulaire) et inférieur (sous-vestibulaire) que les chiffres sont les plus démonstratifs, et la position de l'épiphyse est nettement liée à ces paramètres. Quant à l'indice céphalique, il s'est révélé, une fois de plus, décevant!

D'un point de vue angulaire, on observe que si l'épiphyse n'est pas corrélée à la base du crâne dans son ensemble, elle l'est fortement au degré de redressement du clivus, ainsi qu'à l'inclinaison du trou occipital. En somme, elle obéit à la variation de la loge cérébelleuse. Cela n'a rien pour nous surprendre si l'on considère que l'épiphyse est proche de l'extrêmité crânio-dorsale du tronc cérébral dont la position dépend du clivus sur lequel il se couche. Mais le cerveau, morphologiquement lié à la boite crânienne, n'est pas sans influer aussi sur la situation de l'épiphyse (dimensions générales de la tête). La glande étudiée est proche de la charnière entre les 2 constituants encéphaliques, et varie en fonction de ceux-ci. Néanmoins nous avons montré que l'influence du tronc cérébral était prépondérante.

Lorsqu'on essaie de comparer les précédents résultats à ceux déjà obtenus sur crânes secs, entre les divers constituants de celui-ci (R. P. Cousin, J. Dardenne et R. Fenart 1969, A. Delattre, R. Fenart et P. Bécart 1964, R. Fenart et B. Rousselle 1966), une parfaite concordance s'observe. Cela est d'autant plus remarquable que le matériel d'étude appartenait alors à des sujets âgés et non à des adultes jeunes, comme c'est ici le cas. L'indice céphalique n'était corrélé avec rien. Malgré l'absence de corrélations avec l'angle de la base, le clivus, tendant vers la verticalisation, entraînait le trou occipital, la loge cérébelleuse, et le crâne rétro-vestibulaire était grand. Par contre, la variabilité de l'avant-crâne était faible. Dans le sens de la hauteur, la portion sus-vestibulaire était peu variable et c'est surtout la région du Basion qui était la moins fixe.

Il est également intéressant de constater que dans nos études ontogéniques sur le crâne humain (R. P. Cousin 1969, J. Dardenne 1970, R. Fenart 1953), il a pu être démontré que le crâne, dans ses portions: pré et sus-vestibulaires, atteignait le plus rapidement son volume définitif, alors qu'il continuait à s'accroitre vers l'arrière et, plus longtemps encore, vers le bas. La variation suit donc ici, en quelque sorte, les lois de la croissance.

Procédé annexe

Possédant une série de profils, il était tentant d'essayer de repérer l'épiphyse directement, à partir des éléments du clivus, étant donné ce qui vient d'être dit. Le Tableau II nous fournit 2 paramètres complétant les données vestibulaires, et qui, cette fois, sont indépendants de cette orientation. Il s'agit de: E–S = distance entre le centre de la selle turcique et l'épiphyse, et de l'angle Ba. S. E, entre les droites qui joignent le point *S* respectivement au Basion et à l'épiphyse. Pour repérer l'épiphyse, il suffirait de connaitre l'angle Ba–S–E et la distance E–S. Les moyenne et les σ, calculés sur les télé-profils, sont respectivement de 87°, 97 ($\sigma = 6{,}79$) et 43,72 mm ($\sigma = 4{,}16$). Ce procédé est proche de ceux utilisés classiquement, mais nous voyons que la précision n'est pas très bonne à cause des écarts-types élevés. Pour améliorer cette technique, nous avons cherché s'il existait une corrélation entre Ba–S–E et la distance E–S. Le chiffre obtenu est assez décevant (+0,11) et n'est pas significatif d'une augmentation de la distance en fonction d'une diminution angulaire.

Conclusions

L'apport de la méthode «vestibulaire» à la neurochirurgie de l'épiphyse vise à fournir, dans un systéme d'axes physiologiques, non seulement les coordonnées stéréotaxiques moyennes de l'Homme adulte jeune, mais encore les éléments fondamentaux indispensables pour l'estimation de sa variabilité en fonction de celle des diverses portions du neuro-crâne. L'introduction de la notion d'ellipses équiprobables est susceptible d'aider considérablement le chercheur et le praticien, en leur fournissant une aire précise, dont l'étendue est inférieure à celle des estimations classiques.

Résumé

L'apport de la méthode «vestibulaire» à la neurochirurgie de l'épiphyse vise à fournir, dans un système d'axes tri-dimensionnel, non seulement les coordonnées stéréotaxiques moyennes, mais encore les éléments fondamentaux indispensables pour l'estimation de sa variabilité en fonction de celle des diverses portions du neuro-crâne.

L'introduction de la notion statistique d'ellipses équiprobables est susceptible d'aider considérablement le chercheur et le praticien, en lui fournissant une aire précise dont l'étendue est inférieure à celle des estimations classiques.

Zusammenfassung

Die Anwendung der vestibulären Methode dient in der Neurochirurgie der Epiphyse dazu, in einem dreidimensionalen Achsensystem nicht allein die mittleren stereotaktischen Koordinaten, sondern auch die unentbehrlichen Grundelemente für die Bestimmung der verschiedenen Abschnitte des Neurocraniums in Abhängigkeit von ihrer Variabilität zu ermitteln. Die Einführung des statistischen Begriffes „equiprobable" Ellipsen hilft dem Forscher und Praktiker beträchtlich durch die Ermittlung eines präzisen Flächeninhaltes, dessen Größe geringer als nach klassischer Bestimmung ist.

Bibliographie

Cousin, R. P.: Étude en projection sagittale, de crânes d'enfants orientés dans les axes vestibulaires. Th. de Dr. en Chir. dent. Paris (1969).

Cousin, R. P., et J. Dardenne: Étude de quelques corrélations crânio-faciales, d'après les coordonnées vestibulaires. C. R. Ass. des Anat. No 141; Tours (1968).

Cousin, R. P., J. Dardenne et R. Fenart: Déterminisme de la variation des éléments constitutifs de l'angle sphénoïdal humain adulte — Étude vestibulaire. L'Orthodontie française (Mai 1969), pp. 127—139.

Dardenne, J.: Étude comparative des principaux paramètres sagittaux de la face et du crâne, chez l'Homme et les chimpanzés, par la méthode vestibulaire d'orientation. Th. de Dr. en Chir. Dent. Lille (1970).

Defrise-Gussenhoven, E.: Ellipses équiprobables et taux d'éloignement en biométrie. Bull. Inst. Roy. des Sc. Nat. de Belgique. T. XXXI, No 26; Bruxelles (Juillet 1955).

Delattre, A., et R. Fenart: L'évolution morphologique du cerveau — III — Ontogenése vestibulaire des ventricules latéraux chez l'Homme. Bull. Soc. Anthrop. Paris. T. V; X° Sér. pp. 198—208 (1954).

Delattre, A., et R. Fenart: L'hominisation du crâne. Ed. du C. N. R. S. Paris (1960). 418 p.

Delattre, A., R. Fenart et P. Bécart: L'euryon, son étude par la méthode vestibulaire. Bull. Soc. Anthrop. Paris; T 7 — XI° Sér. pp. 57—94 (1964).

Empereur-Buisson, R., R. Fenart, J. Dardenne et P. Bécart: L'orientation vestibulaire du crâne humain chez le sujet vivant. J. de Rad. et d'Electrol. T. 49, No 5; pp. 393—398 (1968).

Fenart, R.: Ontogenése crânio-faciale chez l'Homme. Rev. Sc. 3322—2- pp. 101—115 (1953).

Fenart, R.: Le carrefour ventriculaire pré-thalamique. 86 p. Douriez-Bataille éd. Lille (1955).

Fenart, R.: Influence des modifications expérimentales et tératologiques de la station et de la locomotion, sur la morphologie céphalique des Mammifères quadrupédes. Étude par la méthode vestibulaire. Th. de Dr. des Sc. Lille (1966).

Fenart, R., P. Bécart et R. Empereur-Buisson: Mesure de l'axe vestibien, son utilisation pratique. C. R. Ass. des Anat. Marseille (1966).

Fenart, R., R. Empereur-Buisson et P. Bécart: Orientation vestibulaire du crâne par méthode radiographique. C. R. Ass. des Anat. Marseille (1966).

Fenart, R., et B. Rousselle: L'angle thyridien de l'homme adulte — Sa variabilité. C. R. Ass. des Anat. Marseille (1966).

Girard, L.: Port habituel de la tête et fonction vestibulaire — Mammalia 10, 1 et 2; pp. 1—17 (1947).

Adresse des Auteurs:

Faculté libre de Médecine et de Pharmacie
56, rue du Port
59 — LILLE — France

Aus dem Bereich Zellbiologie und Regulation der Sektion Biowissenschaften,
Karl-Marx-Universität Leipzig
(Bereichsleiter: Prof. Dr. Dr. h. c. G. STERBA)

Feinstruktur des isolierten Reissnerschen Fadens vom Rind[1])

Von

G. HOHEISEL, G. STERBA und A. ERMISCH

Mit 3 Abbildungen

(Eingegangen am 17. 12. 1970)

Das Sekret des Subcommissuralorgans (SCO) wird unmittelbar nach seiner Abgabe im Liquorraum zu einzelnen Fäden formiert, die sich zum Reissnerschen Faden (RF) vereinigen (STERBA et al., 1967a; STERBA, 1969; WENGER et al., 1969). Dieser schiebt sich durch den Aquaeductus Sylvii, den 4. Ventrikel und den ganzen Zentralkanal des Rückenmarkes bis in das Filum terminale. Dort wird der RF gelöst und als amorphe Substanz durch den caudalen Neuroporus oder durch Interzellularspalten zwischen den Ependymzellen aus dem Zentralnervensystem eliminiert (Literaturübersicht bei STERBA, 1969).

Der RF ist ein fibrillär organisiertes Sialoglycoproteid (NAUMANN, 1968, 1969; STERBA und WOLF, 1969; STERBA et al., 1967b; WOLF, 1969; HÄDGE, unveröffentlicht), in dem bei elektronenmikroskopischer Untersuchung eines Querschnittes vor allem elektronendichte Partikel mit einem Durchmesser von 50—100 Å sichtbar sind (AFZELIUS und OLSSON, 1957; STANKA, 1967, 1968; STERBA et al., 1967a; STERBA, 1969). KOHNO (1969) hält diese für Querschnitte durch parallelisierte Filamente und beschreibt daneben als zweite Komponente eine feinfibrilläre vernetzende Matrix. Letztere soll auch einen gewissen Oberflächenabschluß bilden. Eine membranöse Begrenzung fehlt (AFZELIUS und OLSSON, 1957; STERBA und NAUMANN, 1966; STANKA, 1967; KOHNO, 1969). Dem RF kann peripher Zelldetritus anhaften, als Einschlüsse treten verschieden große, vesikuläre Gebilde mit und ohne Inhalt auf (STERBA et al., 1967a; STANKA, 1968; KOHNO, 1969; WENGER et al., 1969).

Lücken im RF sprechen nach KOHNO (1969) für eine Untergliederung in Filamentbündel.

Der RF bindet in vitro Adrenalin, Noradrenalin und Serotonin (STERBA und ERMISCH, 1969; ERMISCH et al., 1970). Am isolierten RF traten nach Überschichtung mit physiologischer NaCl-Lösung, die Adrenalin- bzw. Noradrenalinbitartrat in bestimmter Konzentration enthielt, mikroskopisch erfaßbare Veränderungen auf, die als Hinweis für eine Bindung dieser Substanzen an das Glycoproteid des RF gewertet wurden (STERBA und ERMISCH, 1969).

Anliegen der vorliegenden Untersuchung war es, weitere Informationen über die Feinstruktur des RF zu erhalten und zu prüfen, ob eine Inkubation in Monoaminlösungen zu Veränderungen der Feinstruktur des isolierten RF führt.

Material und Methoden

Das RF-Material wurde durch Ausspülen des Zentralkanales von Rückenmarkstücken des Rindes (frisches Schlachthofmaterial) gewonnen. Als Spülflüssigkeit diente Säuger-Ringerlösung. Die Weiterbehandlung der isolierten RF-Stücken verlief, unter Einhaltung annähernd isosmotischer Fixierungsbedingungen, in folgender Weise:

1) — Vorfixierung: 1,5%ige Glutardialdehyd-Lösung (in 0,05 M Natriumphosphat-Puffer), pH 7,2; bei 0 bis 4 °C.

[1]) Diese Untersuchung wurde aus Mitteln des Ministeriums für Wissenschaft und Technik der DDR finanziert.

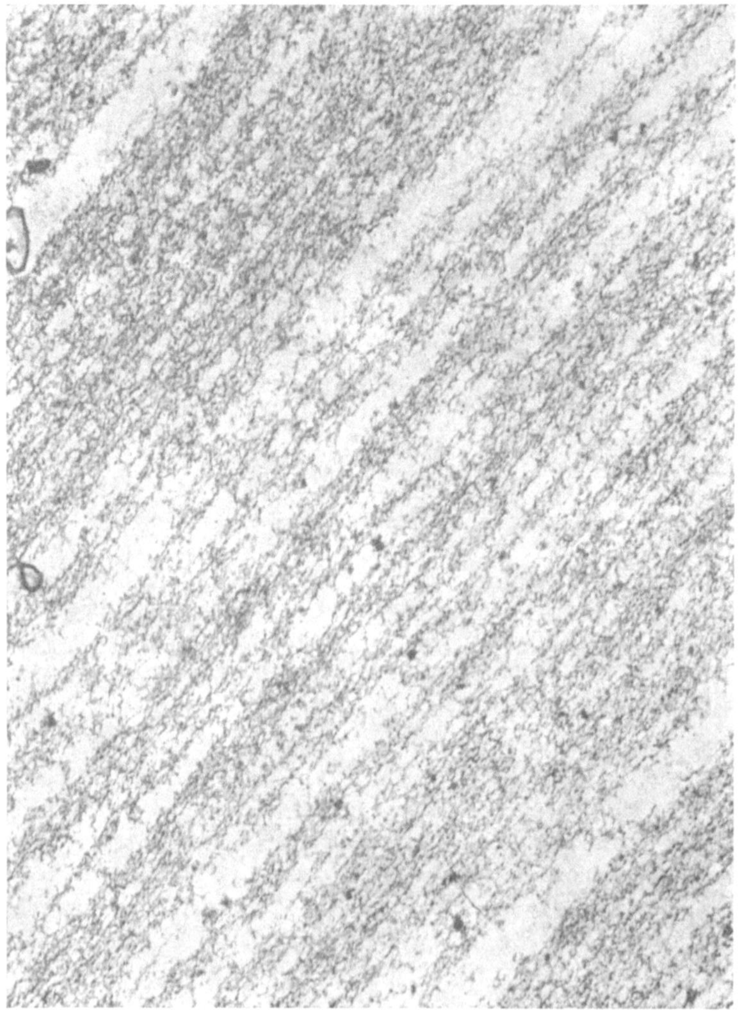

Abb. 1. Unbehandelter, isolierter RF im Längsschnitt. Fixierung bei pH 7,2. Endvergrößerung: 50000 : 1.

- Spülen mit 0,1 M Natriumphosphat-Puffer, pH 7,2.
- Nachfixierung in einem modifizierten Fixierungsgemisch in Anlehnung an WOHLFARTH-BOTTERMANN (1957), in 1%iger OsO_4-Lösung oder durch Räucherung über 2%iger OsO_4-Lösung; bei 0–4 °C.
- Spülen mit 0,1 M Natriumphosphat-Puffer, pH 7,2.
- Entwässerung mit Aceton. Einbettung in Mikropal.
- Stückkontrastierung nach WOHLFARTH-BOTTERMANN (1957).
- Dünnschnitte: Ultrotome III (LKB Producter AB, Stockholm).[2]
- Schnittkontrastierung mit Bleicitrat (REYNOLDS, 1963).
- Auswertung: Elektronenmikroskop SEM 3-1 (VEB Werk für Fernsehelektronik, Berlin-Oberschöneweide). Aufnahmen auf Elektronenplatten ORWO EU 2.

2) Zur Inkubation isolierter RF-Stücken mit biogenen Aminen wurden Adrenalin- oder Noradrenalinbitartrat (vgl. STERBA und ERMISCH, 1969) in folgenden Konzentrationen verwendet:

1 mg bzw. 0,5 mg (bezogen auf die Base) in 1 ml 0,9%iger NaCl-Lösung; pH-Wert der Lösung 7,0 und 4,0.

Kontrollen: Inkubation in 0,9%iger NaCl-Lösung bei pH 7,0 bzw. 4,0.

Nach der Inkubation Zwischenspülung des RF mit 0,1 M Natriumphosphat-Puffer oder sofort Vorfixierung in Glutardialdehyd. Weitere Behandlung wie unter 1).

[2]) Für die Ausführung präparativer Arbeiten und insbesondere für die Anfertigung der Ultradünnschnitte sei den technischen Assistentinnen Frau S. MEHNERT, Frau E. SIEBERT, Frau R. SCHNEIDER und Frau Chr. SCHNEIDER herzlich gedankt.

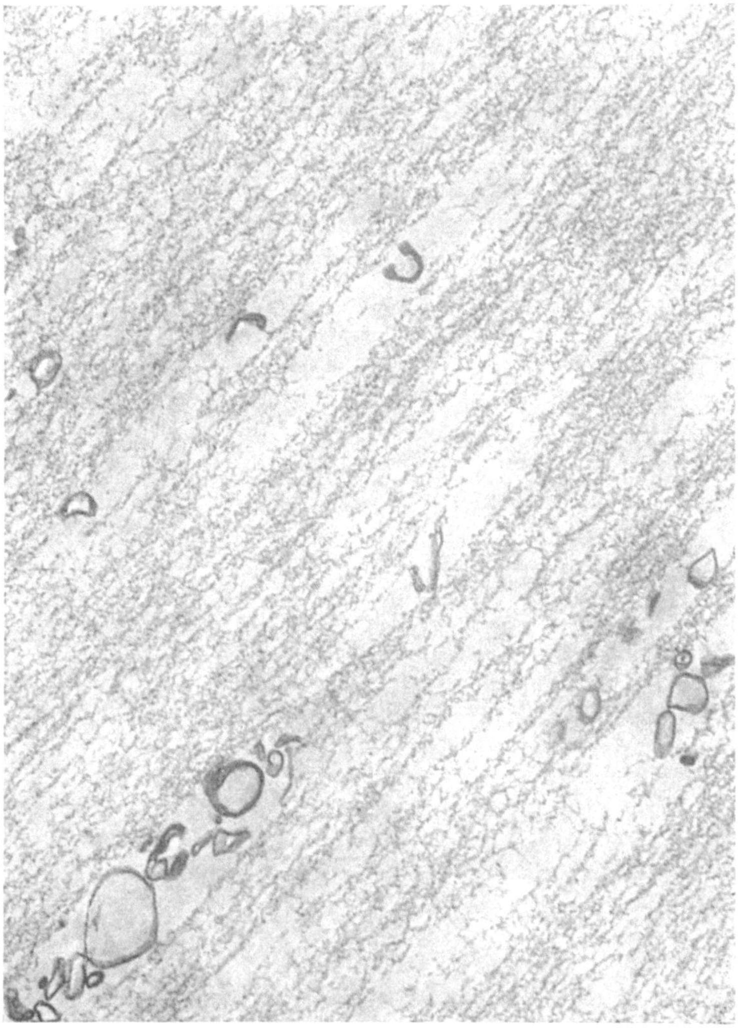

Abb. 2. Unbehandelter, isolierter RF im Längsschnitt. Fixierung bei pH 7,2. Endvergrößerung: 50000 : 1.

Ergebnisse

1. Feinstruktur des unbehandelten, isolierten RF

a) Längsschnitt: Auch am isolierten Material ist die fibrilläre Organisation des RF erkennbar. Er besteht aus zahlreichen, gestreckt oder vielfach gewunden verlaufenden Filamenten (Abb. 1, 2). Besonders die in verschiedenen Ebenen verlaufenden, gewundenen Elemente bedingen das Vernetzungsbild, das vor allem in Längsschnitten deutlich hervortritt.

Alle filamentösen Elemente zeigen in ihrem Verlauf partikuläre, elektronendichte Anschwellungen, deren Durchmesser im Mittel 50—150 Å (maximal 180 Å) beträgt. Die verbindenden Zwischenstücke, ob gestreckt oder gewunden verlaufend, sind weniger elektronendicht und haben einen Durchmesser von 20—60 Å (Abb. 1, 2).

In das fibrilläre Grundgerüst des RF sind relativ zahlreich gröbere, globuläre Gebilde eingestreut (Durchmesser 200—600 Å, maximal 800 Å), die sich bei stärkerer Auflösung als Ansammlungen elektronendichter Partikel von der Größe der elektronendichten Anschwellungen im Verlauf der Einzelfilamente darstellen lassen.

Vielfach ist im Längsschnitt eine Untergliederung des RF in Filamentbündel vorhanden. Diese Bündel stellen unseres Erachtens Teilfäden des RF dar, die während der Passage des RF ihre Individualität weitgehend beibehalten haben. Für diese Auffassung spricht auch die Tatsache, daß zwischen

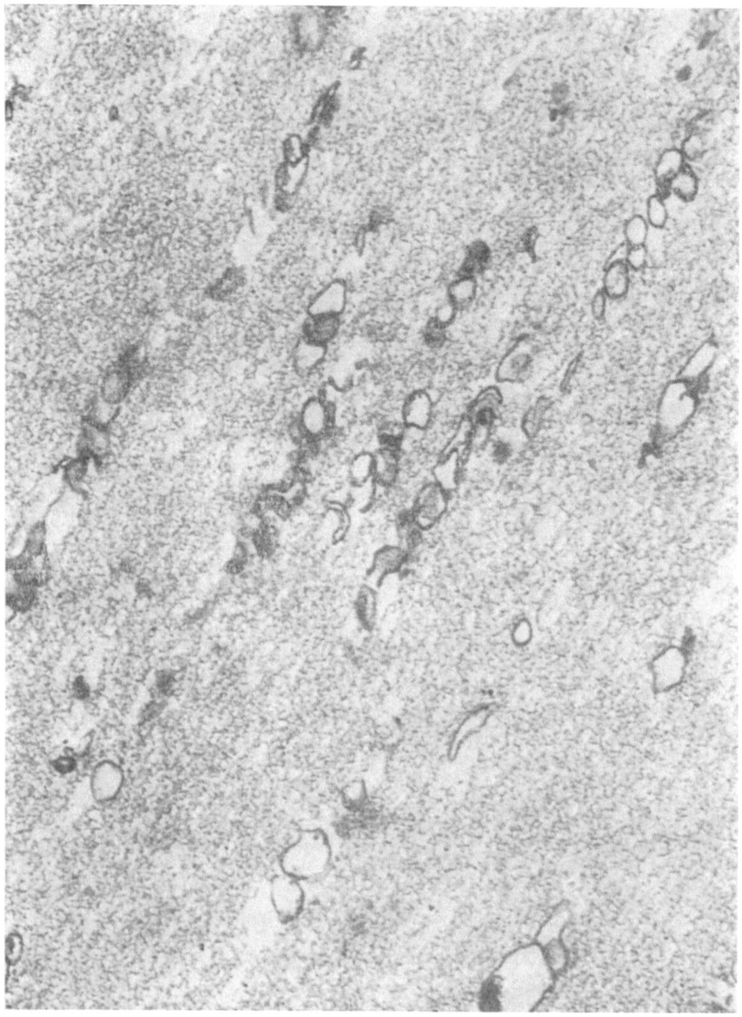

Abb. 3. Isolierter RF im Längsschnitt, nach Inkubation in Adrenalinlösung bei pH 4,0. Endvergrößerung: 50000 : 1.

den Bündeln elektronenoptisch leere Spalträume und (oder) in Reihen angeordneter Zelldetritus liegen (Abb. 1).

Zur Struktur der eingeschlossenen Zelltrümmer (vgl. STERBA et al., 1967a; STANKA, 1968; KOHNO, 1969) können keine neuen Angaben gemacht werden. Relativ häufig wurden jedoch segmentkernige Zellen im Inneren des RF beobachtet, die morphologisch unverändert oder mehr oder weniger degeneriert sein können. Man kann annehmen, daß alle Zelltrümmer oder Zellen bei der Bildung des RF zufällig in den Sekretstrang eingebaut werden.

Neben den großen Spalträumen lassen sich auch bei dichter Anordnung der Filamente zahlreiche kleine bis kleinste Lücken im RF beobachten, die in ihrer Gesamtheit ein Lückensystem darstellen.

Die beschriebene Struktur ist im Prinzip in jedem RF nachweisbar. Es existieren jedoch nicht nur zwischen zwei (isolierten) RF sondern auch in ein und demselben (isolierten) RF regionale Unterschiede hinsichtlich des Abstandes der Filamente, der Anzahl ihrer partikulären Anschwellungen sowie der Menge der gröberen, globulären Einheiten.

b) Querschnitt: Der Untersuchung des quergeschnittenen RF wurde weniger Bedeutung zugemessen, da für die Analyse experimenteller Veränderungen der Feinstruktur des RF Längsschnitte besser geeignet sind.

Die im Querschnitt sichtbaren elektronendichten Partikel von 50—150 Å Durchmesser entsprechen den partikulären Anschwellungen, kleinere Einheiten den verbindenden Zwischenstücken der Filamente. Daneben lassen sich kurze Anschnitte durch gewunden verlaufende Teile von Filamenten sowie Schnitte durch gröbere globuläre Gebilde

(Ansammlungen von elektronendichten Partikeln) beobachten. Einzelne Filamentbündel lassen sich im RF-Querschnitt weniger gut abgrenzen.

2. *Feinstruktur des isolierten RF nach Inkubation in Lösungen biogener Amine*

Bedingt durch die oben angeführten regionalen Unterschiede in der RF-Feinstruktur sind eindeutige Aussagen über den morphologisch faßbaren Effekt biogener Amine auf den RF schwierig.

Es liegen Hinweise dafür vor, daß Adrenalin und Noradrenalin in neutraler Lösung (pH 7,0) eine leichte Verdichtung der Feinstruktur hervorrufen. Auch besteht der Eindruck, daß diese Verdichtung vor allem durch eine Vermehrung der partikulären, elektronendichten Anschwellungen der Filamente sowie zusätzlich durch eine stärkere „Vernetzung" der Filamente untereinander bedingt ist. Eine deutliche Vergrößerung der elektronendichten Anschwellungen als auch ihre Gruppierung zu größeren Einheiten konnte nicht beobachtet werden.

Durch eine Inkubation des RF in Monoaminlösungen mit saurem pH-Wert (pH 4,0) läßt sich eine deutliche Verdichtung der Struktur erzielen. Die Anzahl der elektronendichten Anschwellungen ist dann so stark erhöht, daß längs ausgerichtete oder gewunden verlaufende Filamente nur selten zu erkennen sind (Abb. 3). Vergleiche zwischen der Feinstruktur Reissnerscher Fäden, die in einer 0,9%igen NaCl-Lösung bei pH 4,0 (Kontrollen) und in Lösungen biogener Amine bei pH 7,0 inkubiert wurden (s. o.) deuten an, daß der bei saurem pH-Wert der Lösung bewirkte Verdichtungseffekt der RF-Struktur durch Adrenalin und Noradrenalin verstärkt wird.

Diskussion

Der RF steht in vivo unter Spannung (vgl. Wolf, 1969). Sowohl bei der Präparation eines Stückes Rückenmark als auch bei der Isolierung kann deshalb eine gewisse Kontraktion des RF nicht verhindert werden. Da aber bei beiden Methoden der RF in annähernd gleicher Weise reagieren dürfte, sind auch die Resultate hinsichtlich der Feinstruktur nahezu übereinstimmend (vgl. Kohno, 1969). Es ist allerdings anzunehmen, daß bei einer Fixierung des RF in gespanntem Zustand die Längsausrichtung seiner Filamente besser erkennbar ist, und die gewunden verlaufenden, fibrillären Elemente zurücktreten. Es ist durchaus wahrscheinlich, daß die elektronendichten partikulären Anschwellungen der Filamente morphologischer Ausdruck des Kontraktionszustandes sind.

Eine Untergliederung der RF-Elemente in längsverlaufende Filamente und eine vernetzende Matrixsubstanz (Kohno, 1969), verbunden mit Vorstellungen über das Vorliegen chemisch verschiedener Substanzen, ist auf Grund unserer Befunde nicht gerechtfertigt. Alle submikroskopisch sichtbaren filamentösen Strukturen des RF haben annähernd gleiche morphologische Charakteristika und bestehen unseres Erachtens einheitlich aus Glycoproteid.

Die beobachteten regionalen Unterschiede in der Feinstruktur sind vermutlich nicht ausschließlich fixierungsbedingt sondern Ausdruck regionaler Funktionszustände.

Diese primär vorhandene Heterogenität erschwert die Interpretation experimentell erzeugter Strukturänderungen. Bei aller Vorsicht kann aber trotzdem für die Inkubationsversuche mit biogenen Aminen gesagt werden, daß diese auch zu Veränderungen im submikroskopischen Bereich führen, d. h. daß die mikroskopisch beobachteten Veränderungen (Sterba und Ermisch, 1969; Ermisch et al., 1970) auch submikroskopisch auf supramolekularer Ebene nachweisbar sind. Es wäre denkbar, daß dabei spezifische Gruppen des Sialoglycoproteids, die eine normative Strukturerhaltung des Sekretstranges bewirken, gelöst bzw. blockiert werden und daraus eine Strukturveränderung des RF resultiert.

Zusammenfassung

1. Isolierte Reissnersche Fäden vom Rind zeigen die gleiche Feinstruktur wie Fäden, die mit umgebendem Gewebe fixiert wurden. Der Reissnersche Faden besteht aus feinen, gestreckt oder gewunden verlaufenden, vorwiegend in Längsrichtung orientierten Filamenten, die in Abständen elektronendichte Anschwellungen aufweisen. Die von Kohno (1969) beschriebene Matrixsubstanz wird durch den Verlauf der Filamente nur vorgetäuscht. In den Faden sind in unterschiedlicher Anzahl Zelltrümmer oder auch ganze Zellen eingeschlossen. Der Sekretstrang ist außerdem von einem Lückensystem durchsetzt.

Die Feinstruktur zeigt regionale, vermutlich funktionsbedingte Unterschiede.

2. Es liegen Hinweise dafür vor, daß eine Inkubation des isolierten Reissnerschen Fadens in Lösungen biogener Amine (Adrenalin und Noradrenalin) zu Veränderungen der Feinstruktur führt. Vermutlich bestehen zwischen der Bindung bestimmter Substanzen und den Strukturveränderungen funktionelle Zusammenhänge.

Summary

The Reissner's fibre (Rf) is a cord of secretion which is formed at the subcommissural organ. The Rf passes through the Aquaeductus Sylvii, the IV. ventricle and the central channel of the spinal cord and leaves the nervous system through the caudal neuroporus.

Bovine Rf which were fixed with the surrounding tissue and bovine Rf fixed after isolation are not different on the ultrastructural level.

The Rf consists of fine, stretched or twisted filaments which have electron-dense swellings at intervals. They are mainly orientated in longitudinal direction. A matrix substance, described by KOHNO (1969), is not rearly present; the course of the filaments cheats such a matrix substance. Cell fragments and even whole cells can be attached to the fibre or included into the fibre.

Regional differences in the ultrastructure of the Rf are probably correlated with its function.

Literatur

AFZELIUS, B. A., and R. OLSSON: The fine structure of the subcommissural cells and of Reissner's fibre in Myxine. Z. Zellforsch. **46**, 672–685 (1957).

ERMISCH, A., G. STERBA und J. HESS: Untersuchungen zur Klärung der Funktion des Reissnerschen Fadens. In vitro-Bindung von Noradrenalin, Adrenalin und Serotonin. Experientia (Basel), 26, 1319–1321 (1970).

KOHNO, K.: Electron microscopic studies on Reissner's fiber and the ependymal cells in the spinal cord of the rat. Z. Zellforsch. **94**, 565–573 (1969).

NAUMANN, W.: Histochemische Untersuchungen am Subcommissuralorgan und am Reissnerschen Faden von Lampetra planeri (BLOCH). Z. Zellforsch. **87**, 571–591 (1968).

NAUMANN, W.: Zur Histochemie des Subcommissuralorgans und des Reissnerschen Fadens. In: G. Sterba (Hrsg.), Zirkumventrikuläre Organe und Liquor, Bericht Symp. Reinhardsbrunn, 13.–16. Mai 1968, Fischer Jena, (1969) 59–63.

REYNOLDS, E. S.: The use of lead citrate at high pH as an electron — opaque stain in electron microscopy. J. Cell Biol. **17**, 208–215 (1963).

STANKA, P.: Über den Sekretionsvorgang im Subcommissuralorgan eines Knochenfisches (Pristella riddlei MEEK). Z. Zellforsch. **77**, 404–415 (1967).

STANKA, P.: Morphologische Studie über den Reissnerschen Faden bei niederen Wirbeltieren. Z. Zellforsch. **85**, 66–77 (1968).

STERBA, G.: Morphologie und Funktion des Subcommissuralorgans. In: G. Sterba, Zirkumventrikuläre Organe und Liquor, (1969) 17–32.

STERBA, G., und A. ERMISCH: Der Reissnersche Faden als Receptormodell für biogene Amine. I. Bindung von Noradrenalin und Adrenalin. Acta biol. med. germ. **22**, 9–14 (1969).

STERBA, G., J. HESS und A. ERMISCH: Der Reissnersche Faden als Receptormodell für biogene Amine. II. Tyrosin-Bindung an den Reissnerschen Faden von Katzen nach intraventrikulärer ^{3}H-Tyrosin-Injektion. Pflügers Arch. **310**, 277–280 (1969).

STERBA, G., H. MÜLLER und W. NAUMANN: Fluoreszenz- und elektronenmikroskopische Untersuchungen über die Bildung des Reissnerschen Fadens bei Lampetra planeri (BLOCH). Z. Zellforsch. **76**, 355–376 (1967a).

STERBA, G., und W. NAUMANN: Elektronenmikroskopische Untersuchungen über den Reissnerschen Faden und die Ependymzellen im Rückenmark von Lampetra planeri (BLOCH). Z. Zellforsch. **72**, 516–524 (1966).

STERBA, G., und G. WOLF: Vorkommen und Funktion der Sialinsäure im Reissnerschen Faden. Histochemie **17**, 57–63 (1969).

STERBA, G., G. WOLF und G. SCHEUNER: Polarisationsoptische Eigenschaften des Reissnerschen Fadens. Naturwiss. **54**, 495 (1967b).

WENGER, T., M. J. KLEIN, M. E. STOECKEL, A. PORTE, et F. STUTINSKY: Sur la structure fine de la fibre de Reissner et son mode de formation au niveau de l'organe sous-commissural chez le rat. C. R. Soc. Biol. **163** (11), 2436–2441 (1969).

WOHLFARTH-BOTTERMANN, K. E.: Die Kontrastierung tierischer Zellen und Gewebe im Rahmen ihrer elektronenmikroskopischen Untersuchung an ultradünnen Schnitten. Naturwiss. **44**, 287–288 (1957).

WOLF, G.: Über die physikalischen und biochemischen Eigenschaften des Reissnerschen Fadens. In: G. Sterba, Zirkumventrikuläre Organe und Liquor, (1969) 69–72.

Anschrift der Autoren:

Dr. rer. nat. G. HOHEISEL
Prof. Dr. Dr. h. c. G. STERBA
Doz. Dr. rer. nat. A. ERMISCH
Karl-Marx-Universität Leipzig,
Sektion Biowissenschaften,
Bereich Zellbiologie und Regulation,
701 Leipzig, Talstraße 33

Forebrain bundles and fibre systems in the avian brain stem

By

W. J. C. Verhaart

With 31 figures

In birds the fibre systems between the telencephalon and the brain stem are mainly united in the forebrain bundles, according to most authors, but the exact content of these bundles has not yet been determined, possibly because of inadequate staining techniques. Because in the present study a special technique which shows each separate fibre, has been used, an effort is made to define their components and to trace them into both the telencephalon and the brain stem. A few bundles similarly running between the telencephalon and the brain stem lie outside the forebrain bundles, but they will be considered also.

Material and Methods

The material for the greater part has been assembled by A. Zecha when working at the Laboratory of Neuroanatomy at Leiden, but unfortunately he could describe only little of it, and this paper may add something to what he published. It consists of serial sections, transversely cut, of the brain stem of the pigeon, the parrot, the parakeet, the rook, the coaltit, the ostrich, the heron, the cormorant, and the jay. The majority is stained with Häggqvist's method, some with that of Klüver and Barera, and some cases of experimental lesions with that of Nauta and Gygax. The advantages of Häggqvist's method above the classical myelin-staining ones have been emphasized repeatedly (Van Beusekom 1955, Busch 1961, Verhaart et al. 1964).

Description of the fibre systems

In the pigeon at the junction of the tel- and the diencephalon a large fibre complex in the ventrolateral part of the section consists mainly of fine fibres, and coarse ones intermingled with them spread dorsally over a short distance (Fig.'s 1, and 2, plane A 8.00 approximately of Karten and Hodos 1967), Somewhat more caudally the complex can be divided into a ventromedial part of fine fibres, an intermediate with the coarse ones, and a dorsal part with the finest fibres, of which the dorsal is very large (Fig. 3). Besides the complex there are the septomesencephalic bundle ventromedially (Fig. 1), a small tract at the ventromedial aspect of the complex (Fig. 3), and a number of scattered fine fibres in the hilus of the complex (Fig. 3).

At plane A 9.50 of Karten and Hodos, somewhat more rostrally, the coarse fibres are no longer visible, the medial third of the dorsal part also has disappeared, but the lateral two thirds, and the fine fibres of the hilus spread over the paleostriatum, the latter medial to the former ones. The medioventral contingent is still compact and as a tract can be followed somewhat further rostrally (Fig. 4).

The occipito-mesencephalic tract

The occipitomesencephalic tract enters the brain stem via the anterior commissure, and takes its site at the mediodorsal edge of the fibre-complex in the diencephalon (Fig. 3). In the pigeon it is not large, and in cases of degeneration it appears to contain normal fibres only in its ventromedial quadrant, apparently the only crossed contingent. In the more caudal levels of the diencephalon it

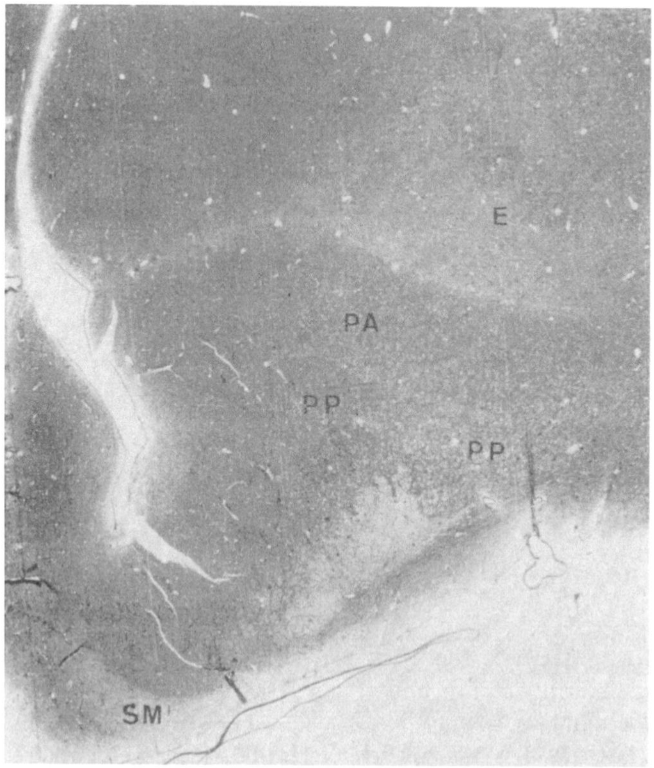

Fig. 1. Caudal telencephalic level of the pigeon, approximately plane A. 8.50 of KARTEN and HODOS, right half, HÄGGQVIST-stained. It shows the septal nuclei medially, and the paleostriatum primitivum (PP) with the paleostriatum augmentatum (PA) more laterally, the latter divided by a large vessel. Lateral to it the ectostriatum (E) is visible. The fibre systems are located ventromedial to the paleostriatum and partially within it. In the dorsal part of the paleostriatum primitivum the coarse fibres of the striomesencephalic tract are visible. The septomesencephalic tract (SM) lies in the ventromedial edge of the picture. × 20.

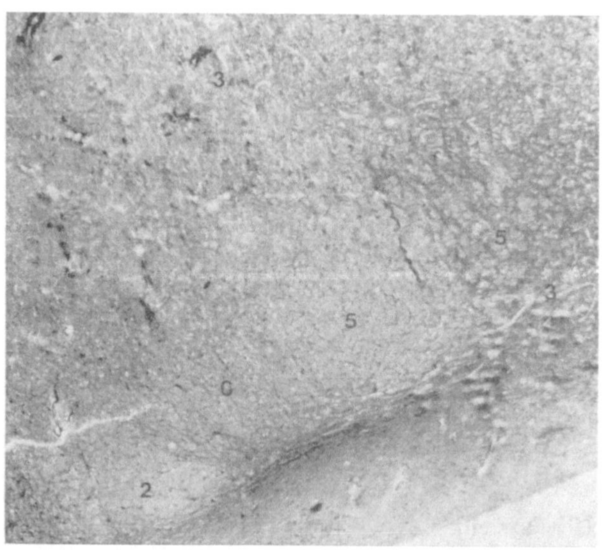

Fig. 2. Same level. It shows that the fibre complex consists mainly of fine fibres, with the coarse of the striomesencephalic tract particularly dorsal and somewhat less distinctly lateral to it (3, 3). Medioventrally the quintofrontal tract (2) is compact, laterodorsal to it the fine fibres running with the striomesencephalic tract are found (6), and laterodorsally the large body of the thalamotelencephalic tracts (5). × 40.

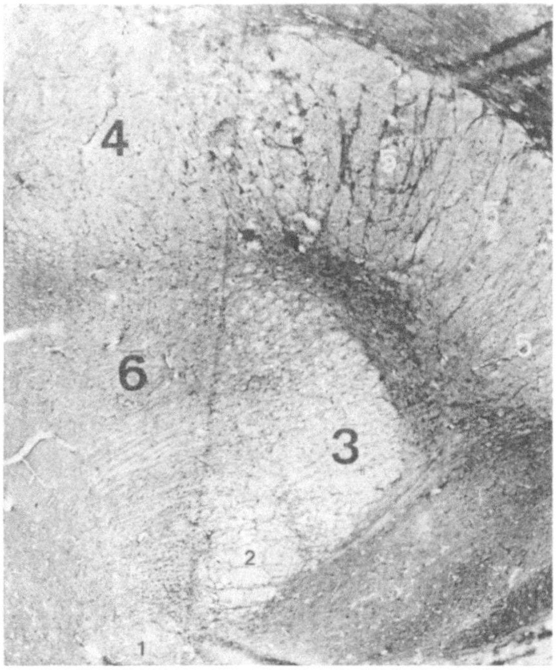

Fig. 3. Same series, level of plane A. 7.25 of KARTEN and HODOS. The fibre systems are the infundibular tract of JELGERSMA very medioventrally near a blood vessel (1), the quintofrontal tract dorsolateral to it (2), the large striomesencephalic tract dorsolaterally (3), the occipito-mesencephalic tract dorsomedially (4), the huge thalamotelencephalic tracts lateral to it (5, 5, 5) and the fine fibre-system medially (6). × 40.

splits up into a number of bundles, which spread between the nucleus ovoidalis and the ventromedial bundles of the complex (Fig. 5). In the rostral mesencephalon it is located between the nucleus tegmenti pedunculopontinus pars compacta of Karten and Hodos and the ventrolateral bundles of the posterior commissure (Fig. 6). Caudally it shifts laterally and dorsally to the proximity of the nucleus isthmo-opticus (Fig's 7, 8 and 9), and loses a great number of its fibres. In the medulla a few small bundles can be defined between the princeps sensory and the motor trigeminal nuclei and more caudally at the medioventral aspect of the superior olive, as depicted in plane A 2.25 pp 120 and 121, by KARTEN and HODOS.

In the parrot (Fig's 10, 11, 12, 13, and 14), and the parakeet (Fig's 15, 16, and 17) it is much larger than in the pigeon and its crossed contingent is more marked also. In the mesencephalon it runs close to the medial spiriform nucleus (Fig. 11), and subsequently ventromedial to the nucleus isthmo-opticus (Fig. 18), where it contains some ganglion cells. More caudally it is found somewhat medially between the two trigeminal nuclei (Fig's 19 and 20), and in the medulla the facial nerve knee curves laterally around it (Fig. 21). At the levels of the inferior olive it lies

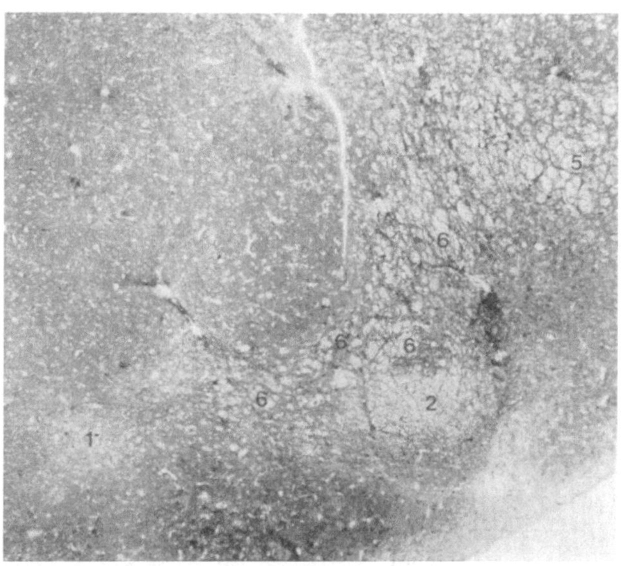

Fig. 4. Same series, level of plane A. 9.50 approximately, right side. The striomesencephalic tract is no longer visible, and the occipitomesencephalic tract has disappeared via the anterior commissure. The infundibular tract is seen as a cloud of small fibres (1), the fine fibres assembled in small bundles lie lateral to it and spread dorsally (6, 6, 6, 6). Ventral to them the quintofrontal tract is compact (2), and dorsolateral to them the bundles of the thalamotelencephalic tract spread into the paleostriatum augmentatum (5). More laterally outside the picture they enter the ectostriatum also. × 40.

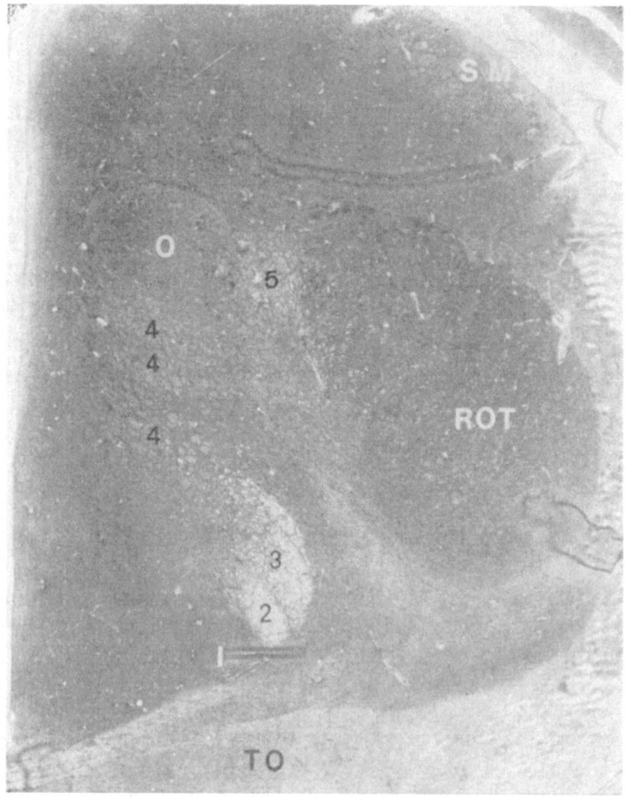

Fig. 5. Same series, middle diencephalon, planes A. 6.25—5.75 approximately, right side. The infundibular tract (1) lies medioventral to the quintofrontal tract (2), and the striomesencephalic one (3) laterodorsal to the latter. Ganglion cells lie among its dorsomedial fibres. The occipitomesencephalic tract (4, 4, 4) lies between the nucleus ovoidalis (O) and the striomesencephalic tract. The thalamotelencephalic tracts are reduced to a number of bundles (5) located between the ovoid (O) and the rotund nuclei (ROT). Dorsolaterally within the nucleus superficialis parvocellularis the dorsal branch of the septomesencephalic tract is found (SM). Ventrally the optic tract (TO) with at its dorsal side the supraoptic commissure are seen. × 22.

at the ventrolateral margin of the hypoglossus nerve nucleus (Fig. 22), but in the low medulla it decreases much in size and only a tiny bundle can be followed into the ventrolateral funiculus of the cord in a degeneration case of a parrot.

In the rook the tract is large (Fig. 23), but it traverses the trigeminus motor nucleus in stead of passing along it. The facial nerve knee curves around it also, but more caudally the tract deviates lateralward and takes the same course as in the pigeon. In the coaltit it is of moderate size and runs a somewhat more ventral course at the level of the isthmo-optic nucleus and subsequently passes between the two trigeminal nuclei. In the medulla it shifts to the medioventral margin of the spinal tract nucleus and the facial nerve knee does not curve around it.

In the ostrich it is of intermediate size (Fig's 24, 25, 26), and runs the usual course through the di- and mesencephalon, although an isthmo-optic nucleus cannot be distinguished. In the medulla it is found ventrolateral to the trigeminal motor nucleus and subsequently far ventral to the facial nerve knee. More caudally it lies medioventral to the trigeminus tract nucleus and around and within a fairly large nucleus, which changes much in shape and size at the successive medullary levels (Fig. 27). This nucleus resembles somewhat the central portion of the lateral funiculus nucleus in the mammalian medulla.

In the heron the tract is fairly large (Fig. 28), and runs a rather dorsal course in the di- and mesencephalon, thereby touching the ventral margin of the isthmo optic nucleus. It passes between the two trigeminal nuclei but more caudally it is no longer distinct.

In the cormorant with a unilateral telencephalic ablation it shows a strong degeneration ipsilaterally, except for its medioventral quadrant where a high contingent of normal fibres is found,

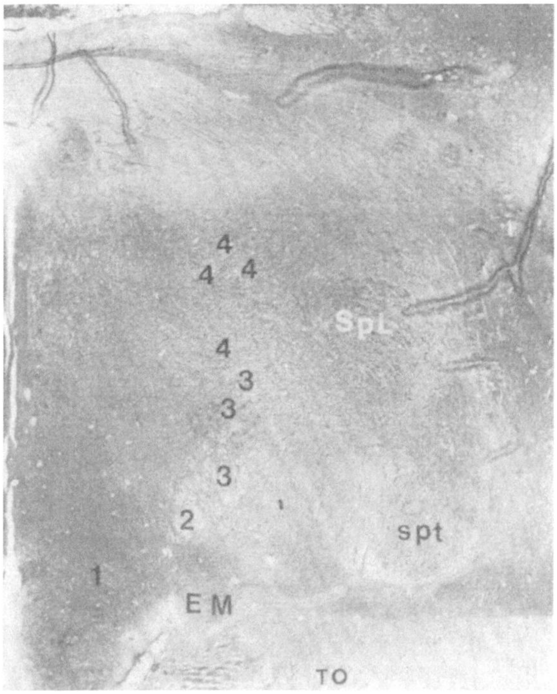

Fig. 6. Same series, plane A. 5.00 approximately, right side. The infundibular tract (1) shifts medially to its decussation, and lies medial to the ectomamillary nucleus (EM). The striomesencephalic tract is small and splits up into bundles partially entering the nucleus tegmentalis pedunculopontinus pars compacta (3, 3, 3), partially shifting to the lateral spiriform nucleus (SpL). The occipitomesencephalic tract spreads between the posterior commissure and the tegmental nucleus (4, 4, 4, 4). Ventrally there are the optic tract (TO) and the nucleus subpretectalis (spt). × 20.

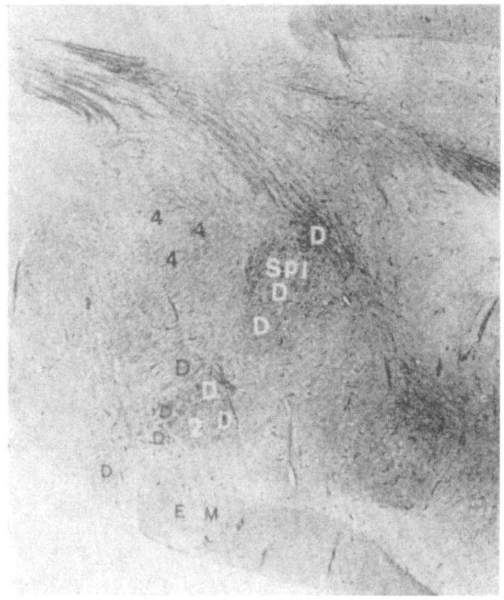

Fig. 7. Nauta-stained section of a pigeon with a telencephalic lesion, followed by degeneration of the fine-fibred system, somewhat caudal to the previous picture, right side. The quintofrontal tract (2) normal itself, is surrounded by degenerated fibres, except for its ventral side (D, D, D, D, D). The striomesencephalic tract, intermingled with degenerated fibres lies within the tegmental nucleus dorsal to the quintofrontal tract and the lateral spiriform nucleus more laterodorsally (spl). The normal occipitomesencephalic tract (4, 4, 4) lies ventral to the posterior commissure, and degeneration of the fine-fibred system outside the striotegmental tract is seen medial to the ectomamillary nucleus (EM) and dorsal to the lateral spiriform nucleus. × 15.

whereas contralaterally the reverse is seen (Fig. 29). It runs very close to the medial spiriform and the isthmo-optic nuclei, and causes some degeneration in both. It runs close to the ventral margin of the motor trigeminal nucleus but it has much diminished in size and cannot be followed more caudally.

In the jay it is as large as in the parrot and runs the same course, but it can no longer be distinguished caudal to the facial nerve knee, in the KLÜVER-stained series.

In all birds studied the tract consists of fine fibres about equal in size, and it is compact in the rostral diencephalon, but more caudally it splits up into separate bundles, that can be recognized over a large part of their course by their compactness and fine fibres. Its size differs markedly in the genera studied.

Most tracts of the avian CNS have been described already around the beginning of this century, but the data of these classical papers have been incorporated in the more recent ones. Therefore only the latter will be reviewed, whereby the descriptions of the whole brain stem will precede those of one or more special systems only.

The occipitomesencephalic tract according to HUBER and CROSBY (1929), originates in the archistriatum, and in the sparrow runs the same course as described in the pigeon. They restricted their study to the di- and mesencephalon and did not report its course in the medulla, therefore.

CRAIGIE (1928) in the humming bird calls it the archistriatomesencephalic tract, which with the archistriatobulbar tract forms a large fibre system. The former seems to end at a middle mesencephalic level, whereas the bulbar tract descends to the level of the isthmo-optic nucleus.

PAPEZ in 1929 calls it the striopeduncular tract, depicts it as large in the robin and traces it down to the ventral margin of the isthmo-optic nucleus. SANDERS (1930) states that in the parrot the facial nerve knee turns around it.

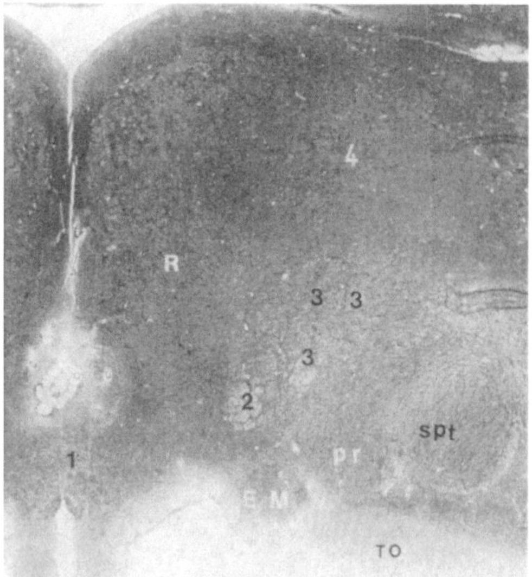

Fig. 8. Same series as the fig.'s 1–6, right side, approximately plane A 4.25 of KARTEN and HODOS. In the midline the decussation of the infundibular tract is found (1), and dorsal to the ectomamillary nucleus (EM), the quintofrontal tract (2) is still compact. Dorsal to it the striomesencephalic tract spreads into both the tegmental nucleus dorsally and the lateral spiriform nucleus dorsolaterally (3, 3, 3), which seem to fuse at this level. The occipitomesencephalic tract (4), composed of a number of small bundles, lies in the dorsolateral quarter of the tegmentum. Lateroventrally the optic tract (TO), and the postrotund (pr) and subpretectal (spt) nuclei are found, and medially within the tegmentum the red nucleus (R). × 17.

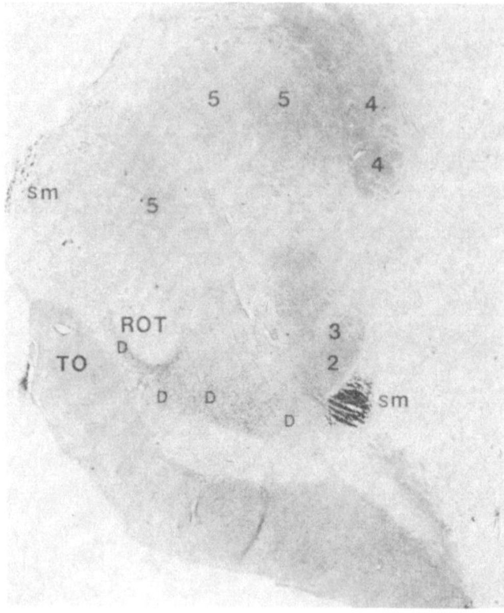

Fig. 10. Parrot with lesion of the septum, NAUTA-stained, left side approximately plane A. 7.00. The quintofrontal and the striomesencephalic tract cannot be distinguished separately, but the latter (3) lies dorsal to the former (2). The occipitomesencephalic tract is large, and lies medial to the thalamotelencephalic tracts (5, 5, 5), also large, but already invaded by the nucleus rotudus (ROT). The septomesencephalic tract (sm) shows a large and strongly degenerated basal branch, ventral to the quintofrontal tract (2), and a much smaller lateral one dorsal to the optic tract (TO) at the lateral periphery of the diencephalon. Degenerated fibres are numerous lateral to the basal branch (D, D, D, D). × 14.

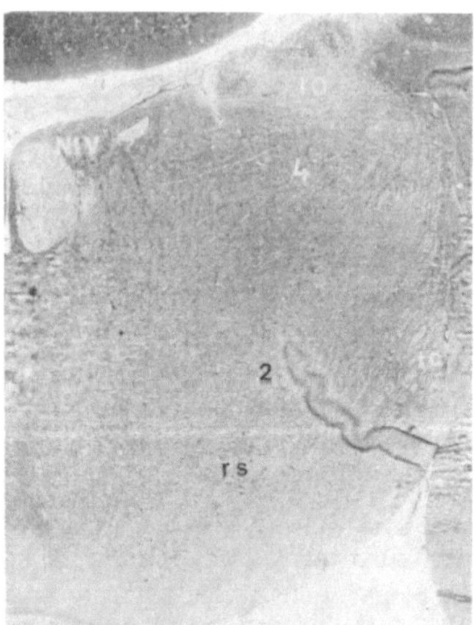

Fig. 9. Same series, right side, planes A. 2.00–1.75, level of the isthmo-optic and trochelar nerve nuclei (IO, NIV). The quintofrontal tract is small and splits up into tiny bundles, (2), located dorsal to the rubrospinal tract (rs). The occipitomesencephalic tract also splits up into bundles, is located ventral to the isthmo-optic tract (4). × 19.

ARIËNS KAPPERS (1947) calls it the tractus strio- and occipitomesencephalicus in accordance with EDINGER and WALLENBERG (1899), and considers it to terminate in the spiriform and pretectal nuclei and the optic tectum. VAN TIENHOVEN and JUHÁSZ (1962) call it the tractus occipitomesencephalicus or striopeduncularis, depict it as large in the chicken and follow it along its usual course into the high medulla. KARTEN and HODOS (1967) depict it along the course described in the pigeon down to the superior olive. YOSHIKAWA (1968) in the chicken calls it the tractus striopeduncularis and striomesencephalicus at successive levels and depicts it dorsal to the nucleus ovoidalis and at the medial margin of the tectum.

DUBBELDAM (1968) in the duck, the owl, the snipe, the pigeon, the raven, the coot, the gull, the parrot, the cormorant, and the starling follows it down to the level of the trochlear nerve and in some to that of the acoustic nerve nuclei. Some variation in its course he attributes to variation

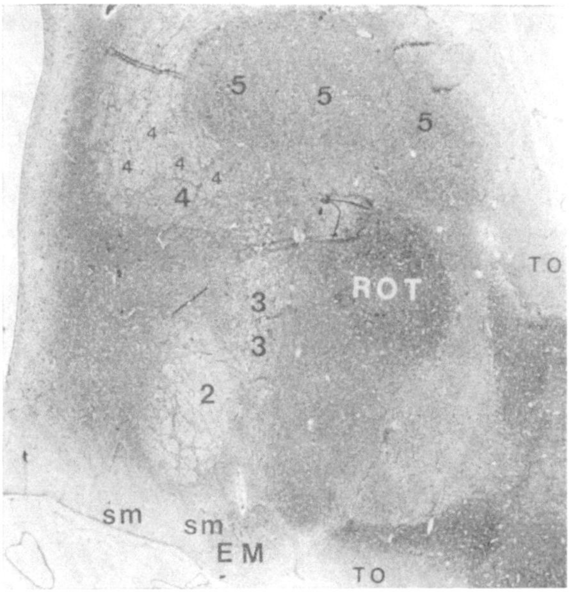

Fig. 11. Parrot with a unilateral telencephalic ablation, right side of diencephalon, ipsilateral to the ablation, approximately plane A. 7.00 of KARTEN and HODOS, Häggqvist-stained. The quintofrontal tract (2) is large, but the degenerated striomesencephalic tract (3, 3) is small. The large occipitomesencephalic tract is mainly degenerated (small figures 4, 4, 4, 4) and only its most ventral part is normal (large figure 4). The thalamotelencephalic tracts are large (5, 5, 5), but the nucleus rotundus is small (ROT). The septomesencephalic tract shows degeneration at the ventral border of the diencephalon (sm, sm) medial to the ectomamillary nucleus (EM). The ventro- and dorsomedial extremities of the optic tract (TO, TO), lie along the medial part of the tectum. × 20.

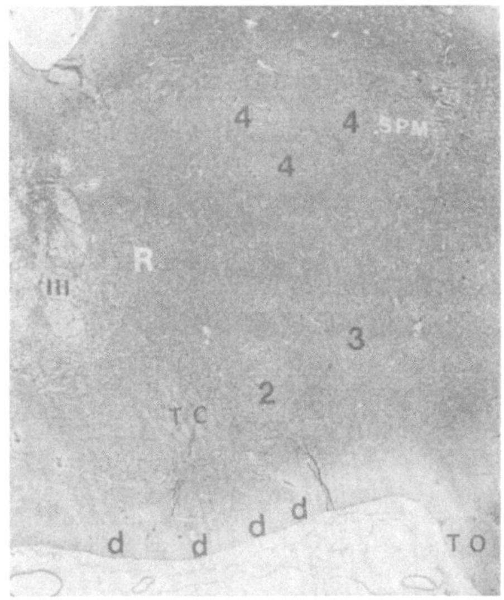

Fig. 12. Same series, approximately plane A. 3.50, of the red nucleus (R), and the root of the oculomotor nerve (III) medial to it. The quintofrontal tract (2) is small and no longer compact, and from the striomesencephalic tract only a few degenerated fibres are visible within the tegmental nucleus (3). The occipitomesencephalic tract is large, shows a normal part ventrally (4, 4, 4), and lies at the medial border of the medial spiriform nucleus (SPM). At the ventral periphery degenerated fibres of the septomesencephalic tract are seen (d, d, d, d) and dorsal to them bundles assemble, probably the tectocerebellar tract (TC). × 20.

in the position of the elements of the brain stem caused by the shape of the skull. JUNGHERR (1969) considers it to distribute its fibres to the lateral area of the hypothalamus, the nucleus spiriformis medialis and the nucleus mesencephalicus profundus pars lateralis.

PHILIPS (1966) in the chicken electrophysiologically demonstrates it to run from the archistriatum to the nucleus dorsolateralis thalami, the area of the nuclei ovoidalis and spiriformis lateralis, the mesencephalic tegmentum, the hypothalamus and the nucleus isthmi principalis parvocellularis.

ZECHA (1964) follows it in the parrot and the parakeet into the dorsolateral funiculus of the cord. He finds terminations in the tectum, the lateral pontine nuclei, and the medullary reticular formation around the trigeminal tract nucleus. He compares it to BAGLEY's corticotegmental tract (1922).

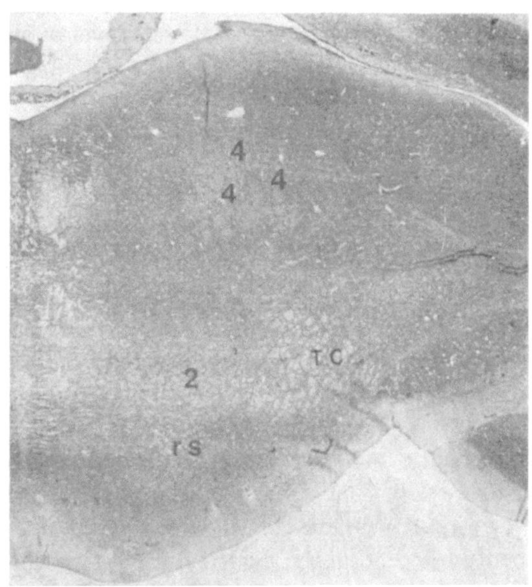

Fig. 13. Same series, approximately plane A. 2.75. The quintofrontal tract (2) is not distinct and lies among other, probably crossing fibres. Ventral to it the rubrospinal tract (rs) and lateral to it the tectocerebellar tract (TC) are visible. × 18.

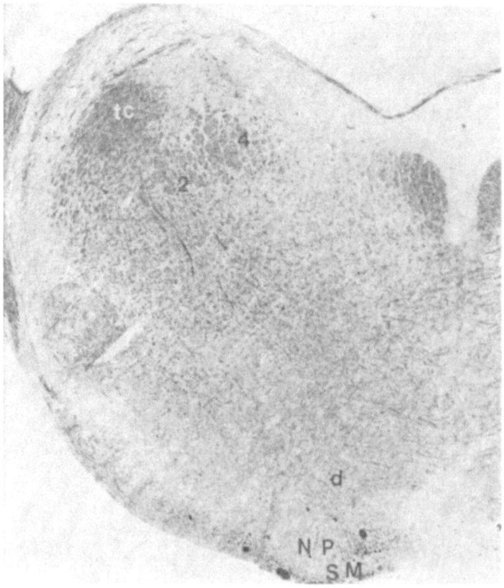

Fig. 14. Same series as fig. 10, left side of medulla, NAUTA-stained. The quintofrontal tract is fairly distinct (2) in the dorsolateral quadrant of the tegmentum, with mediodorsal to it the occipitomesencephalic tract (4), still large, and laterodorsal the compact tectocerebellar tract (tc). The degenerated bundles of the septomesencephalic tract (SM), lie along the ventral border of the medulla and somewhat more dorsally (d) in the vicinity of the pontine nuclei (NP). × 17.

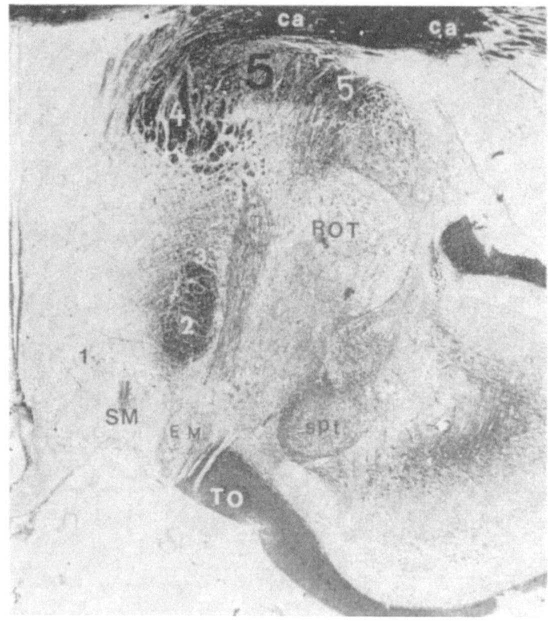

Fig. 15. KLÜVER-stained series of a parakeet, right side of diencephalon, approximately plane A. 7.00 of KARTEN and HODOS. The infundibular tract is small (1), and does no longer lie close to the quintofrontal (2) and striomesencephalic (3) tracts. Lateral to the latter the tractus nuclei ovoidalis is cut longitudinally, and dorsally the occipitomesencephalic tract (4) and the thalamotelencephalic tracts (5, 5) are large, with more dorsally the anterioir commissure (ca). The septomesencephalic tract basal branch (SM) lies ventromedial to the quintofrontal tract. The nuclei ectomamillaris (EM), subpretectalis (spt) and rotundus (ROT), and ventrolaterally the tectum are visible. × 20.

The tractus striomesencephalicus

The coarse fibres of the complex (Fig. 2), can be followed rostralward into the paleostriatum primitivum but not beyond it. At the level of the anterior commissure in the ventromedial part of the telencephalic peduncle they assemble in a circumscribed tract (Fig. 3), which with its dorsomedial tip touches the occipitomesencephalic tract.

In the middle diencephalon its fibres spread somewhat dorsomedially and intermingle with a number of ganglion cells, probably the nucleus of the dorsal supraoptic commissure of JUNGHERR (Fig. 5). At the levels of the pretectal nuclei it spreads into a nucleus at its dorsal side, but its ventral part remains compact. Somewhat more caudally the nucleus spiriformis lateralis begins to shift medially and the tract to run laterally to enter it (Fig's 6, 7, 8). A number of its fibres, however, continue to descend in the centre of the tegmentum to end in the nucleus tegmenti pedunculopontinus pars compacta (TPc), within which they can be traced fairly far caudally. In telencephalic ablations it is strongly degenerated and its degenerated fibres are found even in the most rostral part of the spiriform nucleus. Caudal to the mesencephalon and the TPc nucleus degenerated fibres are no longer seen, however. In a pigeon in which the septum and the occipital part of the telencephalon were damaged and in another one in which the paleostriatum had been spared in a telencephalic ablation, the tract was not degenerated and the spiriform nucleus contained no degenerated fibres.

In the parrot the tract can also be recognized by its coarse fibres, but it is not large (Fig. 11), although its entrance into the spiriform and the tegmental nuclei is distinct. In the parakeet in the Klüver-stained series its entrance into the spiriform nucleus is visible.

In the rook it is large (Fig. 23), and its relation to the two nuclei is obvious. In the coaltit it is of moderate size, but its entrance into the spiriform nucleus is very marked.

In the ostrich it is of intermediate size, and runs the usual course (Fig's 24, 25, 26). In the heron the same is seen (Fig. 28).

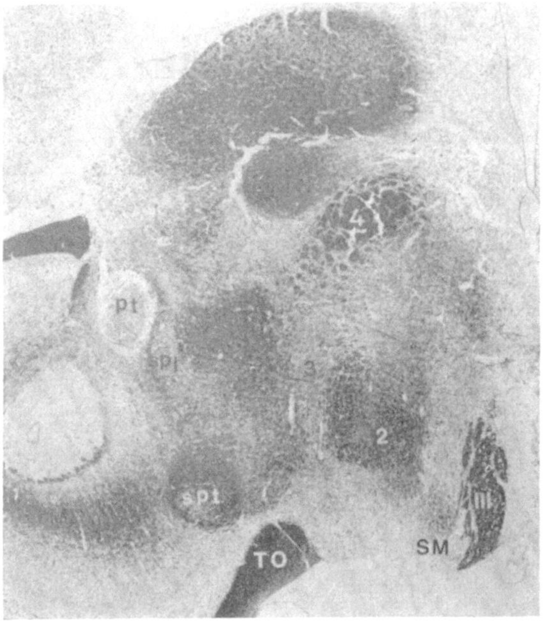

Fig. 16. Same series, left half, approximately plane A. 4.50. The quintofrontal with the striomesencephalic tract form a large complex (2, 3), and the latter tract probably sends fibres in the direction of the lateral spiriform nucleus (spl). The occipitomesencephalic tract is large but the thalamotelencephalic tracts are no longer distinct, whereas the basal branch of the septomesencephalic tract (SM) lies lateral to the oculomotor nerve root (III). The pretectal (pt) and subpretectal (spt) nuclei and the optic tract (TO) are distinct. × 20.

In the cormorant it is large and shows a strong degeneration ipsilateral to the telencephalic ablation (Fig. 29), and runs the usual course (Fig. 30), but degeneration within the spiriform nucleus is not distinct.

In the jay it shows no special features.

This tract has been called the striotegmental and striocerebellar tract by HUBER and CROSBY, of which the latter component will be considered below. The course of the former in the sparrow is the same as in the pigeon, and the authors mention as its origin the whole paleostriatum.

PAPEZ depicts a tractus strio-oculomotorius at its site in the diencephalon, and the mentions a tractus striocerebellaris and tegmentalis. SANDERS tractus striocerebellarius in the mesencephalon. CRAIGIE includes it into the pedunculus telencephali ventralis in the high diencephalon, and traces it through the diencephalon. ARIËNS KAPPERS mentions the fasciculus striomesencephalicus, terminating in the pretectal and spiriform nuclei.

VAN TIENHOVEN and JUHÁSZ as the tractus strio-tegmentalis and -cerebellaris locate it dorsal to the quintofrontal tract. KARTEN and HODOS include it in the fasciculus procencephali lateralis in the paleostriatum and call it the ansa lenticularis in the brain stem. YOSHIKAWA calls it the tractus striomesencephalicus in the high diencephalon and the tractus striopeduncularis more caudally and locates it more laterally and lateroventrally than the other authors. DUBBELDAM mentions the tractus strio- and tecto-cerebellares and strio-tegmentalis, running with the quintofrontal tract. JUNGHERR combines it with the tractus strio-cerebellaris, rostrally united with the tractus quintofrontalis to form the ventral peduncle, but in the mesencephalon it is a separate tract.

The quintofrontal tract

The fairly large compact bundle in the caudal paleostriatum composed of fibres only slightly larger than those of the occipitomesencephalic tract, in the high diencephalon intermingles somewhat with the other fibre systems (Fig's 1, 2). At the level of the anterior commissure it is circumscribed and readily recognizable at the ventromedial side of the striomesencephalic tract (Fig. 3), where it can be followed through the diencephalon (Fig's 5, 6, 7, 8). At the levels of the oculomotor nerve and its nuclei it splits up into bundles, diminishes in size and shifting laterally becomes almost invisible more caudally. In very well stained slides, however, it can be followed to the hilus of the trigeminus princeps nucleus. Caudal to a lesion no degeneration was seen, but rostral to it degenerated fibres could be followed to the nucleus basalis of the telencephalon.

In the parrot (Fig. 11) and the parakeet the quintofrontal tract is large in the diencephalon, where it runs with the striotegmental tract as in the pigeon. In the middle mesencephalon it similarly becomes less compact and less large (Fig's 12, 13, 17). More caudally there are ganglion cells among its bundles, but it remains distinct and can be followed to very near the princeps nucleus (Fig's 14, 18, 19, 20).

In the rook it is smaller than in the parrot (Fig. 23), but it can also be followed to the hilus of the princeps nucleus, and shows the same changes in its size and structure.

In the ostrich it is of average size, but in the diencephalon it intermingles with the basal branch of the septomesencephalic tract, as will be de-

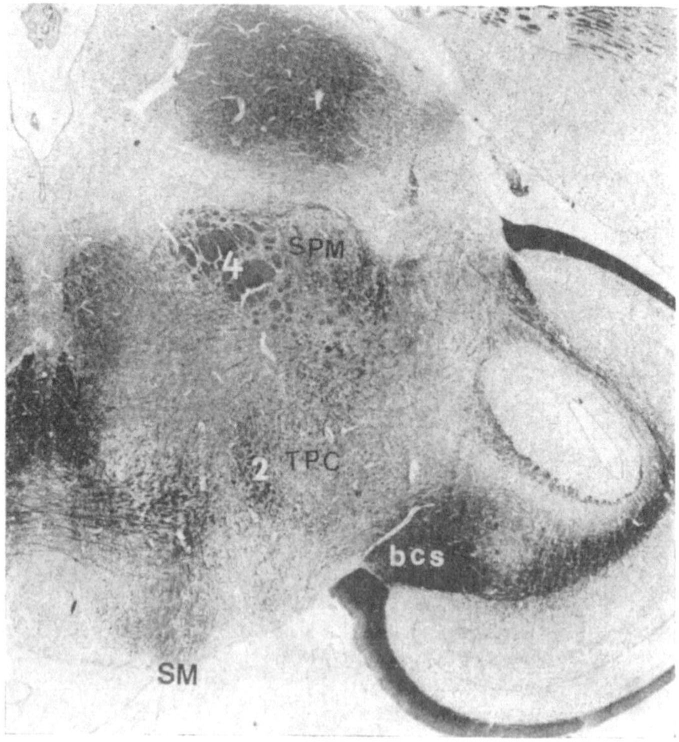

Fig. 17. Same series, right side, more caudal level. The quintofrontal tract (2) is no longer compact and the strio-mesencephalic tract terminates within the tegmental nucleus (TPC). Crossing bundles medial to the former tract may belong to it and possibly to the rubrospinal tract and the brachium conjunctivum. The occipitomesencephalic tract is large (4), and lies at the medial side of the medial spiriform nucleus (SPM). The septomesencephalic tract can be distinguished ventromedially (SM) and the brachium of the superior collicle (bcs) ventrolaterally. × 20.

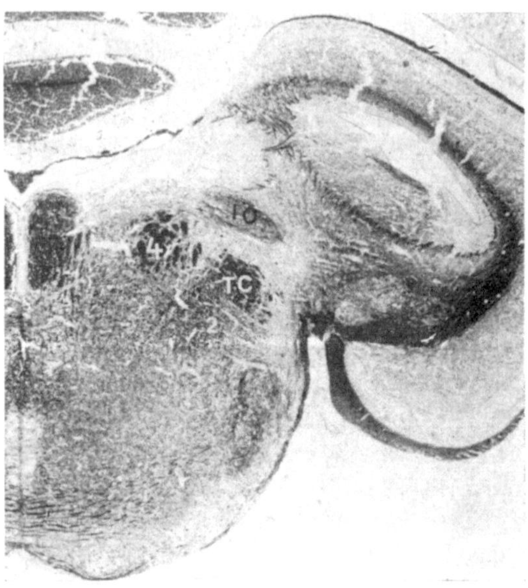

Fig. 18. Same series, right side, plane A. 2.00—1.75, similar to that of fig. 9. The quintofrontal tract (2) lies medioventral to the tectocerebellar one (TC), and latero-ventral to the occipitomesencephalic tract (4), the latter close to the nucleus isthmo-opticus (IO). × 20.

scribed below (Fig's 24, 25, 26). Caudal to the level of the ectomamillary nucleus it is indistinct. In the heron it is not large (Fig. 28).

In the cormorant with the telencephalic ablation it shows some degeneration ipsilaterally down to the level of the princeps nucleus. In the mesencephalon its bundles intermingle with a few ganglion cells (Fig. 30), but more caudally it is small and not very distinct.

In the jay the KLÜVER-stained series shows the tract down to the level of the ectomamillary nucleus, but not beyond it.

This tract has been described by WALLENBERG in 1903, as the isthmo- or bulbo-striatal tract and eventually as the quinto-frontal tract. WALLENBERG in 1936 in a paper edited by GERLACH in 1964 wrote that in the craw the tract terminates ipsilaterally only, and in the pigeon bilaterally in the telencephalon. In the duck the crossed tract is large and occupies a large part of its medial portion. In the pigeon he saw it degenerate following lesions of the princeps nucleus area, cross

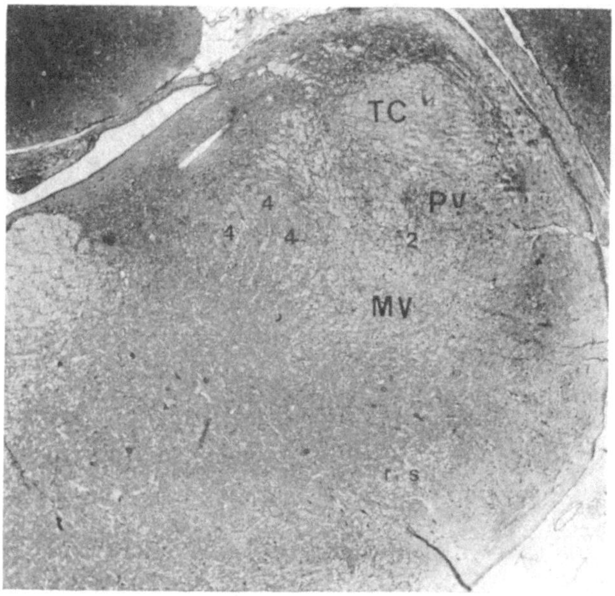

Fig. 19. Same series as fig's 11 and 12, parrot right side, HÄGGQVIST-stained, a rostral level of the trigeminus princeps nucleus, plane A. 1.25—1.00 approximately. In the dorsolateral quarter of the medulla the quintofrontal tract (2) lies between the trigeminus princeps (PV) and motor (MV) nuclei, and the occipitomesencephalic tract (4, 4, 4) medial to it. The large tectocerebellar tract lies more dorsally (TC) and the rubrospinal tract ventrolaterally in the medulla (rs). × 30.

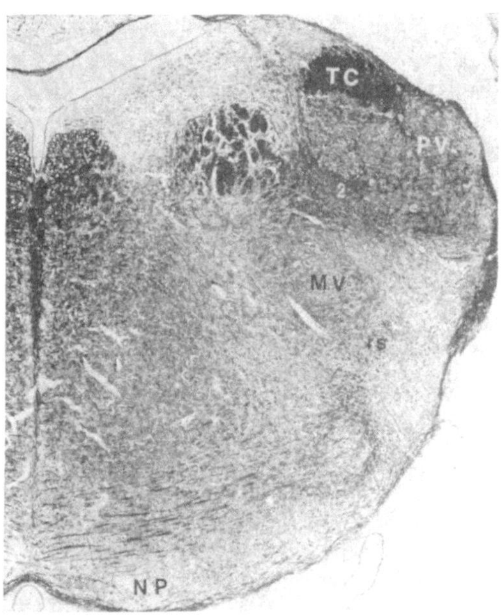

Fig. 20. Series of the parakeet, KLÜVER-stained, slightly more caudally than the previous picture, right side. The princeps nucleus is somewhat larger but otherwise the constellation is the same as in fig. 19. × 26.

partially in the mesencephalon and ascend to the base of the telencephalon, lateral to the parolfactory area. It gives off fibres to a mesencephalic nucleus at its dorsal margin and to the ectostriatum.

HUBER and CROSBY locate it ventral to the striocerebellar tract, and PAPEZ in the robin depicts it only at the transition of the tel- and diencephalon. CRAIGIE locates it ventromedial to the striomesencephalic tract in the diencephalon and medial to the striocerebellar tract in the mesencephalon. SANDERS in the sparrow and VAN TIENHOVEN with Juhàsz in the chicken locate it ventral to the striocerebellar tract. KARTEN and HODOS depict it at the ventromedial side of the ansa down to the latter's end and one more plane caudally (Plane A 3.25).

DUBBELDAM finds it to be large in the duck, the watersnipe and the parrot, and its crossing in the duck to occur more rostrally than described by WALLENBERG. Rostrally it fuses with the striotegmental and striocerebellar tract and forms the ventral telencephalic peduncle. JUNGHERR gives a similar description. SINN (1913) states that the princeps nucleus is very large in the ibis, where it forms a lobus nervi trigemini, and that the "crossed root" is large also.

The tecto-cerebellar tract

In stead of a striocerebellar tract in the low mesencephalon and more caudally a distinct tract can be found, degenerating after tectal and tegmental mesencephalic lesion but not after more

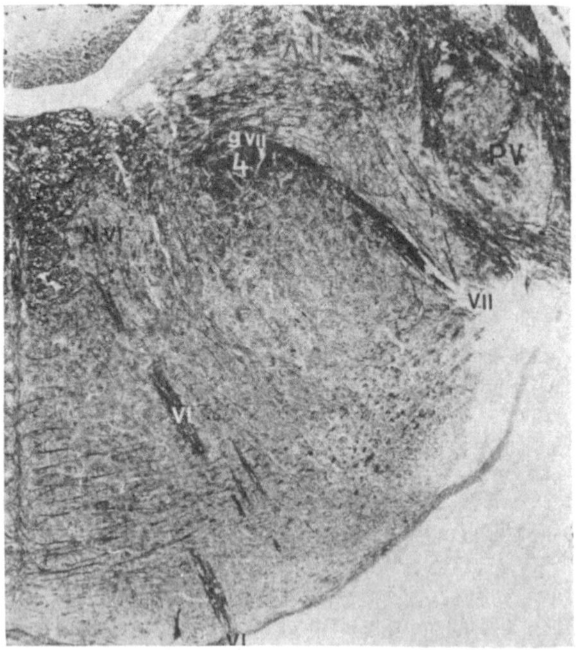

Fig. 21. Same series, level of facial nerve knee (gVII), somewhat damaged ventrolaterally; right side. The occipitomesencephalic tract is smaller and less compact (4) but it is evident that the facial nerve knee (gVII) turns around its dorsal side. The trigeminus princeps nucleus (PV) is still present, the facial nerve root (VII) and the abducense root (VI) and nucleus (NVI), are distinct. × 23.

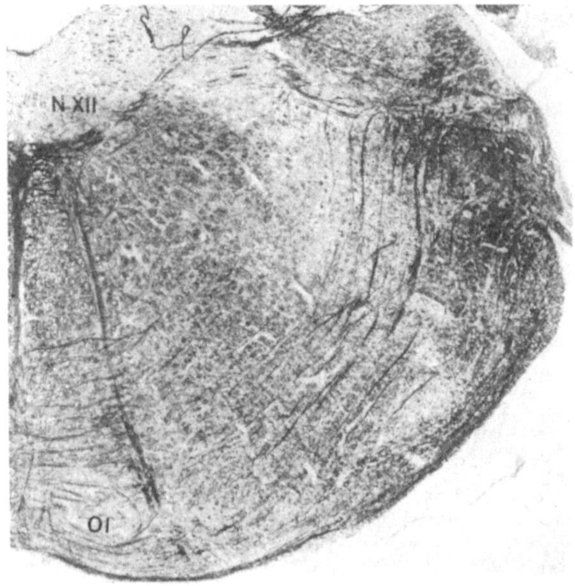

Fig. 22. Same series, inferior olivary (OI) level. The occipitomesencephalic tract, split up into many bundles (4) lies ventrolateral to the hypoglossus nerve nucleus (N XII), × 25.

rostral ones. It is more marked in the parrot and the parakeet, when developing in the mesencephalon, than in the pigeon and it will be described in them especially, therefore. At the level of the ectomamillary nucleus or somewhat more caudally fibre bundles assemble at the ventromedial side of the quintofrontal tract, subsequently to shift to its ventrolateral side (Fig's 12 and 33, 13). Caudally they run along the medial side of the tectum and increase in numbers and fibre content (Fig. 9 pigeon, fig. 18 parakeet), and form a distinct tract in the dorsolateral edge of the medulla (Fig's 14, 19, 20). It runs to the cerebellum along the dorsal margin of the trigeminus nerve princeps nucleus.

In pigeons H. 4219 and 4246 with a large lesion in the tectum and the tegmentum mesencephali, and in the tegmentum only respectively, it is strongly degenerated and can be followed far into the cerebellum. In telencephalic ablations cases it is entirely free of degeneration, however.

In the rook it is as large as in the parrot, but in the coaltit and the ostrich it is of moderate size; in the heron it assembles entirely lateral to the quintofrontal tract and attains a considerable size medial to the semilunar nucleus. In the cormorant it is already large when assembling ventral to the quintofrontal tract (Fig. 30).

HUBER and CROSBY depict the striocerebellar tract combined with the striotegmental in the di- and mesencephalon. Papez depicts the former from the high diencephalon down to the medulla, and CRAIGIE together with the tractus striomesencephalicus down to the mesencephalon, and beyond it alone, roughly as described presently. SANDERS mentions the striocerebellar tract besides a tectocerebellar and other short cerebellopetal tracts.

ARIËNS KAPPERS depicts the ventral peduncle in the mesencephalon roughly at the site of the tectocerebellar tract of the present description. According to VAN TIENHOVEN and JUHÁSZ the tractus striocerebellaris runs the usual course. KARTEN and HODOS at the ventrolateral edge of the tegmentum mesencephali depict a tractus isthmocerebellaris, but it shifts to the ventral part of the tectum more caudally. YOSHIKAWA locates it with the tractus striomesencephalicus in the area of the brachium of the superior collicle, and DUBBELDAM mentions the tractus strio- and/or tectocerebellaris as closely related to the tractus quintofrontalis with respect to its course. JUNGHERR describes a tractus tectocerebellaris at the

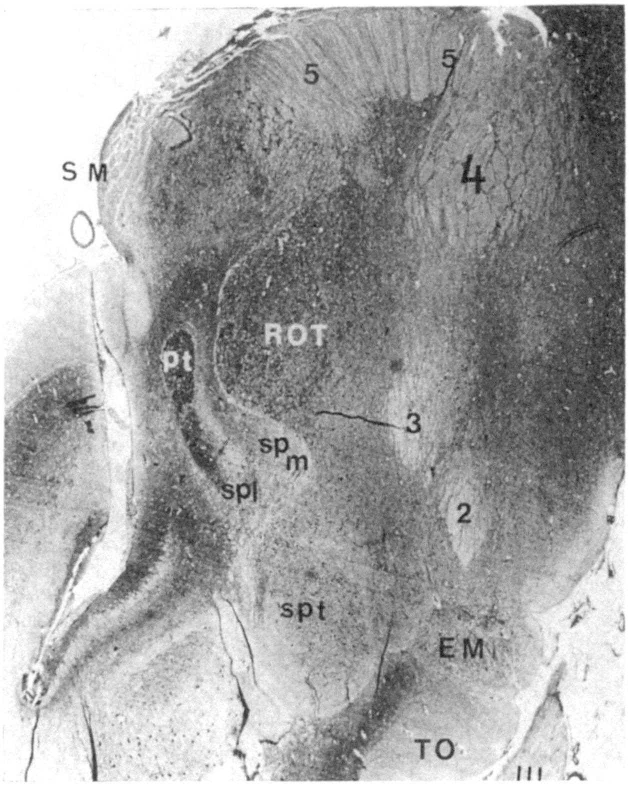

Fig. 23. Rook, HÄGGQVIST-stained series, left half of diencephalon. The quintofrontal and striomesencephalic tracts (2, 3) are of moderate size, the occipitomesencephalic tract (4) is very large, but the thalamotelencephalic tracts (5,5) are smaller than more rostrally. The septomesencephalic tract dorsal branch is fairly large (SM). Nuclei readily visible are the ectomamillary (EM), medial and lateral spiriform (spm, spl) pretectal (pt) and rotund (ROT) ones. Otherwise there are the optic tract (TO) and the oculomotor nerve root (III). × 16.

dorsal aspect of the tectum and a tractus strio-tegmentalis, which swings dorsally along the medial side of the lemniscus lateralis nuclei, together with the tractus quintofrontalis. ZECHA in 1964 mentions a homolateral tectocerebellar tract, arising at the di-mesencephalic border, which at least partially, runs medioventrally through the tegmentum mesencephali, subsequently to turn laterodorsally to enter the cerebellum.

The thalamo-telencephalic tracts

In the pigeon at the junction of the tel- and the diencephalon the large dorsolateral part of the telencephalic peduncle lies dorsolateral to the striomesencephalic with the quintofrontal tract, and more or less lateral to the occipitomesencephalic tract (Fig. 3). Slightly more caudally it diminishes rapidly in compactness and the nucleus rotundus appears at its lateral quarter. This nucleus caudally enlarges rapidly and absorbs roughly the lateral two thirds of the fibre complex, and more caudally the nucleus ovoidalis does the same with its medial third (Fig. 5). Rostrally its fibres when being distributed over the paleo- and the ectostriatum can be distinguished from other ones by their somewhat larger size (Fig's 2, 4).

In a lesion of the septum and the archistriatum there was no and in one of the tegmentum and the tectum mesencephali only a slight degeneration, but in a total severance of the telencephalic peduncle degeneration was severe as far caudally as the fibres could be traced. Moreover the neurones of both the rotund and the ovoid nuclei were enlarged and their dendrites swollen, whereas those of the nucleus subrotundus showed these changes in a minor degree.

In the parrot and the parakeet the fibre complex resembles that in the pigeon (Fig's 10, 11, 15) and the same holds for the rook (Fig. 23) and the coaltit. In the ostrich its lateral third consists of smaller fibres than the other part and in the rostral diencephalon these fibres disappear, apparently within the nucleus dorsolateralis anterior thalami.

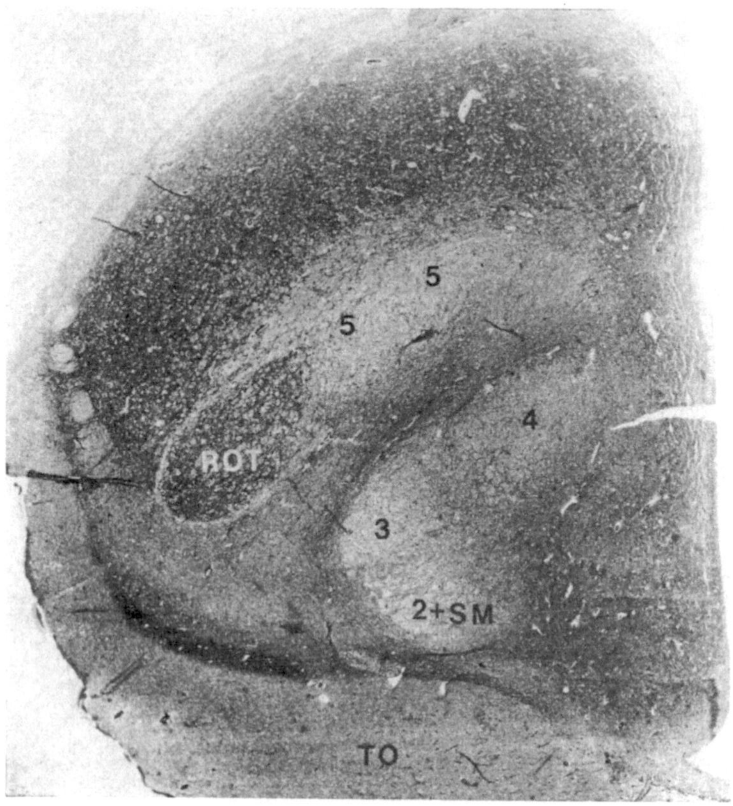

Fig. 24. Ostrich, HÄGGQVIST-stained, high diencephalic level, left side. The quintofrontal tract, at its usual site, intermingles with the septomesencephalic tract basal branch (2 + SM), the striomesencephalic tract (3) is of intermediate size, and the occipitomesencephalic tract (4) is slightly larger. The thalamotelencephalic tracts (5, 5) already lost their lateral fine-fibred component and the nucleus rotundus subsequently occupied another large part (ROT). The optic tract (TO) at the ventral border is very wide. × 14.

Somewhat more caudally the nucleus rotundus appears within its lateral tip (Fig. 24), and begins to invade and dissolve its lateral two thirds (Fig. 25). Within the medial tip of the complex ganglion cells appear (Fig. 25), and more caudally the ovoidal nucleus replaces them gradually (Fig. 26).

In the cormorant with the (longstanding) right-sided telencephalic ablation the right complex is strongly degenerated and shows only a few small normal bundles. The nuclei rotundus and ovoidalis have lost their ganglion cells, whereas those of the nucleus dorsolateralis anterior thalami are swollen (Fig. 29). Bundles of degenerated fibres can be followed caudally within the nucleus rotundus down to where it contains much finer ones, not assembled in bundles.

In the other birds the series did not include the rostral levels of the diencephalon. In the birds mentioned the complex is of roughly the same size and shape, it is compact and circumscribed and except for the ostrich does not show areas of a special fibre composition. Its fibres are less fine than those of the tractus occipitomesencephalicus and vary more in size among each other.

HUBER and CROSBY call this complex the lateral forebrain bundle, which they consider to consist of the tractus thalamofrontalis lateralis originating mainly in the nucleus rotundus, the tractus thalamofrontalis intermedius originating in the tectum and tegmentum and passing to the ecto- and neostriatum and possibly also vise versa, and the tractus thalamofrontalis medialis originating in the nucleus ovoidalis and dorsolateralis thalami and running to the neo- and hyperstriatum.

PAPEZ depicts a thalamofrontal tract between the nuclei rotundus and ovoidalis, which is not compact, but CRAIGIE and KAPPERS describe it as a compact tract.

VAN TIENHOVEN and JUHÁSZ depict the lateral forebrain bundle in the telencephalon between the paleostriatum primitivum and the quintofrontal tract and in the diencephalon between the nuclei rotundus and ovoidalis.

KARTEN and HODOS show a tractus thalamostriaticus at the border of the paleo- and the ectostriatum in Planes A 10.75 and 10.50, the fasciculus prosencephali lateralis between planes A 8.50 and 6.25 and the tractus thalamostriaticus again at plane A 6.00. YOSHIKAWA depicts it in the telencephalon, without giving it a name, and in the diencephalon does not border it from the occipitomesencephalic tract and locates the striomesencephalic tract within its lateral third. JUNGHERR considers the dorsal peduncle of the lateral forebrain bundle to consist of the tractus thalamofrontalis lateralis, intermedius and medialis, as described by HUBER and CROSBY.

POWELL and COWAN (1957, '61) in the pigeon found the nuclei of the central group viz. the nuclei rotundus, subrotundus and ovoidalis to project to the paleostriatum in a topical arrangement via the lateral forebrain bundle and to provide it with the majority of its fibres.

REVZIN and KARTEN (1967) found the rotund nucleus to project to the ecto- and the adjacency of the neostriatum. KARTEN (1967, '68) demonstrated that the nucleus ovoidalis receives the projection of the nucleus mesencephali lateralis pars dorsalis and projects to the field L of ROSE via the medial portion of the lateral forebrain bundle. HARMAN and PHILIPS (1966) showed electrophysiologically that the projection of the nuclei rotundus and dorsales thalami to the paleo- and neostriatum pass through this bundle. COHEN and TRAUNER (1969) came to the conclusion that the rotundo-ectostriatal tract, subserving visual conduction, contains the large majority of the fibres of the nucleus rotundus in the pigeon.

System of fine fibres running with the striomesencephalic tract

At diencephalic levels a great number of fine fibres, not assembled in bundles but spread over a relatively large area medial to the quintofrontal with the striomesencephalic tract can be seen in normal material of the pigeon. They are smaller

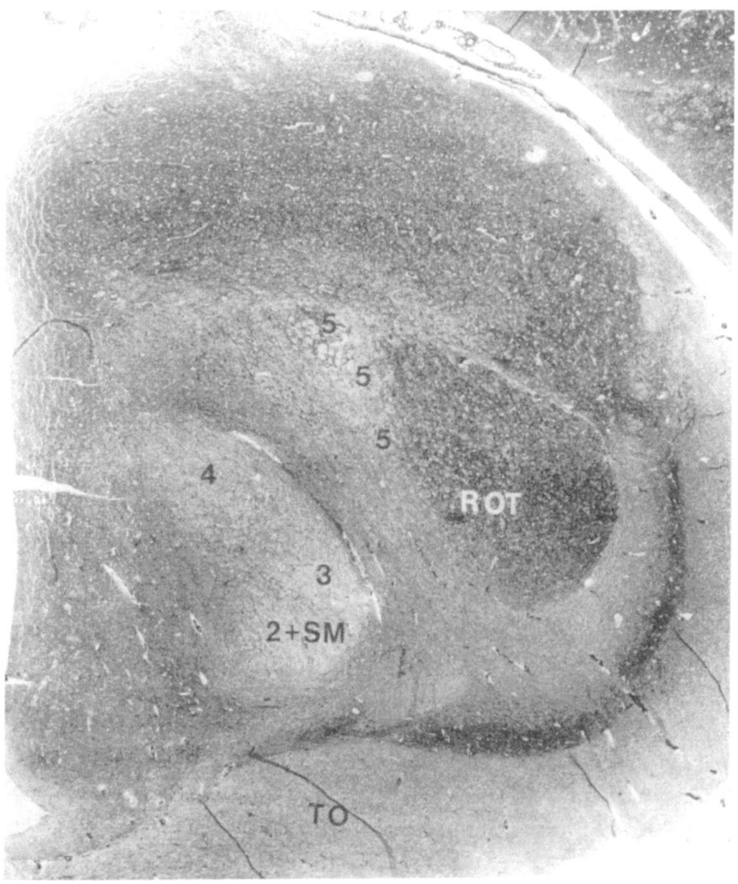

Fig. 25. Same series, right side, more caudal level. The quintofrontal, striomesencephalic, occipitomesencephalic and septomesencephalic tracts (2, 3, 4, SM) are unchanged. The thalamotelencephalic tracts are small (5, 5, 5) and medially invaded by ganglion cells which may or may not belong to the nucleus ovoidalis. The nucleus rotundus (ROT) is large. × 14.

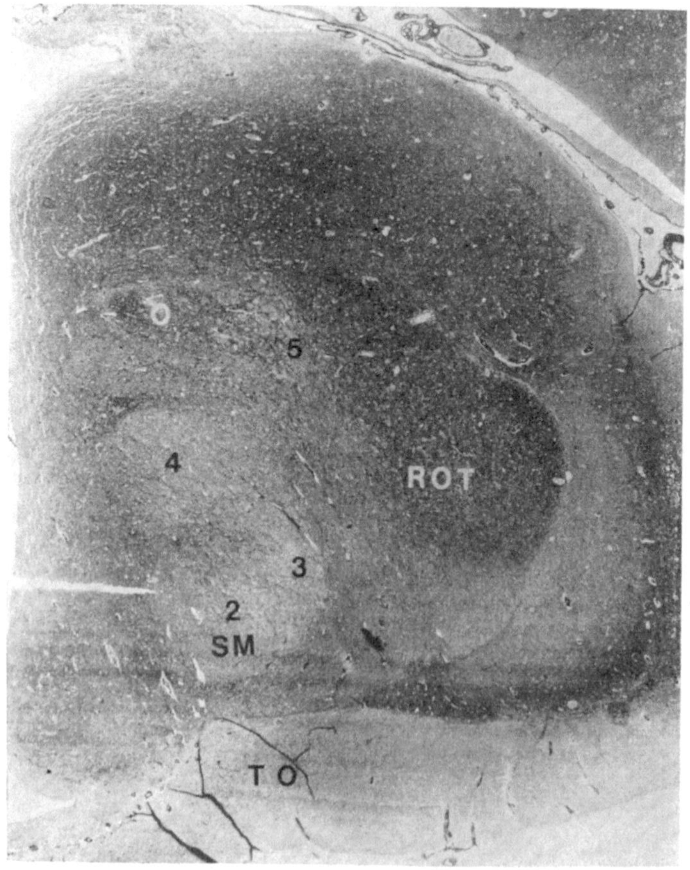

Fig. 26. Same series, right side more caudal level. Medial to the group of cells within the medial part of the thalamotelencephalic tracts (5) the ovoid nucleus (O) appeared. It seems to differ somewhat in cell content from the former group, but more caudally this is no longer evident. × 14.

than the fibres of the occipitomesencephalic tract and their area is not circumscribed (Fig. 3). In the paleostriatum they form small bundles and lie medial to those of the lateral forebrain bundle (Fig. 2, 4), from which they can be distinguished by their smaller size.

In pigeon H. 6284 a large frontal ablation spared the whole ecto- and paleostriatum, but involved the parolfactory lobe medial to the latter. In the NAUTA-stained series the striomesencephalic tract is free of degeneration but medial to it a diffuse degeneration of small fibres is distinct. In the mesencephalon a number of these fine fibres spread ventromedially into the central grey matter lateral to the supramamillary decussation, and somewhat more caudally into a grey area at the ventral periphery, medial to the ectomamillary nucleus. A larger number of them shifts dorsolaterally to a nucleus at the ventromedial side of the lateral spiriform nucleus and to the ventral part of the latter (Fig. 7). In a midmesencephalic level the two nuclei seem to fuse and to merge into the nucleus tegmenti pedunculopontinus, which shows a distinct fine-fibred degeneration also. From the spiriform nucleus some fibres run dorsomedialward to a nucleus located at the dorsal side of the nucleus ovoidalis, and cause a sparse but distinct degeneration. The degeneration within the tegmental nucleus can be followed as far caudally as the coarse striomesencephalic fibres, and that in both the medial and the dorsal nuclei can be followed rostrally beyond its level of entrance.

The medial nucleus seems neither to be a part of the lateral spiriform nucleus, nor to be the medial one, because it lies ventromedial to the lateral nucleus and not dorsomedial. The dorsal nucleus resembles the dorso-intermedial posterior thalamic nucleus at plane A 5.50 of KARTEN and HODOS.

In the parrot at the side of the telencephalic ablation degeneration of fine fibres medial to the coarse of the striomesencephalic tract is faint in

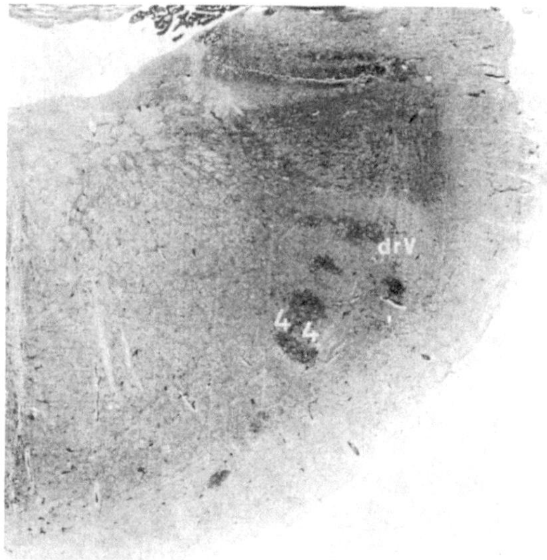

Fig. 27. Same series of the ostrich, middle medullary level, right side. The occipitomesencephalic bundles (4, 4) lie within and around a nucleus, located ventromedial to the trigeminus nerve spinal tract (drV). × 11.

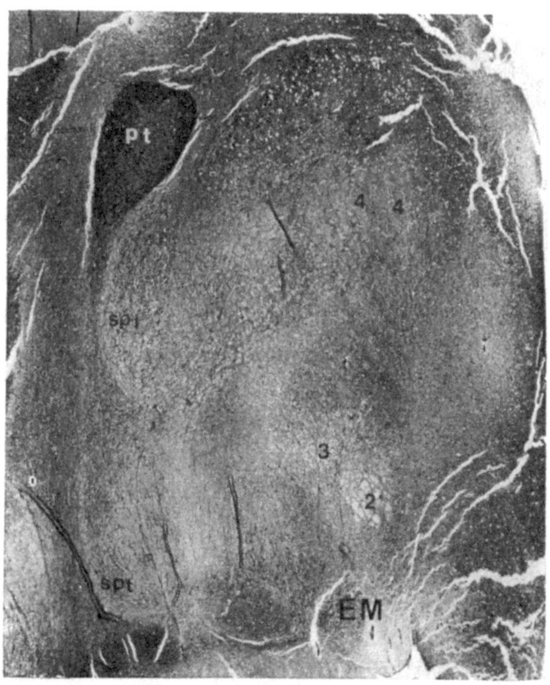

Fig. 28. Heron, HÄGGQVIST-stained series, left half of diencephalon. The quintofrontal tract (2) is small, the striomesencephalic tract (3) spreads dorsolaterally but not yet reaches the lateral spiriform nucleus (spl). The occipitomesencephalic tract is large and runs a relatively dorsal course (4, 4). Around the tegmentum the nuclei ectomamillaris (EM), subpresectalis (spt), spiriformis lateralis (spl) and pretectalis are readily recognizable. × 17.

the diencephalon and cannot be followed caudalward beyond these coarse ones.

In the ostrich the fine fibres can be seen medial to the large fibre complex in the rostral diencephalon, but not more caudally.

The septomesencephalic tract

The septomesencephalic tract enters the diencephalon ventromedially via the septum (Fig. 1), and curves dorsolateralward around the ventral side of the telencephalic peduncle, splitting up into a dorsal or dorsolateral and a basal branch. The latter is small in the pigeon and ends in the diencephalon at the ventral side of the striotegmental tract. The dorsal branch descends at the laterodorsal side of the diencephalon (Fig. 5), where it can be followed through the nucleus superficialis parvocellularis and along the dorsal margin of the nucleus pretectalis into the tectum.

In the parrot the dorsal branch is small and cannot be followed further caudally than in the pigeon. The basal branch is large and shows strong degeneration caudal to a septal lesion. Its fibres prove to distribute to a nucleus located dorsal and dorsolateral to the lateral geniculate body, possibly the nucleus principalis precommissuralis of KARTEN and HODOS (Fig. 10) and to the grey matter dorsal to it, and to the tectum in the mesencephalon, where it is still large (Fig's 11, 12). Caudal to the exit of the oculomotor nerve it becomes narrow and less dense, but dorsal to it a fairly large nucleus, possibly the nucleus mesencephalicus profundus pars ventralis of JUNGHERR, contains many fine degenerated fibres. In the high medulla it consists of a number of small bundles, located along the ventral periphery near the midline, of which some degenerated fibres spread dorsally (Fig. 14). It can be followed into the ventral funiculus of the cord, but it disappears in the first cervical segment already.

In the coaltit the septal tract is large, and the dorsal branch is distinct within the nucleus superficialis parvocellularis but not caudal to it. The basal branch can be followed at the ventromedial side of the quintofrontal tract throughout the diencephalon.

In the ostrich the dorsal branch is small and the basal large and can be followed through the diencephalon ventral to the quintofrontal tract (Fig's 24, 25, 26) partially intermingling with it. In the mesencephalon it is still readily visible between the quintofrontal tract and the ecto-

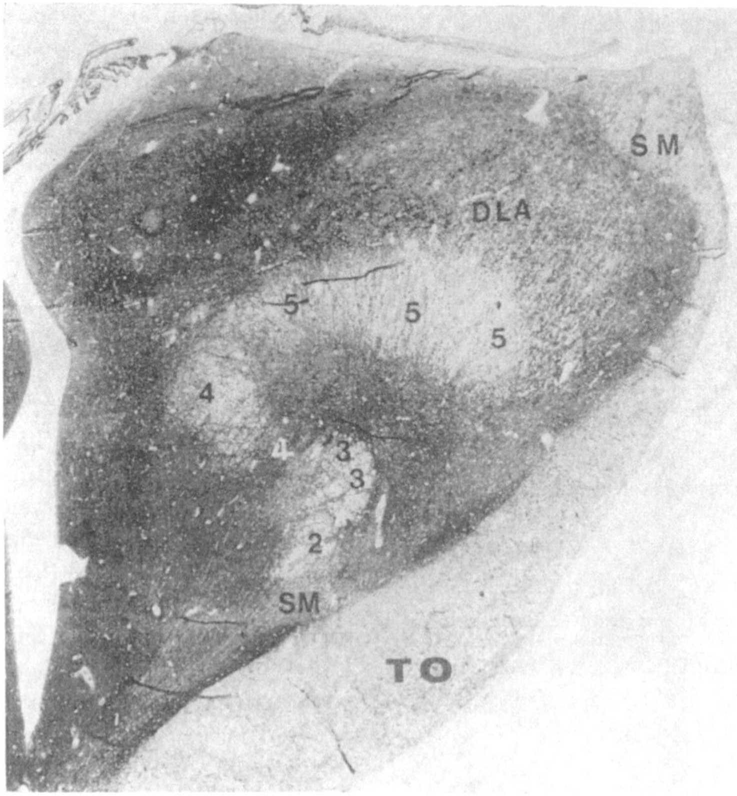

Fig. 29. Cormorant, HÄGGQVIST-stained series, right side, rostral diencephalon, ipsilateral to a telencephalic ablation. The quintofrontal tract (2), mainly normal, is small, the striomesencephalic tract is strongly degenerated and large (3, 3), and the occipitomesencephalic tract is degenerated except for its ventrolateral quadrant (4, 4). The thalamotelencephalic tracts are strongly degenerated (5, 5, 5), and laterodorsal to them the nucleus dorsolateralis anterior thalami (DLA) shows enlarged ganglion cells. The septomesencephalic tract, also severely degenerated, shows both its basal and its dorsal branch the latter much the larger (SM, SM). The optic tract (TO) is wide at the base of the diencephalon. × 18

mamillary nucleus and further caudally it may run with the many fine fibres at the ventral periphery.

In the heron the septal tract is not distinct.

In the cormorant the right tract is strongly degenerated (Fig. 29), and the basal branch, of fairly large size, can be followed into the mesencephalon side by side with the basal optic root (Fig. 30). At the level of the sixth nerve it is very small but it can be followed far into the medulla at the ventral periphery close to the raphe. The dorsal branch is much larger (Fig. 29) and after traversing the nucleus superficialis, it runs at the dorsal periphery medial to the tectum and subsequently between the nuclei isthmo-opticus and isthmi. Caudal to them it is no longer visible.

HUBER and CROSBY consider the tract not to originate from the septum alone; they describe it to turn laterally ventral to the lateral forebrain bundle and to distribute fibres to the habenula. PAPEZ calls it the tractus septothalamicus and locates it within the medial forebrain bundle, but depicts its dorsal branch only. CRAIGIE pictures its dorsal branch in the diencephalon. VAN TIENHOVEN and JUHÁSZ also consider the dorsal branch only, which they follow caudally to the level of the oculomotor nerve exit, running medial to the isthmo-optic tract.

KARTEN and HODOS depict this branch down to its shift into the tectum, along the ventral margin of the isthmo-optic tract (Planes A 10.00—4.00), and YOSHIKAWA gives roughly the same pictures. DUBBELDAM traces the dorsal branch along the dorsal side of the marginal optic tract and only in the parrot depicts the basal branch.

JUNGHERR calls it the tractus cortico-septo-mesencephalicus, the "Scheidewandbündel" of WALLENBERG, of which the dorsal branch ends in the nucleus habenularis. Its basal branch descends side by side with the tractus infundibularis to the mesencephalon in the pigeon, down to the level of the sixth nerve in the duck, and to the cord in

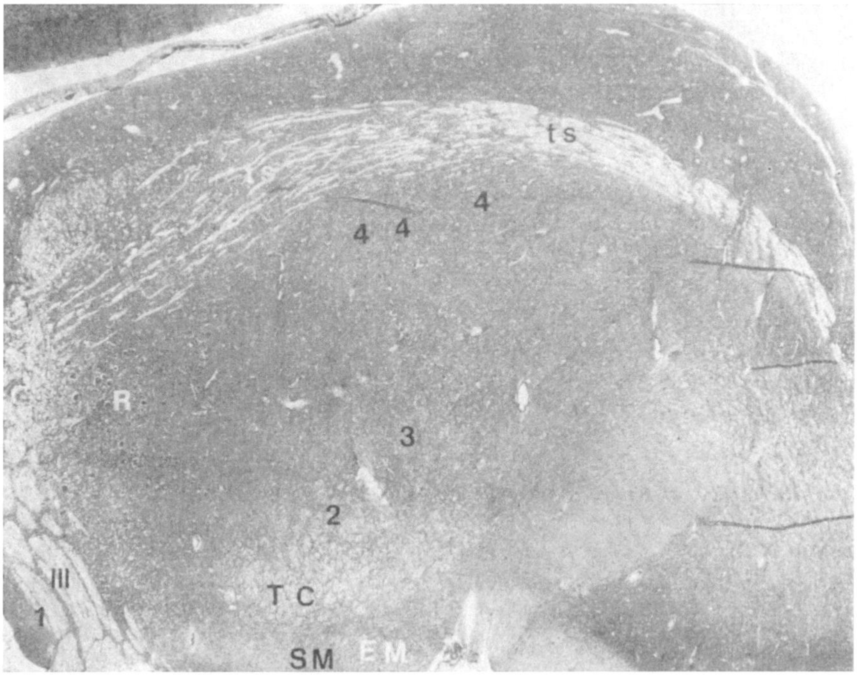

Fig. 30. Same series, mesencephalon approximately plane A. 4.00, right side. The quintofrontal tract (2) is reduced in size and no longer compact, but the tectocerebellar tract is seen ventral to it (tc). The striomesencephalic tract is represented by a small number of fibres located among ganglion cells (3), and the occipitomesencephalic tract consists of separate bundles (4, 4, 4) spread at the ventral side of the numerous tectospinal fibres (ts, ts). Ventrally at the medial side of the ectomamillary nucleus (EM) the degenerated basal branch of the septomesencephalic tract (SM) is visible and ventromedially medial to the third nerve root (III) the somewhat degenerated infundibular tract (1). Dorsolateral to this root the red nucleus (R) is distinct. × 24.

the parrot. KALISHER (1905) already reported this descend into the cord, and ZECHA (1964) traced some fibres to the ventral funiculus of the first cervical segment and subsequently mainly to the contralateral dorsal funiculus nucleus in the parrot.

ADAMO (1967) finds degeneration confined to the septal bundle following hyperstriatal lesions in chickens, and African lovebirds, but in ravens some is visible in the lateral forebrain bundle also. Fibres terminate in the nucleus superficialis parvocellularis, lateralis anterior, intercalatus and pretectalis and in the tectum. The basal branch in the lovebird reaches the medial pontine nucleus, and in the raven both the medial and the lateral one, but not the low medulla and the cord.

The tractus infundibularis of Jelgersma

The infundibular tract in the pigeon, although small can be seen in the telencephalon (Fig. 4), and located medial to the medioventral tip of the quintofrontal tract in the diencephalon (Fig's 3, 5). It consists of small fibres with a relatively thick myelin sheath, which makes them visible separately. At caudal diencephalic levels it shifts medially away from the quintofrontal tract (Fig. 6) to its crossing in the retroinfundibular decussation (Fig. 8). Subsequently it swings dorsolaterally and can be followed over a short distance only. In the pigeon with the telencephalic peduncle severed at its entrance into the diencephalon and in the one with the telencephalic ablation, which spared the paleostriatum and the area medioventral to it, the tract is normal.

In the parrot with the telencephalic ablation somewhat rostral to the anterior commissure it is normal, and in the parakeet it can be seen near its decussation (Fig. 15), and dorsal to the oculomotor root exit.

In the cormorant at the side of the ablation it is degenerated down to its decussation, but below the latter there is some bilateral degeneration. The tract seems to end at the ventral periphery, close to the oculomotor nerve exit, possibly in the interpeduncular nucleus (Fig. 30). It is readily visible from the middle diencephalon on.

HUBER and CROSBY report that the infundibular tract of Jelgersma originates in the region of the bed nucleus of the telencephalic commissures and descends in the ventral peduncle of the forebrain bundle together with the basal branch of the septo-mesencephalic tract, at least in the rostral diencephalon. It degenerates after ablation of a hemisphere. PAPEZ does not depict it, and CRAIGIE indicates a tractus olfactorius basalis, which might be either the quintofrontal or the infundibular tract. VAN TIENHOVEN and JUHÁSZ locate it at the medioventral margin of the quintofrontal tract in the middle diencephalon, and its decussation at the level of the oculomotor nerve exit. ARIËNS KAPPERS describes it as the part of the ventral peduncle, that proceeds to the oculomotor nuclei, and KARTEN and HODOS indicate it close to the midline just rostral to its crossing. JUNGHERR reports it to arise in the septal area, to cross in the dorsal supramamillary decussation and to reach the medial side of the third nerve root and the ventromedial oculomotor nerve nucleus.

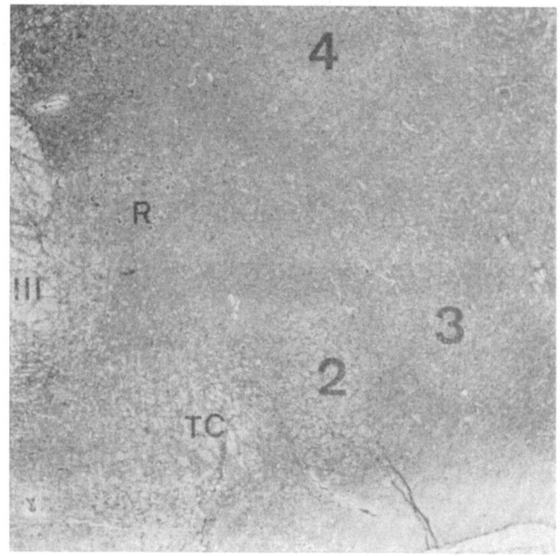

Fig. 31. Higher power magnification of fig. 12, HÄGGQVIST-stained series of the parrot, right side. It shows the small quintofrontal tract, no longer compact (2), with the striomesencephalic tract (3) also reduced in size at its lateral side and the assembling bundles of the tecto-cerebellar tract (TC) medial to it. The latter more caudally will swing laterally along the ventral side of the quinto-frontal tract. The occipitomesencephalic tract (4) is seen dorsally and the oculomotor nerve root (III) and the red nucleus (R) medially. × 30.

Discussion

The fibre tracts

The occipitomesencephalic tract

This tract has been described under slightly different names, but its course in the di- and mesencephalon in general is in accordance with that found in the present material. In the medulla, however, it runs either mediodorsally or ventrolaterally. Usually one of these directions has been taken already in the rostral medulla, but in the rook the tract initially runs the mediodorsal and subsequently the lateroventral course. In the mediodorsal one the facial nerve knee curves laterally around it, but in the other course the knee has no apparent relation to the tract.

It is large in the parrot, the parakeet, the rook and the jay, but only in the parrot it has been traced into the cord, which may be due to the other birds not having been examined in this respect. In all it is a rather long tract, presumably mainly descending, which runs from the telencephalic periphery throughout the brain stem even to the cord. This suggests a homology with the mammalian pyramidal tract, but with respect to its course in the mesencephalon and the medulla it resembles BAGLEY's corticotegmental tract, as emphasized by ZECHA. When discussing the septal tract, this subject will be enlarged upon.

The nuclei it passes along or very close to are roughly the same in all genera, viz. the medial spiriform and the isthmo-optic nuclei, the princeps and the motor trigeminal nuclei, a facial nerve nucleus, the superior olive in some and the hypoglossus nerve nucleus in others, and in the ostrich a lateral funiculus nucleuslike one. The nucleus mesencephalicus profundus, and pretectalis, the tectum, an isthmic nucleus also are mentioned, whereas ZECHA emphasizes the pontine nuclei and the medullary reticular formation in the vicinity of the trigeminus spinal tract nucleus. Since a number of these nuclei are unsufficiently known in their function, this gives little clue to the character of the tract.

The striomesencephalis tract

The striomesencephalis tract of the present study corresponds roughly with the tract of the same or a similar name of former authors, with the essential difference, that a component proceding to the cerebellum could not be verified. It is conspicuous by the coarse fibres it contains, which may conceal a small-fibered contingent, but in large telencephalic ablations no trace of degeneration was seen caudal to the termination of the coarse ones. Moreover another tract, originating at mesencephalic levels appeared to follow the course of the striocerebellar tract of the literature.

A variation in its size was found in the genera studied, but not in its length and course, and in all the tract did not descend beyond the caudal levels of the nucleus tegmenti pedunculopontinus pars compacta of KARTEN and HODOS. Its origin from the paleostraitum is evidenced by its intactness in telencephalic ablations sparing the striatum, but in normal material its coarse fibres were no longer seen rostral to the paleostriatum primitivum, and therefore they originate in the large ganglion cells of this nucleus presumably. Its most striking feature is the way it enters the lateral spiriform nucleus caudally, its fibres subsequently spreading rostrally all over the nucleus. Moreover at the caudal level of the nucleus the latter shifts medially and the tract laterally in a very remarkable way.

It is roughly of the same size as the occipito-mesencephalic tract, although in some it is slightly larger in others somewhat smaller. In the present material it was large in the pigeon, the rook, and the cormorant, and small in the parrot, and the parakeet. Of these variations no explanation can be given, since information about its nuclei of origin and termination is too scanty.

It contains at least mainly descending fibres and seems to convey the projection of the paleostriatum (primitivum) to the di- and mesencephalon, but whether it can be compared to the mammalian ansa lenticularis seems doubtful. The ansa lenticularis in primates is a continuation of the lamina medullaris interna pallidi only, and cannot be followed caudally beyond the comb-system and the corpus subthalamicum (GEBBINK, 1967). With respect to its course in the di- and mesencephalon, somewhat ventral to the centre of the tegmentum, the avian striomesencephalic tract does not resemble any mammalian tract of appriciable size.

The quintofrontal tract

WALLENBERG's quintofrontal tract in the present material could be traced readily as a compact tract from the telencephalon down to plane A. 3.25 of KARTEN and HODOS, in accordance to the descriptions in the literàture. More caudally it diminishes in compactness and in size and is much less distinct. This cannot be attributed to fibres ending in the middle mesencephalon, because the tract is considered to consist of ascending fibres, and it is more likely that at this mesencephalic level the uncrossed and the crossed component join. Unfortunately the course of the crossed portion could not be studied, since a lesion of the princeps nucleus was not available, but presumably it runs separated from the uncrossed already from its origin on, not as a compact bundle but in scattered small fibre groups. The uncrossed component in the pigeon is neither large nor compact but in optimally stained series it could be followed to the near vicinity of the trigeminal princeps nucleus.

That the tract is large in birds with a large beak and a similarly large princeps nucleus as stated by DUBBELMAN and by SINN is not contradicted in the present material. Wallenberg's mammalian dorsal secundary trigeminal tract resembles the avian one in carrying an uncrossed rostral projection of the princeps nucleus, but it ends in the thalamus and the crossed projection runs via the medial lemniscus and not via the dorsal tract. Moreover in a number of mammalian genera it is virtually absent together with this uncrossed projection, whereas in others it carries the whole princeps nucleus projection, in these cases entirely uncrossed to the thalamus (VERHAART 1970). Its course in addition lies much more dorsally in the mes- and diencephalon.

The tectocerebellar tract

In stead of a striocerebellar tract, in the low mesencephalon and the medulla a distinct tract which showed degeneration only in mesencephalic and tectal lesions, but not in telencephalic ablations, could be found running its course. The course of the tectocerebellar fibres described by ZECHA is very suggestive, although it seems improbable, that from the tectum they course ventromedially first, to curve around the quintofrontal tract and to shift laterally and dorsolaterally subsequently. Although in the normal material large numbers of fibres run ventromedially through the tegmentum in the caudal mesencephalon, the exact course of possible tectocerebellar fibres is not ascertained so far, and small appropriate lesions are wanted. In the heron, moreover, the tract appears to assemble entirely lateral to the quintofrontal tract and not to curve around it, and some variation in its course and fibre composition therefore is likely.

The name "Tectocerebellar tract" probably is wrong or at least incomplete, but it has been chosen to be able to mention this cerebellopetal tract.

The thalamotelencephalic tracts

The large tract, the bulk of the lateral forebrain bundle at the rostral levels of the diencephalon splits up into a large number of small bundles both rostral and caudal to these levels. These bundles in normal material could be followed into the paleo- and the ectostriatum, and the rotund and ovoïdal nuclei. Only in the ostrich a special fine-fibred lateral protion could be traced to the nucleus dorsolateralis thalami, rostral to the rotund nucleus. Otherwise the lateral two thirds disappear mainly in the nucleus rotundus and the medial third in the nucleus ovoïdalis, which does not exclude smaller contingents from other nuclei, because such contingents very easily remain unnoticed in normal material.

Very probably the large majority of its fibres run rostrally since the evidence of centrifugal fibres is meagre, and their degeneration in telencephalic ablations, together with cell changes and losses in the diencephalon can be attributed to retrograde degeneration (Powell and Cowan 1961).

Fibres from the mesencephalon and the tectum cannot be numerous, because in the pigeon with a large tegmental and tectal lesion degeneration was very slight. Because of its thalamotelencephalic projection it can be compared to the mammalian thalamocortical fibres, which except for that optic radiation, is not assembled in one compact tract, but runs in separate bundles with the corticothalamic ones within the internal capsule (Mechelse cat 1962). Apart from the acoustic radiation from the nucleus ovoidalis (Karten 1967, 1968) and the visual one from the nucleus rotundus (Cohen and Trauner, 1969), not much is known about the fibre content of the thalamotelencephalic tracts. The questionable identity of the avian striata with the mammalian cerebral cortex increases the incertainty of its character.

Fine fibres running with the striomesencephalic tract

The fine-fibred system fully visible in one case of degeneration in a pigeon, but partially visible in normal material of some other genera also, in the first case is sufficiently distinct and circumscribed to be considered as established. That it has not been seen formerly can be attributed to its thin fibres and diffuse structure, which make it vague even in Marchi degeneration cases. In the present normal material it was most distinct in the paleostriatum, where it was no longer diffuse but assembled in small bundles which differed from those of the thalamotelencephalic systems by their smaller fibres. Its origin from the parolfactory lobe and not from the paleostriatum primitivum is shown by it being degenerated without the striomesencephalic tract participating in it. Probably their areas of origin overlap somewhat and intermingling during their long course side by side and their termination in the tegmental and spiriform nuclei is very likely, but there are areas in which one system originates and the other not. To consider it the medial, fine-fibred part of the striomesencephalic tract may be justified, but because of the lack of information about the character of the two fibre systems, this is not yet of much significance.

The septomesencephalic tract

This tract, although coursing mainly outside the forebrain bundles, is a major telencephalo-diencephalic connexion, partially descending beyond the diencephalon. It varies fairly widely in size, in which variation its two branches participate to the same degree, although not always in the same sence. The dorsal branch has been more frequently mentioned and depicted than the basal, probably because it runs mainly through grey matter where it is clearly visible, but the basal branch in many genera is much longer. The dorsal branch is the larger of the two in the rook and the cormorant and the basal branch in the parrot, the parakeet and the ostrich, whereas in the other ones the two branches are of modest size.

The dorsal branch in all is readily visible when entering the nucleus superficialis parvocellularis at the dorsolateral periphery of the diencephalon, but only when large it seems to descend beyond this nucleus. In the cormorant it could be followed at the dorsal periphery between the nucleus isthmo-opticus and the isthmic nuclei, but not more caudally than the former nucleus.

The basal branch is the only one that may reach the cord, and with the occipitomesencephalic tract, it is the longest tract of the avian CNS. Already Kalisher in 1905 and more recently Zecha in the parrot have compared it to the mammalian pyramidal tract. Its course in the mesencephalon and the medulla does not differ essentially from that of the pyramidal tract, and it being rather small and composed of fine fibres only, resembles the tract in some, mostly lowly, mammals. Especially its projection to the contralateral dorsal funiculus nuclei, as reported by Zecha, emphasizes its similarity with the pyramidal tract. Still it is doubtfull whether or not it contains a sufficient amount of fibres, to provide the basal pontine nuclei with the majority of its afferents, since it is very small already at the rostral levels of these nuclei and not much smaller at their caudal levels.

The dorsal branch does not resemble a mammalian tract so obviously as the basal but its fibres may be compared to those of the mammalian capsula interna and pedunculus cerebri, terminating in the thalamus, the mesencephalon and the pontine tegmentum.

To compare the basal branch with the pyramidal tract and the occipitomesencephalic tract with BAGLEY's corticotegmental tract may be alluring, but it has to be kept in mind, that these two tracts in the goat proved to have exactly the same area of origin, and that it was not possible to bring one to degeneration without the other (HAARTSEN 1962). In this case one could pretend that the avian telencephalon differs essentially from the mammalian one, and that areas separated in the one can be fused to a single one in the other, but this so far is totally unsubstantiated evidently.

The tractus infundibularis of Jelgersma

This tract could be differentiated from the basal branch of the septal tract at caudal diencephalic levels, where it deviates medially to reach its decussation, which in general is rather distinct. Caudal to it, however, the tract can be followed over a very short distance only, running dorsally to the interpeduncular nucleus or the oculomotor nuclei probably. It was totally degenerated rostral and partially caudal to its decussation in the cormorant with the large telencephalic ablation, which points to a partial crossing. It was not at all degenerated in the pigeons in which the caudomedial parts of the telencephalon were preserved and its origin in an area close to the midline and not very rostrally situated in the telencephalon is likely.

The forebrain bundles

HUBER and CROSBY distinguish a lateral and a medial forebrain bundle and divide the former into a dorsal and a ventral part. The dorsal part consists of the tractus occipitomesencephalicus and the thalamotelencephalic tracts, and the ventral part carries connexions between the paleostriatum and hypothalamic, tegmental and cerebellar centres, viz. the tractus striomesencephalicus, striocerebellaris and quintofrontalis. The medial forebrain bundle contains a medial septocortical and a lateral corticoseptal fibre group, besides JELGERSMA's infundibular tract. In their pictures the lateral bundle is located lateroventrally in the rostral diencephalon (Fig. 8), and runs medialward in the telencephalon medial to the paleostriatum primitivum (Fig's 9, 10, 11). In this position it can comprise the thalamotelencephalic and the striomesencephalic tracts. In the middle diencephalon it is found ventral to the nucleus ovoïdalis and medioventral to its tract, where it can contain the occipitomesencephalic, striomesencephalic and quintofrontal tracts.

The medial forebrain bundle is indicated only at the junction of the tel- and the diencephalon, located close to the septum (Fig's 30, 31).

SANDERS mentions the quintofrontal tract as a component of the lateral bundle in the high diencephalon, and more rostrally the striocerebellar and striotegmental bundles. CRAIGIE in the kiwi states that the lateral bundle includes most of the larger connexions between the hemispheres and the brain stem and forms a dorsal and a ventral peduncle, as described by ARIËNS KAPPERS. The latter in 1947 distinguishes a dorsal and a ventral peduncle of the lateral bundle, representing the tractus thalamofrontalis, and Jelgersma's infundibular tract, respectively.

VAN TIENHOVEN and JUHÁSZ in the telencephalon designate the lateral bundle between the paleostriatum primitivum and the quintofrontal tract, but at the junction with the diencephalon they include the latter tract into it. Somewhat more caudally the bundle is located between the tractus thalamofrontalis medialis and occipitomesencephalicus (Fig. 14) and closely rostral to the ovoïdal nucleus it represents the medial thalamofrontal tract (Fig. 15). In the next more caudal pictures it is very small and lies between the nucleus ovoïdalis and triangularis.

KARTEN and HODOS localize the fasciculus prosencephali lateralis between the paleostriatum primitivum and the tractis quintofrontalis in the telencephalon, and more caudally lateral to the ansa lenticularis (Planes A 8.50 to 6.25). At plane A. 6.00 the tractus thalamostriaticus is found at that site which tract it may comprise more rostrally also.

According to JUNGHERR the lateral forebrain bundle is the main part of the basal bundle, and consists of a dorsal and a ventral peduncle, which contain the thalamofrontal tracts and the striotegmental and cerebellar tracts respectively. The medial bundle is composed of very fine fibres and the tractus septocorticalis and corticoseptalis. The medial forebrain bundle can be distinguished when it can be identified with the infundibular tract, but in most of the schema's it is rather vague and does not allow this identification.

From this survey it can be concluded that the dorsal peduncle of the lateral forebrain bundle corresponds in general with the thalamotelencephalic or frontal tracts and that the occipitomesencephalic tract is included in it by some, but not by all authors. The ventral peduncle contains usually the striotegmental or mesencephalic and the quintofrontal tract and sometimes the occipitomesencephalic tract also. In some cases the content of these peduncles is not the same in the successive levels of the diencephalon, and it may appear that the bundles simulate rather than circumscribe the fibre systems.

General comment

In the nomenclature of the avian fibre systems as used so far, strio may indicate the origin in the paleostriatum, but it may be synonymous with fronto and telencephalo and mean no more than rostral to the diencephalon. Mesencephalic as the indication of the termination may be right, but it may mean "caudal to the diencephalon" also. In the present study the fibre systems considered were mainly the ones already described by former authors, but they could be much better identified and followed over fairly long distances among the other elements of the brain stem, from which they proved to be well separated. In the avian CNS fibres are small and fibre systems of modest size in comparison to the surrounding grey matter, which make them indistinct even in the pyridine-silver stained sections of HUBER and CROSBY, but with the HÄGGQVIST technique presently used they could be somewhat better distinguished. That they are most marked in the high diencephalon may be due to the latter forming a bottle neck for the connexions between the brain stem and the telencephalon.

Whether comparison of the avian fibre tracts with the well-known ones of the mammalian CNS is advisable or not, is questionable, because particularly the systems originating in the avian telencephalon may have very little in common with the mammalian ones, and those passing to it possibly also. The avian telencephalon differs essentially from the mammalian one, and even if the connexions are in principle the same, they may be quite differently combined to tracts, and therefore lack all morphological similarity.

Summary

In this paper a number of tracts in the avian brain stem, mainly those connecting the telencephalon with the diencephalon and the mesencephalon, have been described as they were seen in normal material, and in some cases of experimental degeneration. They could be in general followed over a large part of their course, but their areas of origin and termination could not be determined with certainty.

The tracts studies are:

The occipito-mesencephalic tract
The strio-mesencephalic tract
The quinto-frontal tract
The so-called tecto-cerebellar tract
The thalamo-telencephalic tracts
The system of fine fibres running with the strio-mesencephalic tract
The septo-mesencephalic tract with its basal and dorsal branches
The infundibular tract of JELGERSMA

A strio-cerebellar tract could not be found, but the tecto-cerebellar corresponds to the cauls half of the former one of the earlier authors.

Both the occipitomesencephalic tract and the basal branch of the septomesencephalic tract when large, may reach the first segment of the cord and suggest a similarity with the mammalian pyramidal tract.

Compact forebrain bundles, traciable as such over an appriciable length could not be found.

The structure of the avian CNS and the aspect of many of its elements resemble those of the mammalian CNS so little, that a comparison between them may be futile.

Legenda

1 Tractus septomesencephalicus
2 Tractus quintofrontalis
3 Tractus striomesencephalicus
4 Tractus occipitomesencephalicus
5 Tractus thalamotelencephalicus

6 Fine-fibred system
ca Commissura anterior
D Degenerated fibres
DLA Nucleus dorsolateralis anterior thalami
drV Descending tract of the trigeminal nerve
E Ectostriatum
EM Nucleus ectomamillaris
g VII Genu of the facial nerve
IO Nucleus isthmo-opticus
MV Nucleus motorius trigeminalis
NP Nucleus pontis basalis
N IV, VI, XII Nuclei of the cranial nerves
O Nucleus ovoidalis
OI Oliva inferior
PA Paleostriatum augmentatum
PP Paleostriatum primitivum
PR nucleus postrotundus
PT nucleus pretectalis
PV Nucleus princeps sensorius trigeminalis
R Nucleus ruber
ROT Nucleus rotundus
rs Tractus rubrospinalis
SM tractus septomesencephalicus
spl Nucleus spiriformis lateralis
spm Nucleus spiriformis medialis
spt Nucleus subpretectalis
TC Tractus tectocerebellaris
TO, Tractus opticus
TPC Nucleus tegmentalis pedunculopontinus pars compacta
ts Tectospinal fibres
III, IV, VI, VII Cranial nerves roots.

References

ADAMO, N. J.: Connections of efferent fibers from hyperstriatal areas in Chicken, Raven, and African Lovebird. J. Comp. Neur., **131**, 337—356 (1967).

BAGLEY, CH.: Cortical motor mechanism of the sheep brain. Arch. Neurol. Psychiat. **7**, 417—453 (1922).

VAN BEUSEKOM, G. T.: Fibre analysis of the anterior and lateral funiculi of the cord in the cat. Eduard IJdo N. V., Leiden (1955).

BUSCH, H. F. M.: An anatomical analysis of the white matter in the brain stem of the cat. van Gorcum & Comp. N. V., Assen (1961).

COHEN, D. H., and D. A. TRAUNER: Studies of avian visual pathways involved in cardiac conditioning: Nucleus rotundus and ectostriatum. Exp. Brain Res. **7**, 133—142 (1969).

CRAIGIE, E. H.: Observations on the brain of the humingbird (Chrysolampos mosquitus Linn. and Chlorostilbon caribaeus Lawr.). J. Comp. Neur. **45**, 377—481 (1928).

CRAIGIE, E. H.: Studies on the brain of the Kiwi (Apteryx australis). J. Comp. Neur. **49**, 323—357 (1930).

DUBBELDAM, J. L.: On the shape and the structure of the brain stem in some species of birds. Krips Repro N. V., Meppel (1968).

GEBBINK, TH. B.: Structure and connexions of the basal ganglia in man. van Gorcum & Comp. N. V., Assen (1967).

HAARTSEN, A. B.: Cortical projections to mesencephalon, pons, medulla oblongata, and spinal cord. An experimental study in the goat and the rabbit. Eduard IJdo N. V., Leiden (1962).

HUBER, G. C., and E. C. CROSBY: The nuclei and fiber paths of the avian diencephalon, with consideration of telencephalon and certain mesencephalic centers and connections. J. Comp. Neur. **48**, 1—226 (1929).

JUNGHERR, E. L.: The neuroanatomy of the domestic fowl (Gallus domesticus). Special issue April 1969, Avian Diseases, American Assoc. of Avian Pathologists. University of Connecticut, Storrs Conn.

KALISCHER, O.: Das Großhirn der Papageien in anatomischer und physiologischer Beziehung. Abhandl. königl. preuss. Akad. d. Wissensch. **4**, 1—105 (1905).

KAPPERS, C. U. ARIËNS: Anatomie comparée du système nerveux. Erven F. Bohn, Haarlem, Masson & Cie, Paris (1947).

KARTEN, H. J.: The organization of the ascending auditory pathway in the pigeon (Columba livia). I. Diencephalic projections of the inferior colliculus (Nucleus mesencephalicus lateralis, pars dorsalis). Brain Res. **6**, 409—427 (1967).

KARTEN, H. J.: The ascending auditory pathway in the pigeon (Columba livia). II. Telencephalic projections of the nucleus ovoidalis thalami. Brain Res. **11**, 134—153 (1968).

KARTEN, H. J., and W. HODOS: A stereotaxic atlas of the brain of the pigeon (Columba livia). The Johns Hopkins Press, Baltimore (1967).

MECHELSE, K.: The localization of the thalamo-cortical and cortico-thalamic fibres in the internal capsule and thalamus of the cat. J. Hirnf. **5**, 408—453 (1962).

PAPEZ, J. W.: Comparative Neurology. Thomas Y. Crowell Comp., New York (1929).

PHILIPS, R.: Evoked potential study of connexions of avian archistriatum and causal neostriatum. J. Comp. Neur. **127**, 89—100 (1966).

POWELL, T. P. S., and W. M. COWAN: The thalamostriate projection in the avian brain. Proc. Anat. Soc. Gr. Brit. Irel. Nov. 1956. J. Anat. London, **91**, 571 (1957).

POWELL, T. P. S., and W. M. COWAN: The thalamic projection upon the telencephalon in the pigeon (Columba livia). J. Anat. London, **95**, 78—109 (1961).

REVZIN, A. M., and H. J. KARTEN: Rostral projection of the optic tectum and the nucleus rotundus in the pigeon. Brain Res. **3**, 264—276 (1967).

SANDERS, E. B.: A consideration of certain bulbar, midbrain, and cerebellar centers and fiber tracts in birds. J. Comp. Neur. **49**, 155—222 (1930).

SINN, R.: Beiträge zur Kenntnis der Medulla oblongata der Vögel. Mschr. Psychiat. Neurol. **3**, 1—39 (1913).

VAN TIENHOVEN, A., and L. P. JUHÁSZ: The chicken telencephalon, diencephalon, and mesencephalon in stereotaxic coordinates. J. Comp. Neur. **118**, 185—197 (1962).

VERHAART, W. J. C.: Comparative anatomical aspects of the mammalian brain stem and cord. van Gorcum & Comp. N. V., Assen (1970).

VERHAART, W. J. C., G. T. VAN BEUSEKOM, H. F. M. BUSCH, A. STAAL, and J. VOOGD: A stereotactic atlas of the brain stem of the cat. van Gorcum & Comp. N. V., Assen (1964).

WALLENBERG, A.: Tractus isthmo-striaticus der Taube. Der Ursprung des Tractus isthmostriaticus (oder bulbostriaticus) der Taube. Neurol. Zbl. **22**, 98—101 (1903).

WALLENBERG, A.: Beiträge zur vergleichenden Anatomie des Zentralnervensystems (Edited by J. GERLACH). J. Hirnf. **7**, 275—300 (1964—1965).

YOSHIKAWA, T.: Atlas of the brains of domestic animals. Univ. Tokyo Press Tokyo 1968, The Pennsylvania State University Press, University Oark and London.

ZECHA, A.: The "pyramidal tract" and other telencephalic efferents in birds. Proc. 71st meeting Anat. Assoc. Amsterdam December 9, 1961. Acta Morph. Neerlando-Scand. **4**, 194—195 (1964).

ZECHA, A.: Efferent systems of the avian tectum. Proc. 72nd meeting Anat. Assoc. Leiden, May 12, 1962. Acta Morph. Neerlando-Scand. **4**, 282 (1964).

The authors address:

Dr. W. J. C. VERHAART
Leiden/Holland
Fruinlaan 18

Laboratoire d' Anatomie comparée
Université de Paris VII

Etude cytoarchitecturale qualitative et quantitative des aires basales d'un Saurien Scincidé: Scincus scincus (L.)

I. Etude cytoarchitecturale qualitative

Par

ROLAND PLATEL

(Avec 7 figures et 1 tableau)

(Reçu le 31 décembre 1970)

Sommaire

Introduction

Le problème de la détermination des principaux constituants nucléaires du télencéphale ne semble pas encore avoir reçu, même à l'heure actuelle, une réponse satisfaisante dans la classe des Reptiles.

Les désaccords qui régnent à ce niveau trouvent, pour une large part, leur origine dans la fréquente subjectivité qui accompagne l'application des critères classiques de la cytoarchitecture (taille des cellules, densité des caryons en particulier).

Par ailleurs, la prise en considération simultanée des représentants des divers Ordres introduit un facteur de confusion supplémentaire, car les caractéristiques cytoarchitecturales de chaque groupe (qui restent encore à définir) ne sont pas, a priori, directement comparables. Ce point de vue, que partagent KRUGER (1969), STINGELIN et SENN (1969) et bien d'autres auteurs, est très clairement exprimé par RISS, HALPERN et SCALIA (1969) dans un de leurs récents articles:

«In general, the reptiles alone present sufficient differences that it is not at all certain what is comparable from one reptilian group to another.» (p. 1)

L'étude cytoarchitecturale du télencéphale d'un Saurien: *Scincus scincus* (L.), que nous nous proposons de réaliser, s'efforce d'échapper à ce double travers, d'une part en introduisant des données quantifiées assurant à notre description une meilleure précision et une plus grande objectivité, d'autre part en limitant les références bibliographiques et les éléments de la discussion à ce qui a exclusivement trait au télencéphale des Sauriens.

C'est dans cet esprit qu'a déjà été réalisée l'analyse qualitative et quantitative des aires corticales de ce lézard (PLATEL, 1969). L'importance et la complexité des formations basales que nous abordons maintenant nécessitent que l'on scinde leur étude en deux parties.

La première partie est l'objet du présent article. Elle comprend essentiellement, après un historique de nos connaissances sur les aires basales des Sauriens, une description des principales accumulations nucléaires qu'une simple analyse qualitative permet de reconnaître dans cette région du télencéphale chez le Scinque. L'accent est mis, dans la discussion, sur les importantes indéterminations que laisse persister ce mode d'investigation.

Dans la seconde partie, qui sera présentée ultérieurement, l'intervention de données quantifiées permet de lever ces imprécisions et laisse espérer un accord plus général sur la reconnaissance des structures ainsi mieux définies.

L'étude d'un seul représentant d'un groupe est, à notre avis, insuffisante car elle peut exprimer d'une façon très imparfaite l'éventuelle diversification de ce dernier. On se propose, par la suite, de réaliser, de la même façon que pour le Scinque, l'étude cytoarchitecturale d'un ensemble très varié de genres et d'espèces de Sauriens. Peut-être pourra-t-on alors définir, au delà de certaines variantes, un plan d'organisation commun, susceptible de caractériser tous les représentants de cet Ordre.

Données préliminaires

On a coutume, chez les Reptiles, de donner le nom d'aires basales (par opposition aux aires palliées ou corticales), à l'ensemble des formations nucléaires situées dans les parois ventro-latérale et ventro-médiale du télencéphale. On admet aussi que ce terme regroupe deux unités structurales différentes appelées respectivement Septum et Complexe Strio-Amygdalien, ainsi qu'une nappe de neurones ventraux généralement désignée sous le nom de Tuberculum Olfactorium.

Le Septum occupe la plus grande partie de la paroi médio-ventrale; il est, dans son ensemble, bien délimité, en particulier sur les niveaux transversaux en arrière du foramen de Monro; rostralement, par contre, il est quelquefois difficile de l'isoler des formations sous-jacentes.

Le Complexe Strio-Amygdalien correspond aux parois ventrale et ventro-latérale; cette dernière est d'ailleurs particulièrement épaisse et fait saillie dans la lumière ventriculaire, d'où le nom de crête ou d'éminence que lui ont donné certains auteurs (dorsal ventricular ridge, JOHNSTON, 1915; Hunter's eminence, ELLIOT SMITH, 1919; hypopallial ridge ...). Le choix de l'expression: complexe strio-amygdalien, est aussi une indication sur la nature double de cet ensemble dont l'extension caudale est généralement identifiée à l'Amygdale des Mammifères (GOLDBY et GAMBLE, 1957; p. 387).

L'analyse détaillée de ce complexe et la détermination de ses limites (avec le pallium, le septum, ou encore entre les portions amygdalienne et striée) ont donné lieu à des descriptions et des interprétations très variées. HERMAN (1925) le souligne déjà en prologue à son étude du Striatum de *Varanus salvator*. GOLDBY (1934), à l'occasion de son travail sur les hémisphères cérébraux de *Lacerta viridis*, dresse un bilan des divers avis émis à ce sujet et reconnait par exemple à propos de la région dite amygdalienne qu'il n'y a pratiquement pas deux auteurs d'accord! (p. 172). ARIËNS KAPPERS, HUBER et CROSBY (1936) font également état, dans leur traité, des nombreuses interprétations proposées jusqu'à cette date. La situation semble s'être peu clarifiée depuis. C'est ainsi que KRUGER et BERKOWITZ (1960) dénoncent l'absence de critères valables permettant de faire un choix parmi les différents systèmes proposés et s'interdisent toute comparaison détaillée de l'un à l'autre (p. 131). On doit enfin reconnaître que les récents articles parus à ce sujet (SCHNITZLEIN, HOFFMAN, HAMEL et FERRER, 1967, par exemple) n'apportent pas de solutions satisfaisantes, quand ils n'accroissent pas la confusion qui règne déjà. On peut également regretter que ces indéterminations persistantes entachent maintenant les travaux de neuroenzymiologie qui commencent à paraître sur le télencéphale des Reptiles (BRAAK, BAUMGARTEN et FALK, 1968; BAUMGARTEN et BRAAK, 1968; BAKER-COHEN, 1968 et 1969).

Historique

L'analyse des représentants d'un seul Ordre vient d'être présentée comme le préalable à une meilleure compréhension de la cytoarchitecture du télencéphale des Reptiles. On se limite par conséquent, dans la revue bibliographique qui suit, aux données qui intéressent le groupe où l'on place le Scinque: celui des Sauriens. Les interprétations les plus marquantes sont illustrées par la figure 1, dont les schémas sont directement inspirés des dessins ou photographies des articles originaux cités; chaque fois que cela s'est avéré possible, on a retenu un niveau transversal moyen et un niveau commissural ou post-commissural (foraminique par exemple), sur lesquels sont respectées les abréviations adoptées par l'auteur. Les diverses terminologies relevées sont enfin résumées en un tableau récapitulatif (Tableau 1).

Les grandes subdivisions que l'on est amené à reconnaître dans les aires basales du télencéphale des Sauriens sont esquissées dès les travaux des premiers auteurs qui ont abordé ce sujet; l'intérêt de l'illustration qu'ils en donnent réside aussi dans la diversité des matériels analysés: HERRICK, C. L. (1891–1893) pour *Sceloporus*; MEYER (1892) avec *Lacerta agilis, Lacerta viridis, Anguis fragilis* et *Iguana tuberculata*; EDINGER (1896, 1908–1911) chez *Lacerta* et *Varanus*; UNGER (1906) pour *Gecko* et 9 autres espèces de Sauriens (dont *Scincus officinalis*).

Pour EDINGER (1896), chez *Varanus*, la paroi latérale des hémisphères constitue le «Stammlappen» (ou «Stammganglion») à l'intérieur duquel il reconnait deux subdivisions: le Striatum et l'Epistriatum. Le Striatum est présent sur les niveaux rostraux; il est caractérisé par ses connexions thalamiques (Basal Vorderhirn Bündel). Les formations caudales, à vocation essentiellement olfactives (tractus bulbo et cortico-epistriaticus) constituent l'Epistriatum; cependant quelques cellules ventrales de cette région sont réunies en un noyau distinct: le nucleus baso-occipitalis (HERRICK, 1891). On doit constater, enfin, que l'extension vers l'avant de cet Epistriatum n'est pas clairement précisée, ni dans le texte, ni sur les illustrations, ces dernières étant, dans certains cas, contradictoires. Les neurones situés au voisinage de la surface ventrale des hémisphères sont rassemblés en une area olfactoria, tandis que ceux de la paroi médiale se groupent en une area parolfactoria et un septum; la limite dorsale de ce dernier, qui est placé au dessus de l'aire parolfactive, est marquée extérieurement par la fissura arcuata.

Cette terminologie sera reprise et complétée par un certain nombre d'auteurs contemporains d'EDINGER dont ARIËNS KAPPERS et THEUNISSEN (1908), chez *Iguana tuberculata*. La paroi médiale, ou Septum, séparée du Pallium par la fissura septo-corticalis (= fissura arcuata septi de UNGER), porte le nom d'area precommissuralis septi sur les sections rostrales; elle devient la pars fimbrialis septi en arrière du niveau des commissures. Le Striatum (appelé ici Striatum proprium) inclut le nucleus accumbens septi (nucleus septi de UNGER), séparé du Septum par la fovea septo-striatica; on y reconnait ensuite une massa medialis corpori striati, surtout dorsale et une massa lateralis corpori striati en position ventrale. L'Epistriatum d'EDINGER, auquel appartient cette formation très caractéristique qu'est le nucleus sphaericus (MEYER, 1892), est en outre qualifié de «primaire» dans son extension antérieure et de «secondaire» pour sa portion caudale (nucleus sphaericus — nucleus amygdalae?).

Les travaux de DE LANGE (1911), sur *Varanus* et *Lacerta*, présentent une certaine ambiguïté (qui sera d'ailleurs dénoncée ultérieurement par ELLIOT SMITH, 1919 et GOLDBY, 1934). En effet, son Epistriatum, dorsal (dans lequel est aussi inclus, postérieurement, le nucleus sphaericus), ne semble pas se prolonger d'une façon homogène vers l'avant, mais serait séparé (du moins chez les lézards), par un sulcus strio-epistriaticus, d'une formation striée (Neostriatum?) plus rostrale. La portion striée ventrale, bien individualisée (nucleus basalis ou Striatum basalis), pourrait être considérée comme un Palaeostriatum (?). Les termes d'area olfactoria et parolfactoria sont conservés pour désigner les formations ventrale et ventro-médiale périphériques; on reconnait enfin, dans la paroi médiale, deux noyaux (un médial et un latéral), ainsi qu'un nucleus accumbens septi que l'auteur rattache cependant (avec raison) au Striatum ventral.

ELLIOT SMITH (1919), chez *Sphenodon*, mais aussi chez *Varanus* et *Lacerta*, récuse toute origine striée à la totalité des formations dorsales qu'il estime issues d'un reploiement du Pallium sous l'extension ventriculaire latérale. Il introduit, de ce fait, le terme d'Hypopallium pour les désigner, reconnaissant cependant, en arrière, une partie amygdalienne de l'Hypopallium. Il reprend, par contre, le terme de Palaeostriatum d'ARIËNS KAPPERS (1908) pour les formations ventrale et ventro-latérale, tant rostrales que caudales. La limite entre l'Hypopallium et le Palaeostriatum est, selon les images qu'il en donne, constamment matérialisée par une zone claire dépourvue de noyaux (clear band C), ainsi que, dans les niveaux antérieurs, par la présence de l'artère striée latérale (lateral striate artery), dont l'auteur souligne le rôle et la permanence tout au long de l'évolution du télencéphale, des Reptiles aux Mammifères.

Ce point de vue sera repris par DART (1920) qui distingue, chez Sphenodon, un hypopallium antérieur et un hypopallium postérieur, ce qui sera également montré par GOLDBY (1934), plus tard, chez le Lézard vert. SHELLSHEAR (1920) a aussi confirmé le rôle prépondérant des artères basales dans l'organisation de cette région du télencéphale et désigne l'artère striée latérale sous le nom très révélateur d'artère hypopalliée (hypopallial artery, fig. 2, p. 30).

Avec ELLIOT SMITH, le Septum enfin prend le nom de corps paraterminal (paraterminal body), pour lequel il distingue cependant une pars supra foraminis en arrière du foramen Monroi; les cellules ventrales périphériques, dont l'agencement rappelle celui d'un cortex (cortex-like arrangement: CROSBY, 1917 chez l'Alligator), constituent ici le Tuberculum olfactorium.

La série d'articles de KIESEWALTER (1922), KUHLENBECK et KIESEWALTER (1922) et de KUHLENBECK (1922, 1924, 1925, 1927, 1929), constitue une tentative pour décrire avec davantage de détails la région basale (entre autres), en vue de considérations phylogénétiques et ontogénétiques. Nous renvoyons au tableau récapitulatif (Tableau 1) pour l'énumération des diverses formations au sujet desquelles il est parfois délicat d'établir des rapprochements d'un article à un autre, même en se limitant au seul lézard (*Lacerta*). Il faut mentionner que les terminologies retenues font appel, dans bien des cas, à des qualificatifs topographiques (nucleus basalis, nucleus centralis, area ventro-lateralis ...), tout en maintenant cependant quelques noms plus anciens (palaeostriatum, epistriatum par exemple).

Il en sera de même pour les résultats apportés par ROSE (1923), chez *Varanus* et *Lacerta muralis*; ses dénominations, limitées à des majuscules, restent trop imprécises et leur comparaison avec celles des autres auteurs ne peut dépasser le niveau des grandes divisions définies jusqu'ici. Il faut cependant insister, pour ces trois derniers auteurs, sur le rôle de limite qu'ils attribuent aux zones claires qui séparent deux formations nucléaires: les «clear bands» déjà mentionnées par ELLIOT SMITH (1919), portent ici le nom de «zona limitans» (KUHLENBECK et KIESEWALTER) ou «helle Streifen» (ROSE).

La terminologie établie par ARIËNS KAPPERS (1908,

1921, 1928, 1947), a été adoptée ou justifiée, dans leurs descriptions, par un certain nombre d'auteurs parmi lesquels nous retenons HERMAN (1925), FAUL (1926), SHANKLIN (1930), FREDERIKSE (1931), CURWEN (1935, 1937, 1938, 1939) et BECCARI (1943). La subdivision de la région basale en Palaeostriatum, Neostriatum et Archistriatum est classique (ANTHONY, 1970) et nous ne jugeons pas utile d'y revenir. Nous insisterons, par contre, sur les éléments qui servent de limite à ces diverses régions. La première intéresse la Palaeostriatum et le Neostriatum sus-jacent: il s'agit de la fissura palaeo-neostriatica (dont la valeur est renforcée par la présence de la lamina medullaris externa et l'artère néostriée. La seconde, mieux connue, mais beaucoup plus inconstante, sépare le Neostriatum de l'Archistriatum: c'est la fissura neo-archistriatica (ARIËNS KAPPERS). Une dernière, la fissura longitudinalis, citée par HERMAN (1925), déjà mentionnée par ARIËNS KAPPERS (1921) et peut-être par DE LANGE (1911), sépare le Neostriatum en une portion médiale et une portion latérale. Notons, enfin, que le terme d'Epistriatum est retenu par ARIËNS KAPPERS pour désigner exclusivement le noyau du tractus olfactif latéral (Epistriato = nucleus olfattivo laterale, BECCARI, 1943).

Les descriptions de SHANKLIN et de CURWEN reprennent ces grandes lignes et cette terminologie. Elles s'en distinguent cependant par le soin apporté par ces auteurs à mettre en évidence de nouvelles subdivisions.

Pour SHANKLIN (1930), chez le Caméléon vulgaire, le Palaeostriatum est séparé des formations sus-jacentes par une zone dépourvue de noyaux (cell free zone). Les niveaux rostraux le montrent constitué de deux parties: l'une est l'aire ventro-latérale (à petites cellules) (vl. a. (s.c.)), l'autre — l'aire intermédio-latérale (int. lat. a.) — recouvre dorsalement la précédente et se confond latéralement avec la noyau du tractus olfactif latéral (nuc. tr. olf. lat.). Caudalement, les rapports restent les mêmes, mais l'aire ventro-latérale présente alors de grosses cellules (vl. a. (l. c.)) et se trouve bordée latéralement par le noyau ventro-médial (nuc. vent. med.) (!). Neostriatum et Archistriatum enfin, présentent sur toute leur extension une différenciation en pars lateralis et pars medialis.

Chez CURWEN (1935, 1937, 1938, 1939 — *Tupinambis nigropunctatus*), le Palaeostriatum est subdivisé en une pars lateralis (pl. str. lat.) et une pars medialis (pl. str. med.), cette dernière étant distincte du nucleus accumbens (nu. ac.). Une fissura neo-archistriatica, bien visible, sépare le Neostriatum de l'Archistriatum; ce dernier, appelé également Amygdala, montre des accumulations variées de neurones que l'auteur désigne en fonction de leur localisation: nucleus posterior, dorsalis, lateralis, centralis, externus, marginalis — amygdalae, auxquelles il faut ajouter le noyau du tractus olfactif latéral (tr. cort. arch.) et le noyau interstitiel (nu. inst.) que traversent les fibres de l'«olfactory projection tract» de Cajal.

GOLDBY (1934), dans son étude du Lézard vert, adopte par contre la terminologie proposée par ELLIOT SMITH (1919). Le Palaeostriatum, subdivisé en une pars medialis (Palst. med.) (qui englobe le nucleus accumbens) et une pars lateralis (Palst. lat.), est limité à la région ventrale des niveaux antérieurs. Dorsalement, l'Hypopallium anterior (Hyp. ant.) se poursuit en arrière par l'Hypopallium posterior (Hyp. post.) (avec le nucleus sphaericus), la limite entre les deux étant marquée par un léger sillon mal défini («B», fig. 11, p. 209) qui correspondrait à la fissura neo-archistriatica de ARIËNS KAPPERS. Ventralement la région caudale est plus délicate à interpréter; l'auteur ne peut y définir, chez le Lézard vert, qu'une masse amygdalienne centrale (Amy.) dont la portion antérieur et latérale se confond avec le noyau du tractus olfactif latéral (tr. olf. lat.). Cette masse amygdalienne reste mal délimitée, ne serait-ce qu'antérieurement, puisqu'elle s'étend en arrière du Palaeostriatum avec lequel elle est plus ou moins en continuité (GOLDBY, 1934, p. 172). Une tentative de dissociation est réalisée en 1953 par ARMSTRONG, GOLDBY et GAMBLE chez *Anolis*; ils réussissent à y distinguer quatre accumulations nucléaires (en plus du noyau du tractus olfactif latéral — N. tr. olf. lat.), qu'ils appellent respectivement A1, A2, A3, et A4, en tenant compte de la taille des cellules, de la densité des caryons, de leur colorabilité, ainsi que des afférences et efférences fibreuses.

KÄLLÈN (1951), reprend également la terminologie d'ELLIOT SMITH (1919) chez l'adulte et propose une nouvelle codification à la suite de ses recherches embryologiques. Il reconnait à l'Hypopallium une origine commune avec le Pallium mais considère la subdivision en hypopallium antérieur et postérieur comme secondaire et lui accorde une signification morphologique mineure. Au «Striatum» (mis entre guillements par KÄLLÈN) s'adjoint le noyau du tractus olfactif latéral, l'ensemble formant, dans la région caudale, un nucleus centralis. Il en disjoint, par contre, en avant, le nucleus accumbens, le tuberculum olfactorium ainsi que les nucleus interstitialis et basalis plus en arrière.

En 1957, le travail de GOLDBY et GAMBLE fournit un bilan critique des connaissances acquises à cette date sur les hémisphères cérébraux des Reptiles. Dénonçant la subjectivité de la plupart des études de cytoarchitecture, ils donnent alors de la région basale une analyse volontairement simplifiée. Les subdivisions y sont définies en fonction de leurs connexions avec les principaux systèmes fibreux, ce qui permet de donner à leur description un plus haut degré de généralité pour l'ensemble de la Classe.

Pour GOLDBY et GAMBLE, la région basale se subdivise en:

— Septum, ou paroi médiale, «constituée d'un assemblage de cellules mal défini et relié à des ensembles fibreux complexes dont la plupart des éléments sont disposés verticalement» (p. 396). On y reconnait généralement deux noyaux: le nucleus dorso-lateralis et le nucleus ventro-medialis. Ce Septum est ventralement au contact d'autres groupements nucléaires comme le noyau de la bande diagonale et les «bed nuclei» des commissures.

— Complexe strio-amygdalien: Ses connexions fibreuses permettent de le subdiviser en une portion antérieure, en relation avec les faisceaux télencéphaliques basaux, et une portion caudale, en rapport avec le tractus olfactif latéral et la stria terminalis. On reconnait ensuite, dans la région antérieure, une importante crête dorsale où s'épanouit le tractus télencéphalique latéral (Striatum dorsal), tandis que sa région ventrale est traversée et desservie par les tractus télencéphaliques latéral et médial

(Striatum ventral). Caudalement on retrouve également une crête dorsale où aboutissent des ramifications du tractus olfactif latéral (nucleus sphaericus), et une zone ventrale qui, en plus du tractus olfactif latéral est en rapport avec l'hypothalamus par la stria terminalis (masse amygdalienne); un épais faisceau de fibres commissurales la réunit à son symétrique. A ces deux ensembles, s'ajoute un dernier élément amygdalien, le noyau du tractus olfactif latéral, dont les cellules réparties le long des fibres du tractus, ne se groupent vraiement en un noyau que dans sa partie la plus caudale.

Deux dernières interprétations, plus récentes, s'isolent du contexte que nous venons d'évoquer ci-dessus; elles ont été proposées par FILIMONOFF (1963 et 1964) d'une part, et par NORTHCUTT (1966 et 1967), d'autre part.

FILIMONOFF (1963, 1964) (chez *Lacerta* et de nombreux représentants de la classe des Reptiles), divise la région basale en Septum, Hypopallium et Subpallium.

Le Subpallium est constitué d'un Striatum ventral (Sv.), à petites cellules densément groupées, d'un nucleus accumbens (acc.) peu distinct du précédent, dans la région antérieure, et d'un Striatum ventral posterior (Svp.) accompagné en position externe de la partie postérieure de la fovea lateralis (Ectostriatum d'EDINGER = noyau du tractus olfactif latéral?), pour la région caudale.

L'Hypopallium montre une formation dorsale centrale: le Striatum dorsal (Sd.) du moins sur les niveaux rostraux. Cette accumulation nucléaire (remplacée en arrière par une zone dépourvue de noyaux), est entourée de groupements de cellules constituant le nucleus laminaris anterior d'une part (a5, a6, a7) et le nucleus laminaris posterior d'autre part (a1, a2, a3 et a4 = nucleus sphaericus d'EDINGER, ainsi qu'un noyau ventro-médial: a t).

Striatum dorsal et Striatum ventral constituent le Striatum au sens strict et leur séparation est marquée par une lamina interstrialis et un sulcus interstrius. La surface libre du Subpallium est bordée par l'équivalent du tuberculum olfactorium en avant et le nucleus ligamenti diagonalis plus en arrière.

L'interprétation de NORTHCUTT (1966, 1967) (chez *Iguana iguana*) se singularise par l'introduction, chez les Sauriens, des termes d'Hyperstriatum anterius et posterius (Hyper. ant. et post.) pour désigner la majeure partie de la crête dorsale. Le Neostriatum (Neost.) est réduit à une mince bande cellulaire située entre l'Hyperstriatum anterius et le Palaeostriatum (Palst.). Postérieurement l'Archistriatum (noyaux «amygdaliens») regroupe l'Hyperstriatum posterius, le nucleus sphaericus (N. sph.), le noyau du tractus olfactif latéral (N. tr. olf. lat.), le noyau ventro-médial et peut-être le noyau interstitiel (N. interst.). Les formations médiales de l'ensemble de l'hémisphère sont désignées sous le nom d'aire parolfactive (area parolfactoria). Cette conception a reçu quelques remaniements dans de récents articles (NORTHCUTT. 1969 et 1970).

Les techniques que nous avons utilisées pour analyser les aires basales du Scinque sont, dans ce premier temps du moins, peu différentes de celles qu'ont employées les auteurs que nous venons de citer. La description que nous en donnons, en faisant appel également à une méthodologie classique, permet de tenter certaines comparaisons mais surtout de *situer* les nombreuses imprécisions qui accompagnent une telle démarche, insuffisances que nous nous efforcerons de pallier ultérieurement par l'étude quantitative.

Matériel et Techniques

Les échantillons de *Scincus scincus* (L.) (Sauria, Scincidae) proviennent de Béni-Abbès, Saoura, Algérie (1). Chaque animal est pesé et mesuré. Une récente étude (PLATEL et BAUCHOT, 1970) nous permet maintenant d'estimer que les individus dont la distance du museau au cloaque est supérieure à 9,5 centimètres ont dépassé la phase juvénile et peuvent être considérés comme des adultes. Nous avons par conséquent retenu, pour ce travail, ceux dont la distance museau-cloaque se situe dans l'intervalle 10—12 centimètres; le poids de tels animaux varie alors de 20 à 55 grammes (valeurs extrêmes).

L'animal est sacrifié par décapitation; l'encéphale est mis à nu, durci en place par immersion de la tête dans un excès de fixateur (15 à 30 minutes), puis isolé. On achève ensuite la fixation pendant un temps variable qui est fonction de la nature du liquide fixateur: Bouin aqueux, A. F. A. (Alcool à 80°, Formol à 10%, Acide acétique), Carnoy, Formol à 10%.

Après enrobage à la paraffine, on réalise des coupes sériées de 10 μm. d'épaisseur suivant trois plans orthogonaux (transversal, sagittal paramédian et horizontal), dont la définition a déjà été donnée dans un précédent article (PLATEL, 1969 — p. 39 et fig. 1).

Certaines séries ont été traitées à la Gallocyanine ou par le violet de Crésyl, d'autres ont subi une imprégnation neurofibrillaire par les méthodes de Cajal ou de Bodian; sur d'autres enfin, on a appliqué la coloration nucléaire et myélinique de Kluver et Barrera, au Luxol fast blue.

Méthodologie

Sur le matériel traité suivant la méthode de Nissl, il s'agit, comme le rappellent NIEUWENHUYS et BODENHEIMER (1966), de fractionner l'ensemble de la substance grise en fonction de (1) la taille et (2) la colorabilité des caryons, (3) de la densité des cellules et (4) de leur arrangement en couches ou petits amas ..., de la présence enfin (5) de zones dépourvues de caryons (cell free zone, zona limitans, lamina medullaris).

---

[1]) Nous devons à Monsieur MARCAIS, Directeur du C. R. Z. A. (Centre de Recherches des Zones Arides — C. N. R. S.) et au personnel de la Station de Béni-Abbès (Saoura — Algérie), la possibilité de travailler depuis plusieurs années déjà sur ce matériel. Qu'ils veuillent bien trouver ici l'expression de toute notre reconnaissance.

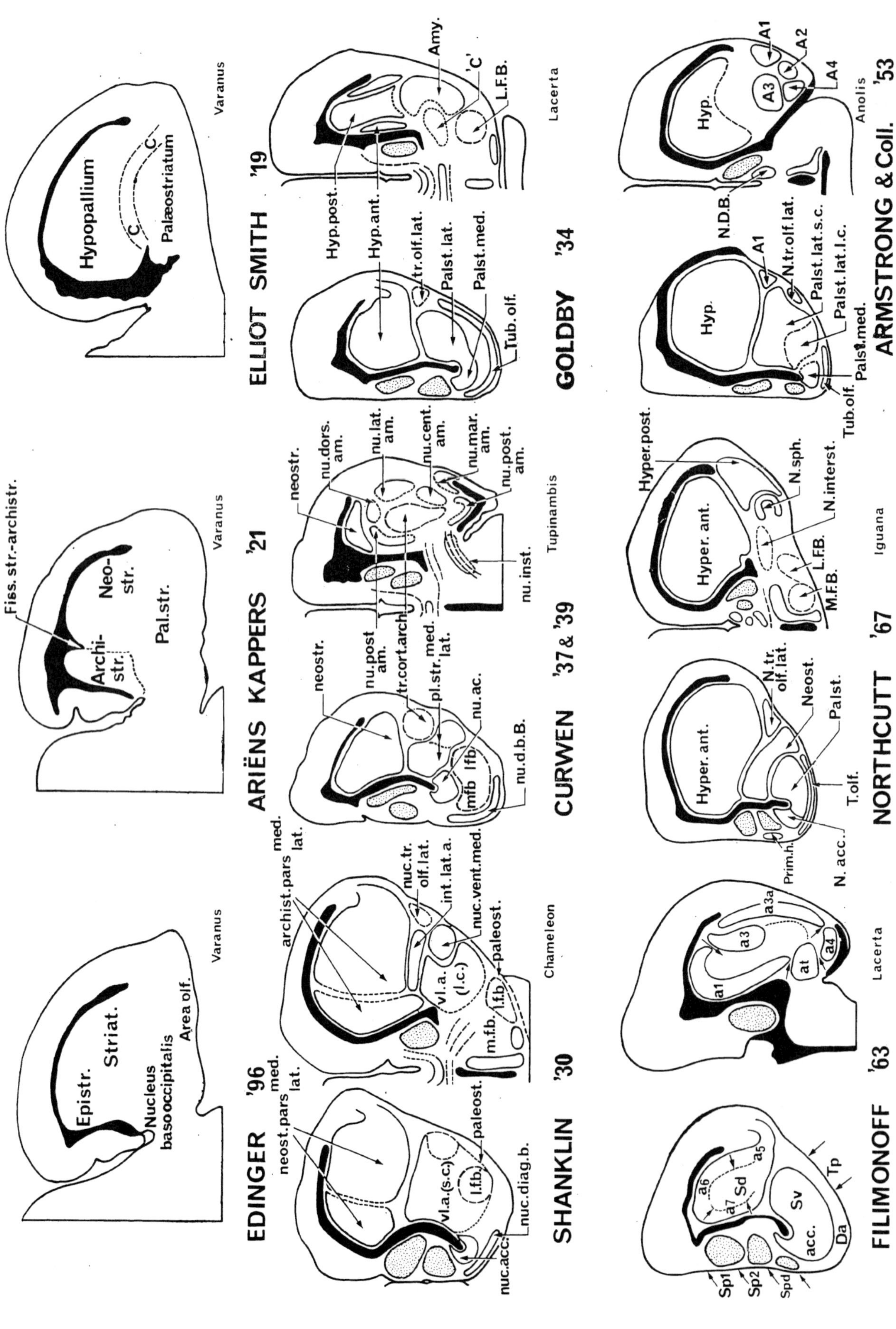

EDINGER '96
Epistr.
Striat.
Nucleus basooccipitalis
Area olf.
Varanus
neost.pars med. lat.
archist.pars med. lat.
vl.a.(s.c.)
l.fb.
paleost.
nuc.diag.b.
nuc.acc.
Hypopallium
Palæostriatum
C
C'
Fiss. str.-archistr.
Neo-str.
Archi-str.
Pal.str.
SHANKLIN '30
nuc.tr. olf.lat.
int.lat.a.
nuc.vent.med.
paleost.
vl.a. (l.c.)
m.f.b.
Chameleon
ARIËNS KAPPERS '21
neostr.
nu.post am.
tr.cort.arch.
pl.str. med. lat.
nu.ac.
mfb
lfb
nu.d.b.B.
nu.dors. am.
nu.lat. am.
nu.cent. am.
nu.mar. am.
nu.post. am.
nu.inst.
Tupinambis
ELLIOT SMITH '19
Hyp.post.
Hyp.ant.
tr.olf.lat.
Palst.lat.
Palst.med.
Tub.olf.
Amy.
'C'
L.F.B.
Lacerta
CURWEN '37 & '39
GOLDBY '34
FILIMONOFF '63
a6
a7
Sd
a5
Sv
Tp
acc.
Da
Sp1
Sp2
Spd
a1
a3
a3a
at
a4
NORTHCUTT '67
Hyper. ant.
N.tr. olf.lat.
Neost.
Palst.
T.olf.
Prim.h.
N. acc.
Hyper.post.
N.sph.
N.interst.
L.F.B.
M.F.B.
Iguana
ARMSTRONG & Coll. '53
Hyp.
N.D.B.
A1
A2
A3
A4
N.tr.olf.lat.
Palst.lat.s.c.
Palst.lat.l.c.
Palst.med.
Tub.olf.
Anolis

Tableau 1. Tableau récapitulatif des principales terminologies appliquées aux aires basales des Sauriens.

. localisation des diverses formations mentionnées sur ce tableau traduit une identité de position (déduite du texte et des dessins des auteurs cités) mais ne sous-entend, a priori, aucune relation d'homologie

	REGION CAUDALE		REGION ROSTRALE		SEPTUM
	Pars ventralis et ventro-lateralis	Pars dorsalis	Pars dorsalis	Pars ventralis	
INGER, 1896 *certa — Varanus*	EPISTRIATUM Nc. baso-occipitalis (HERRICK, 1891)	Nc. sphaericus	EPISTRIATUM.... (?)	STRIATUM Area olfactoria —	SEPTUM parolfactoria
IËNS KAPPERS et EUNISSEN, 1908 *ana tuberculata*	EPISTRIATUM Nc. amygdalae (?)	Nc. sphaericus	EPISTRIATUM Massa medialis corpori striati (pars medio-dorsalis striati proprii selon ELLIOT SMITH, 1919)	STRIATUM PROPRIUM Massa lateralis corpori striati	SEPTUM Nc. acc. septi
IËNS KAPPERS, 1908 *ameleon*	EPISTRIATUM secondaire = ARCHISTRIATUM Nc. basalis		NEOSTRIATUM	PALAEOSTRIATUM	SEPTUM
LANGE, 1911 *ranus — Lacerta*	EPISTRIATUM	sulcus strio epistriaticus N. sphaericus	(Neostriatum?)	STRIATUM Striatum basalis = Nc. basalis (Palaeostriatum?)	SEPTUM Nc. acc. septi Area olfactoria — parolf.
LIOT SMITH, 1919 *ranus — Lacerta*	PALAEOSTRIATUM Clear band C Amygdalar part	HYPOPALLIUM	HYPOPALLIUM Clear band C	PALAEOSTRIATUM Tuberculum olfactorium	PARA-TERMINAL BODY
ESEWALTER, 1922 *certa*	PALAEOSTRIATUM Nc. basilateralis inf. Lamina basilateralis Cortex olfactoria	EPISTRIATUM Nc. basilateralis sup. — Nc. paraventricularis epistriati — Nc. sphaericus Cortex temporalis	EPISTRIATUM Nc. paraventricularis epistriati Nc. epistriati anterior Zona limitans	PALAEOSTRIATUM Nc. subepistriaticus Nc. basalis intermedius Nc. basilateralis superior Nc. basilateralis inferior Nc. tuberis	NC. SEPTI Nc. accumbens Cortex olfactoria
JHLENBECK et ESEWALTER, 1922 *certa*	PALAEOSTRIATUM --- ? –	EPISTRIATUM Nc. basilateralis sup. — Nc. paraventricularis — Nc. sphaericus	EPISTRIATUM Nc. paraventricularis Nc. epistriati anterior Zona limitans	PALAEOSTRIATUM (str.) Nc. basilateralis superior Nc. basalis Cortex olfactoria	SEPTUM
JHLENBECK, 1922 *certa*	Area ventro-lateralis post.	EPISTRIATUM	EPISTRIATUM	Nc. basalis Area ventro-lateralis ant. = Cortex olfactoria	SEPTUM
JHLENBECK, 1924 *certa*	Nc. basalis Nc. basilateralis sup.	EPISTRIATUM posterius Nc. sphaericus	EPISTRIATUM anterius — Nc. epistriati anterior — Nc. paraventricularis	Nc. basalis	SEPTUM Palaeocortex
JHLENBECK, 1927 *certa*	Nc. basalis Area ventrolateralis posterior	Nc. epibasalis Nc. centralis	Nc. epibasalis — paraventricularis — lateralis Nc. centralis	Nc. basalis Nc. parolf. acc. Area ventralis ant.	Nc. basi-medialis sup.
JHLENBECK, 1929 *certa agilis*	B 1 Bs	B 2 D 1	D 1	B 1 B 2 B 3 Bs	B 4
SE, 1923 *ranus — Lacerta muralis*	H Ektostriatum S	Epistriatum K Nc. sphaericus	G hellen — S — Streifen	H und J = Nc. entopeduncularis	I
ERMAN, 1925; FAUL, 26; ARIËNS KAPPERS, 21, 1928, 1947 *ranus — Lacerta*	Nc. ventro-amygdalien (?) Epistriatum: (N. tr. olf. lat.)	ARCHISTRIATUM fissura archi-neo striatica	NEOSTRIATUM	fiss. palaeo-neostriatica PALAEOSTRIATUM	SEPTUM Nc. acc. Tuberculum olfactorium
ANKLIN, 1930 *ameleon*	PALAEOSTRIATUM v. l. a. (l. c.) — Nc. vent. med. Nc. tract. olf. lat.	ARCHISTRIATUM pars lateralis pars medialis	NEOSTRIATUM pars lateralis pars medialis cell free zone	PALAEOSTRIATUM int. l. a. v. l. (s. c.)	Nc. acc. Nc. diag. Bd.
EDERIKSE, 1931 *certa vivipara*	PALAEOSTRIATUM cortex lateralis joining Archistriatum	ARCHISTRIATUM	NEOSTRIATUM Nc. tract. olf. lat.	PALAEOSTRIATUM (Nc. basalis)	ventro-medial cells
LDBY, 1934 *certa viridis*	COMPLEXE AMYGDALIEN Masse centrale --- Elément C (?) Nc. tract. olf. lat.	HYPOPALLIUM POSTERIOR ----------- Nc. sphaericus sillon B (?)	HYPOPALLIUM ANTERIOR Nc. tract. olf.	PALAEOSTRIATUM pars lateralis pars medialis Tub. olfact. — Nc. diag. Bd.	SEPTUM
RWEN, 1935, 1937, 39 *pinambis*	Nc. centralis, marginalis — Amygdalae Nc. interstitialis	ARCHISTRIATUM = AMYGDALA Nc. tract. cort. arch. Nc. dorsalis, externus lateralis, posterior, internus — Amygdalae	NEOSTRIATUM	PALAEOSTRIATUM pars lateralis pars medialis	SEPTUM Nc. acc. septi
CCARI, 1943 *certa muralis*	PALEOSTRIATO (?)	ARCHISTRIATO Nc. olf. lat. (Epistriato)	NEOSTRIATO arteria laterale dello striato	PALEOSTRIATO Nc. acc. Eminenza striosettale	SETTO
LLÈN, 1951 *uria*	Nc. basalis Nc. interstitialis	HYPOPALLIUM „STRIATUM" + Nc. tract. olf. lat. = Nc. centralis d III caud	HYPOPALLIUM d III cran	STRIATUM cIv, cIIv Tub. olfactorium — Nc. diag. Bd.	Nc. acc. septi
MSTRONG, GOLDBY et MBLE, 1953 *olis*	Complexe Amygdalien A 3 A 4 A 2 A 1 Nc. tr. olf. lat.	HYPOPALLIUM POSTERIOR	HYPOPALLIUM ANTERIOR	PALAEOSTRIATUM pars lateralis pars medialis	Nc. acc.
LIMONOFF, 1963, 1964 *certa*	— SUBPALLIUM SVP at	HYPOPALLIUM Nc. laminaris posterior a 4 (a 3 a 2 a 1) = Nc. sphaericus	HYPOPALLIUM S d a 7, a 6, a 5	SUBPALLIUM --- S v Tp — Da	SEPTUM Acc.
RTHCUTT, 1967 *ana iguana*	Nc. ventro-médial Nc. interstitialis	NOYAUX „AMYGDALIENS" (= ARCHISTRIATUM) Nc. tract. olf. lat. HYPERSTRIATUM POSTERIUS Nc. sphaericus	HYPERSTRIATUM ANTERIUS Nc. tract. olf. lat.	PALAEOSTRIATUM NEOSTRIATUM Nc. acc. Tub. olfactorium	Nc. parol-factoria
ATEL, présent article *ncus scincus*	COMPLEXE AMYGDALIEN Masse amygdalienne *a. c.* ant. et *a. l.* vent. et post. dors. Nc. tract. olf. lat.	„STRIATUM" DORSAL Nc. Sphaericus	„STRIATUM' DORSAL zone claire	STRIATUM VENTRAL S v 3 S v 2 S v 1	SEPTUM

Deux arguments peuvent également être pris en considération, bien que leur validité respective soit un élément de désaccord entre les auteurs; il s'agit des sillons ventriculaires et des afférences ou efférences fibreuses.

Les sillons ventriculaires ont perdu, depuis les tavaux de BERGQUIST (1932) et KÄLLÈN (1951), les qualités déterminantes que leur attribuaient HERRICK (1910) et KUHLENBECK (1927). On admet maintenant que de tels sillons ne marquent pas nécessairement la limite entre deux noyaux et que leur emplacement présente parfois une variabilité intraspécifique. Une récente étude de SCHULZ (1969) leur donne cependant un regain d'intérêt chez le jeune lézard et chez l'adulte.

La prise en considération des connexions fibreuses lors de la détermination d'une unité cytoarchitecturale divise également les auteurs. C'est ainsi que NORTHCUTT (1970) définit comme quatrième critère de détermination des limites d'un noyau: «a change in the type of fiber system which is afferent or efferent to an area» (p. 12). D'un autre côté on peut estimer que les trajets fibreux constituent un indiscutable élément de la neuroarchitecture mais qu'il est préférable en cytoarchitecture de ne faire intervenir que ceux dont les caractéristiques présentent de sérieuses garanties de constance, cet apport étant par ailleurs limité à un rôle d'appoint. En effet, de tels systèmes (lorsqu'il ne s'agit pas de connexions diffuses) sont généralement définis par leur origine et leur terminaison au niveau des masses nucléaires et l'usage de la formulation réciproque risque de conduire à des conclusions erronées, en particulier lors de l'établissement d'éventuelles homologies (NIEUWENHYUS, 1966; NIEUWENHUYS et BODENHEIMER, 1966).

Les sillons sont mentionnés dans la mesure où ils présentent, chez l'adulte, des garanties suffisantes de constance et de netteté (voir figure 2).

Le recours aux éléments fibreux se limite à quelques systèmes dont l'importance et la nature ne laissent subsister aucun doute. Cette attitude traduit notre accord avec NIEUWENHUYS (1966) qui considère que l'apport de ces deux types d'information ne doit être qu'un élément auxiliaire dans l'établissement des homologies, le principal critère morphologique étant un critère de position relative (topologique).

La description que nous donnons de la cytoarchitecture des aires basales du télencéphale du Scinque est une première appréciation qualitative de ces critères qu'on s'efforcera ultérieurement de quantifier. La terminologie dont nous faisons usage n'a, par conséquent, aucun caractère définitif et sera reconsidérée à la fin du second article.

L'essentiel de l'illustration est réalisé à partir de coupes transversales; nous la complétons cependant par quelques niveaux sagittaux paramédians et horizontaux, afin de faciliter une bonne compréhension de la forme et de la composition de certaines structures.

Observations personnelles et discussion

1. Choix d'une terminologie

Les formations basales présentent, dans la région rostrale du télencéphale (immédiatement en arrière des pédoncules olfactifs), un aspect particulier dont il n'est généralement pas fait mention. SCHULZ (1969) cependant, a montré récemment, chez le Lézard vert, que les cellules épendymaires de cette portion des hémisphères

Fig. 1. Diverses interprétations des aires basales des Sauriens.
Coupe sagittale paramédiane; schémas exécutés d'après:
EDINGER (1896); Synthèse des schémas du Tabl. II, fig. 2 et du Tabl. III (*Lacerta*).
ARIËNS KAPPERS (1921); fig. 534, p. 1036.
ELLIOT SMITH (1919); fig. 12, p. 280.
Coupe transversale; deux niveaux ont été retenus pour chacun des auteurs cités, le premier dans la région moyenne du télencéphale, le second dans la région commissurale ou foraminique; schémas exécutés d'après:
SHANKLIN (1930); fig. 2, p. 429 et fig. 3, p. 429.
CURWEN (1937); fig. 6, p. 240 et (1939); fig. 3, p. 621.
GOLDBY (1934); fig. 6, p. 206 et fig. 9, p. 208.
FILIMONOFF (1963); fig. 14, p. 177 et fig. 9, p. 174.
NORTHCUTT (1967); fig. 5, p. 115 et fig. 7, p. 118.
ARMSTRONG, GOLDBY et GAMBLE (1953); fig. 5, p. 293 et fig. 8, p. 294.
Les abréviations sont celles des articles originaux cités; leur signification est rappelée dans notre texte. Les formations septales sont figurées en grisé.
l. f. b. (L. F. B.): tractus télencéphalique latéral; m. f. b. (M. F. B.): tractus télencéphalique médial; Prim. h.: Primordium hippocampi.

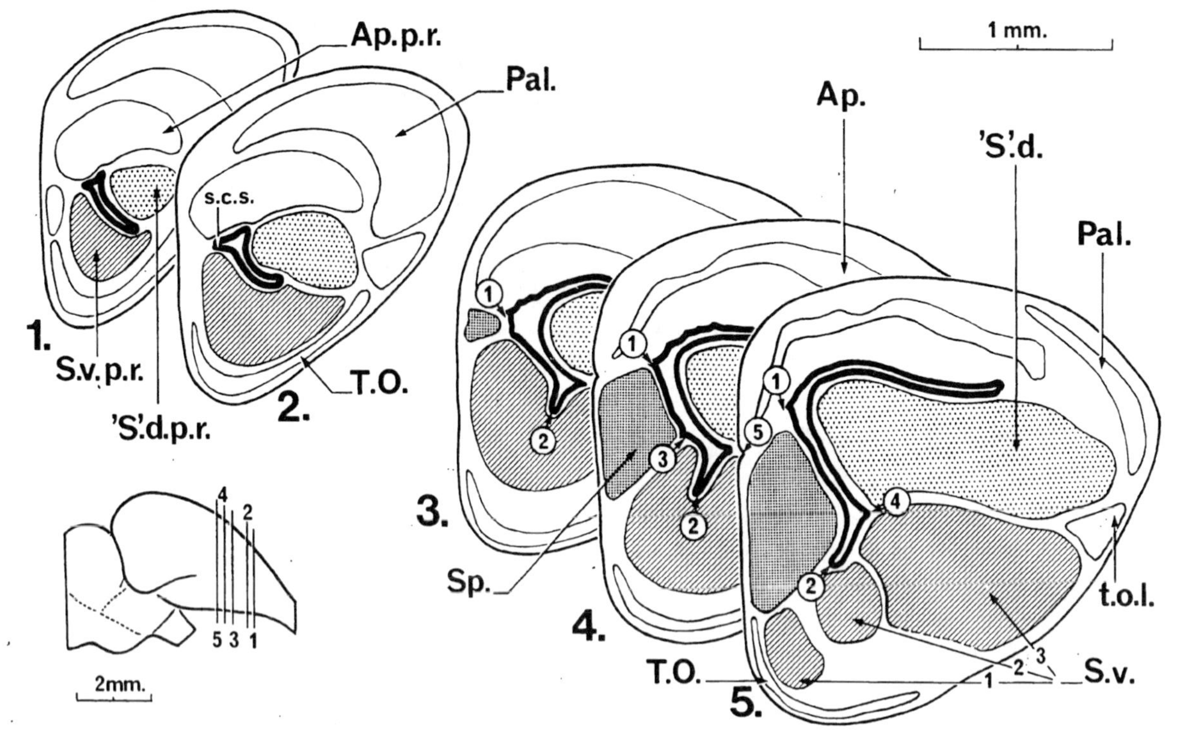

Fig. 2. Télencéphale de *Scincus scincus* (L.) — hémisphère droit — région rostrale — coupes transversales — schémas. Les différents niveaux représentés montrent, de l'avant vers l'arrière, la place croissante que prennent les aires basales ainsi que la localisation des principaux sillons ventriculaires.

200 µm. séparent chacun des niveaux, sauf les niveaux 2 et 3 qui sont distants de 400 µm.

Ap.: Archipallium; Ap. p. r.: Archipallium pars rostralis; Pal.: Paleopallium; s. c. s.: sillon cortico-strié; «S.» d.: «Striatum» dorsal; «S» d. p. r.: «Striatum» dorsal pars rostralis; Sp.: Septum; S. v. 1., 2,. 3.: Striatum ventral; S. v. p. r.: Striatum ventral pars rostralis; T. O.: Tuberculum olfactorium; t. o. l.: tractus olfactif latéral.

1. Sillon cortico-septal
   = sulcus septo-archistriaticalis internus; Filimonoff (1963)
   = sulcus limitans hippocampi; Ariëns Kappers, Huber et Crosby (1936—1960)
   = sulcus supra septalis; Kiesewalter (1922)
   = fd4; Kuhlenbeck (1929)
   d'après Schulz (1969).
2. Sillon ventriculaire ventral
   = sulcus infraseptalis; Kiesewalter (1922).
3. Sillon strio-septal (région rostrale) — conflue ensuite avec le sillon ventriculaire ventral (niveau 5).
   = fovea septo-striatica; Ariëns Kappers et Theunissen (1908).
4. Sillon interstrié
   = sulcus terminalis; Kirsche (1967)
   = S. a.; Källèn (1951)
   = sulcus interstriatus; Hines (1923) — Filimonoff (1963)
   = sulcus infraepistriaticus; Kiesewalter (1922)
   = sulcus palaeo-neostriaticus; Haller von Hallerstein (1934)

d'après Schulz (1969).

5. Fissure septo-hippocampique
   = fissura limitans hippocampi; Elliot Smith (1903) — Goldby (1934)
   = fissura arcuata; Unger (1906) — Herrick (1910)
   = fissura septo-corticalis; Ariëns Kappers et Theunissen (1908) — De Lange (1911) — Kiesewalter (1922)
   = fimbrio dentate sulcus; Johnston (1915)
   = fissura hippocampi; Hines (1923).

Le sillon cortico-strié (niveaux 1 et 2: s. c. s.) se bifurque peu avant le niveau 3 en sillon cortico-septal (1) et sillon strio-septal (3).

cérébraux conservaient encore chez l'adulte une activité mitotique que ne possèdent plus celles des niveaux plus postérieurs. L'illustration que nous en donnons, chez le Scinque (fig. 3), confirme ses observations; elle nous permet aussi de présenter un certain nombre des subdividions qui seront analysées ensuite.

Dans un bref article (PLATEL, 1967), nous avons déjà donné une interprétation des formations nucléaires de cette région rostrale où nous avons reconnu, sous le nom de Nucleus olfactorius anterior, une nappe de caryons répartis en un anneau discontinu à la périphérie des sections transversales observées. Le croissant dorsal a été appelé *Nucleus olfactorius anterior pars dorsalis*, alors que son équivalent ventral était dénommé *Nucleus olfactorius anterior pars ventralis*. La pars dorsalis se poursuit vers l'arrière en continuité avec le Paleopallium (cortex latéral ou cortex piriforme des auteurs); son étude a été réalisée avec celle des aires corticales (PLATEL, 1969). La pars ventralis fait place caudalement à une mince lame nucléaire ventrale: le *Tuberculum olfactorium*; ces deux structures (ainsi que le *noyau de la Bande diagonale* qui leur fait suite) seront analysées ici, avec les aires basales.

Sur les mêmes niveaux (fig. 3a, b, c), mais au contact cette fois de la paroi ventriculaire, on observe d'autres accumulations nucléaires auxquelles on a donné respectivement les noms d'Archipallium pars rostralis, pour la formation dorsale, de Neostriatum pars rostralis, pour la formation ventrale, de Palaeostriatum pars rostralis, et Septum pars rostralis, pour les formations médio-ventrales (cellulae prebasales de KIESEWALTER, 1922?).

L'Archipallium pars rostralis, constitue effectivement l'extension rostrale de l'ensemble nucléaire cortical appelé Archipallium (Cortex médial, médio-dorsal et dorsal des auteurs, cf. PLATEL, 1969).

L'accumulation latérale (Neostriatum, pars rostralis), augmente progressivement d'importance sur les niveaux plus caudaux et constitue finalement une crête qui fait saillie dans la lumière ventriculaire. L'usage du qualificatif Neostriatum à son sujet mérite, semble-t-il d'être révisé. En effet, rien ne justifie réellement que l'on considère cette formation comme une acquisition récente de l'ensemble strié; de plus, depuis JOHNSTON (1915 et 1916, chez *Cistudo carolina*) et ELLIOT SMITH (1919) jusqu'à NORTHCUTT (1970), nous avons vu, dans la revue bibliographique, que de nombreux auteurs récusent sa nature spécifiquement striée et lui accordent davantage une origine palliée. Dans ce conflit entre les diverses analyses morphogénétiques il est difficile de faire un choix satisfaisant; le terme «*Striatum*» *dorsal pars rostralis* sera retenu ici; il nous parait être un compromis raisonnable dans la mesure où il n'introduit pas la composante palliée et laisse persister un doute sur l'appartenance basale.

Quant aux accumulations médio-ventrales, il ne semble pas que notre précédente distinction en deux ensembles soit encore justifiée; l'examen de nombreuses autres séries montre que l'aspect des caryons y est partout sensiblement le même; on verra aussi que le Septum ne se prolonge pas jusque sur ces niveaux rostraux et qu'il apparait beaucoup plus caudalement. Cette formation, par conséquent homogène, représente l'extémité rostrale de l'importante masse striée ventrale; il convient donc d'abandonner les termes de Septum pars rostralis et de Palaeostriatum pars rostralis, au profit de *Striatum ventral pars rostralis*.

Sur les niveaux situés immédiatement en arrière, l'apparition progressive de la *formation septale* fournit une occasion d'analyser les principaux sillons ventriculaires que l'on peut observer tout au long de cette région rostrale. Il a été précisé plus haut, que les sillons retenus dans la description ne le seront que s'ils présentent des garanties suffisantes de constance et de netteté; 12 séries transversales faisant appel à des fixateurs différents ont été réalisées pour cela. La configuration et l'évolution antéro-postérieure de ces divers sillons ont été schématisées sur la figure 2.

Le Septum apparait sur les coupes alors que les accumulations périventriculaires mentionnées plus haut, ont déjà pris une certaine importance (l'Archipallium a son aspect laminé qui le caractérise, du moins dans sa partie médiale). Il est d'abord constitué par un ensemble de petites cellules éparpillées dans la partie la plus mince de la paroi médiale, entre le Striatum ventral et l'extrémité médiale de l'Archipallium (figures 2—*3* et 3—*d*). Sa présence s'accompagne, en regard, d'un léger méplat et, de part et d'autre, de deux discrets sillons de la paroi ventriculaire; l'un est le sillon cortico-septal, l'autre le sillon strio-septal (figures 2—*4* et 4—*a*). A mesure que l'on progresse vers l'arrière, la portion septale proprement dite de la cloison s'épaissit et repousse ventralement la portion médiale du Striatum ventral sous-jacent; cette substitution est matérialisée par le déplacement vers le bas du sillon strio-septal qui atteint

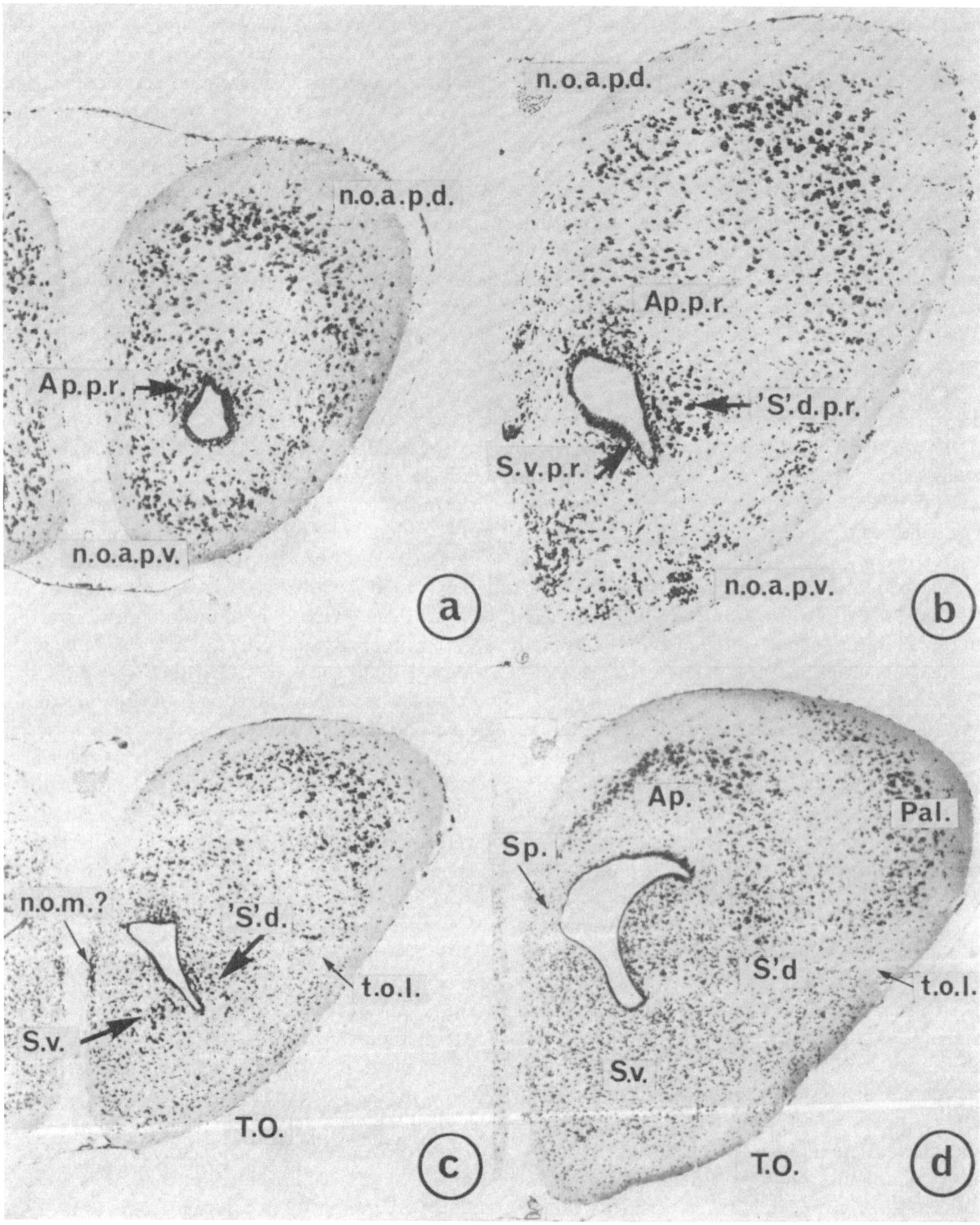

Fig. 3.
Scincus scincus (L.): Télencéphale, coupe transversale, hémisphère droit. Région rostrale. Epaisseur des coupes: 10 μm. Coloration aus violet de Crésyl. La localisation des 4 niveaux est précisée sur le schéma de la figure 7 *c*.
Niveaux *a*. et *b*.: × 70; Niveaux *c*. et *d*.: × 40
Ap.: Archipallium; Ap. p. r.: Archipallium pars rostralis; n. o. a. p. d.: nucleus olfactorius anterior pars dorsalis; n. o. a. p. v.: nucleus olfactorius anterior pars ventralis; n. o. m.?: noyau olfactif médial?; Pal.: Paleopallium; «S.» d.: «Striatum» dorsal; «S.» d. p. r.: «Striatum» dorsal pars rostralis; Sp.: Septum; S. v.: Striatum ventral; S. v. p. r.: Striatum ventral pars rostralis; T. O.: Tuberculum olfactorium; t. o. l.: tractus olfactif latéral.

finalement le sillon ventriculaire ventral avec lequel il se confond (figures 2—5 et 4—b). Signalons, par ailleurs, que le Striatum ventral est séparé du «Striatum» dorsal par un autre sillon porté par la paroi ventriculaire latérale cette fois: le sillon interstrié; ce dernier est tout d'abord confondu avec le sillon ventriculaire ventral sur les niveaux les plus rostraux; il s'en éloigne ensuite, en remontant dorsalement.

Vers le tiers postérieur des hémisphères, le niveau des commissures marque l'apparition, sur les coupes, de nouveaux éléments, certains d'entre eux se substituant à ceux que l'on vient de voir dans la portion précommissurale; il s'agit de la *masse amygdalienne*, du *noyau du tractus olfactif lateral*, du *noyau sphérique* et des *«bed nuclei» des commissures*.

Cette terminologie qui s'inspire, dans une très large mesure, de ce que proposent GOLDBY et GAMBLE (1957), dans leur revue des hémisphères cérébraux des Reptiles, a été retenue, dans ce premier article, pour sa simplicité et son haut degré de généralité. Elle permet, en effet, la mise sur pieds, dans un second temps, de subdivisions plus détaillées et ne compromet pas les recherches ultérieures d'éventuelles homologies.

2. Le nucleus olfactorius anterior pars ventralis

Cette formation apparait très antérieurement sur les coupes situées en arrière des pédoncules olfactifs. Elle est d'abord composée de quelques neurones situés latéralement et médialement au voisinage de l'épithélium épendymaire ventral. Les niveaux qui suivent sont marqués par leur éloignement progressif de la paroi ventriculaire et leur regroupement en un croissant ventral séparé de la surface externe par une épaisse couche de fibres olfactives coupées transversalement (fig. 3—a). Les caryons sont de taille relativement réduite et d'aspect beaucoup plus sombre que ceux du nucleus olfactorius anterior pars dorsalis; certains cependant sont encore plus petits et plus intensément colorés; ils sont alors rassemblés en deux amas compacts, médio-ventralement et médio-latéralement (fig. 3—b). Cette particularité s'estompe en arrière, quand le Striatum ventral, pars rostralis, apparait sur les niveaux; le croissant ventral s'amincit alors et les cellules s'ordonnent parallèlement à la périphérie; quelques unes cependant restent groupées en un nodule médial où certains auteurs (GOLDBY, 1934, fig. 4) ont cru voir un noyau olfactif médian, d'autres (NORTHCUTT, 1967), un primordium hippocampi (fig. 3—c et fig. 7—d).

Le nucleus olfactorius anterior pars ventralis peut donc être isolé, dès son apparition sur les coupes; ses extrémités latérale et médiale ne sauraient être confondues avec les structures dorsales (dont les caryons sont plus gros et plus clairs). En arrière, la présence des fibres profondes du tractus olfactif médial (GOLDBY, 1934), l'isole du Striatum ventral pars rostralis, mais il est, par contre, très difficile de préciser la limite de son extension caudale et le passage au Tuberculum olfactorium; la lamination et le changement d'orientation des caryons se font très progressivement sans que l'on puisse déceler un changement notable de leur nature.

3. Le Tuberculum olfactorium

Cette lame de cellules enveloppe la surface ventrale des hémisphères cérébraux, en arrière du nucleus olfactorius anterior pars ventralis (fig. 3 — d), jusqu'au niveau qui marque l'apparition, sur les sections, du recessus préoptique. GOLDBY (1934) a déjà souligné son faible degré de différenciation et l'absence de limites précises chez le Lézard vert; il en est de même chez le Scinque et l'on ne peut, à aucun niveau, parler d'un aspect cortical comme l'ont fait CROSBY (1917) chez l'Alligator et FILIMONOFF (1964) (à un moindre degré cependant), chez d'autres Reptiles. On peut l'isoler du Striatum ventral sus-jacent dont il est séparé par de nombreuses fibres olfactives auxquelles viendront se substituer progressivement celles des tractus télencéphaliques médial et latéral, sauf cependant latéralement et médialement où la juxtaposition de neurones très comparables ne permet pas d'en donner une séparation bien nette (fig. 4 — a). En arrière, enfin, il n'existe pas de critère précis permettant de localiser le remplacement des cellules du Tuberculum par celles qui accompagnent alors les fibres de la Bande diagonale (fig. 4 — c). Ce passage a été fixé, arbitrairement, un peu en avant du niveau qu'illustre notre figure 4 — d, en nous réservant de revenir ultérieurement sur cette limite.

4. Le noyau de la Bande diagonale

Cette structure prend place, ventralement, un peu en avant du niveau du récessus préoptique. Les sections suivantes montrent, avec les fibres

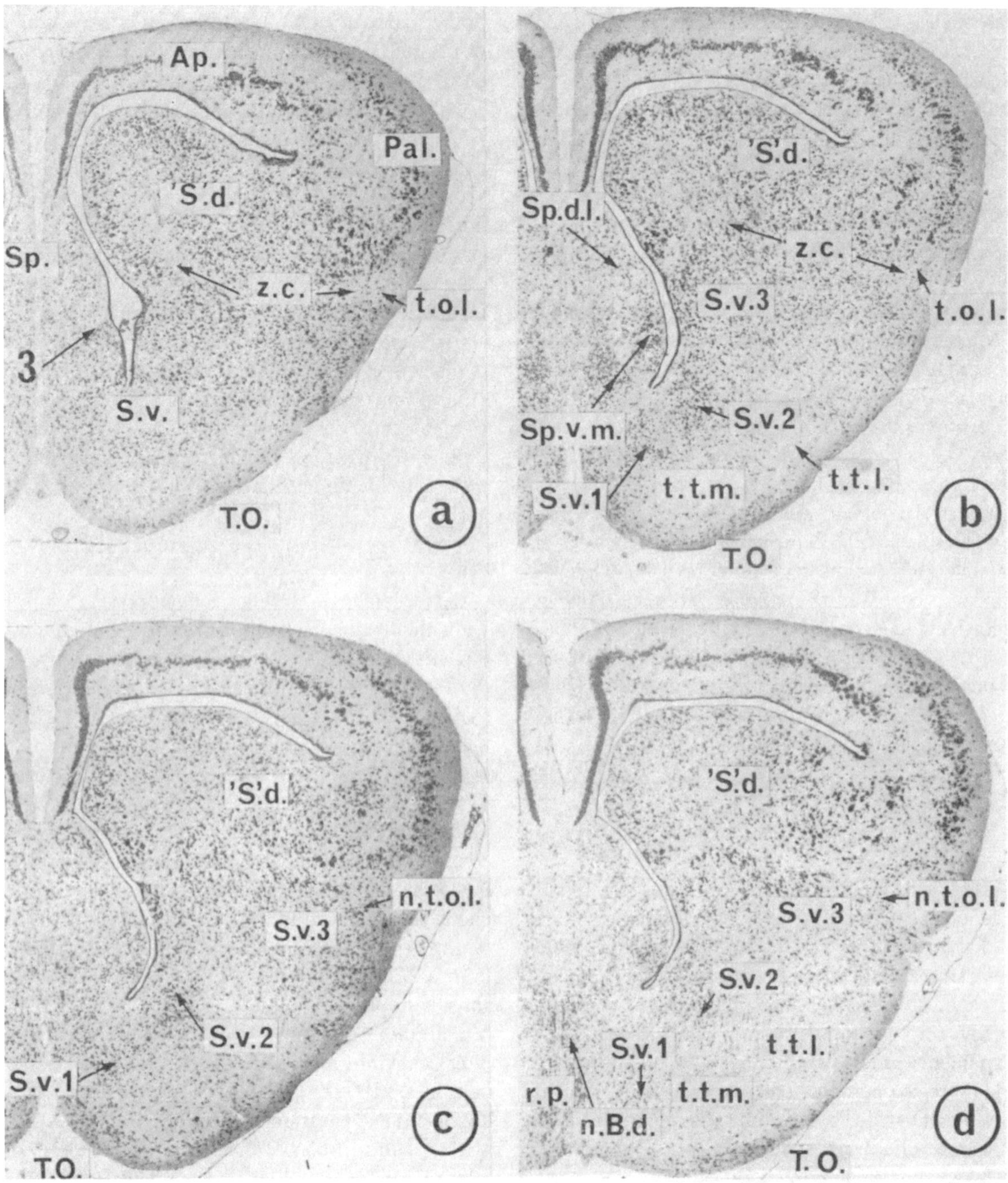

Fig. 4. *Scincus scincus* (L.): Télencéphale, coupe transversale, hémisphère droit. Région moyenne. Epaisseur des coupes: 10 µm. Coloration au violet de Crésyl. La localisation des 4 niveaux est précisée sur le schéma de la figure 7 *e*. Niveaux *a*., *b*., *c*. et *d*. : × 32

Ap.: Archipallium; n. B. d.: noyau de la Bande diagonale; n. t. o. l.: noyau du tractus olfactif latéral; Pal.: Paleopallium; r. p.: récessus préoptique; «S.» d.: «Striatum» dorsal; Sp.: Septum; Sp. d. l.: Septum, noyau dorso-latéral; Sp. v. m.: Septum, noyau ventro-médial; S. v., S. v. 1, S. v. 2, S. v. 3: Striatum ventral; T. O.: Tuberculum olfactorium; t. o. l.: tractus olfactif latéral; t. t. l.: tractus télencépalique latéral (lateral forebrain bundle); t. t. m.: tractus télencéphalique médial (medial forebrain bundle); z. c.: zone claire anucléée; 3.: sillon strio-septal (voir la figure 2).

qu'elle accompagne, son extension en direction médio-dorsale, ce qui la met au contact d'éléments septaux et par la suite de noyaux commissuraux très comparables.

Cette somme d'indéterminations à propos de ces trois structures ventrales: Nucleus olfactorius anterior pars ventralis, Tuberculum olfactorium, et noyau de la Bande diagonale, nous a conduit à les considérer ensemble lors d'une récente étude quantitative de l'encéphale du Scinque (BAUCHOT et PLATEL, 1971). Nous espérons donner prochainement une solution à ce problème en réalisant une étude quantifiée des populations et densités neuroniques qui s'inspire, dans ce cas particulier, de la méthode qui nous a déjà permis de distinguer la pars dorsalis du Nucleus olfactorius anterior et le Paleopallium qui lui fait suite (PLATEL, 1969).

5. Le Striatum ventral

Cet ensemble nucléaire ventral correspond à ce que les Auteurs désignent le plus souvent sous le nom de Palaeostriatum. Son aspect et sa composition varient en fonction de la place grandissante que prend le Septum dans la paroi médiale lorsqu'on passe de l'avant vers l'arrière.

Très antérieurement, il apparait sur les coupes, au contact de la paroi ventriculaire, sous la forme d'un amas cellulaire médio-ventral (fig. 3 — *b* et *c*). Les niveaux suivants montrent l'importance croissante de cette formation qui s'étend ventro-latéralement et entoure la pointe ventriculaire ventrale (fig. 3 — *d* et fig. 4 — *a*). Elles est séparée dorsalement du «Striatum» dorsal par une bande anucléée qui s'étend du tractus olfactif latéral au sillon interstrié. Médialement elle est isolée de l'Archipallium par une zone claire également, qui se raccorde au sillon cortico-strié (fig. 2, *2*). Ventralement enfin, elle est séparée du Tuberculum olfactorium par des paquets de fibres olfactives et par des éléments des faisceaux télencéphaliques basaux; cette limite s'estompe latéralement et médio-ventralement (voir aussi fig. 7 — *a*, *b* et *d*).

Pour l'ensemble de cette formation, à ce niveau, il est difficile de reconnaitre avec netteté une quelconque hétérogénéité dans la nature et la disposition des cellules. Si on les compare à ceux de la région ventrale, il semble, tout au plus, que les caryons qui entourent la pointe ventriculaire ventrale sont plus petits, tandis que ceux de la portion la plus latérale sont plus grands et plus éparpillés.

La place croissante que prend le Septum sur les niveaux postérieurs a pour conséquence de réduire la portion médiale du Striatum ventral (fig. 4 — *a* et *b*). Corrélativement, les éléments médio-ventraux qui persistent vont être traversés par un nombre de plus en plus important de fibres du tractus télencéphalique médial. On peut, sur ces niveaux, reconnaitre trois ensembles qui composent alors le Striatum ventral (fig. 4 — *b*, *c* et *d*).

1. Un ensemble médio-ventral (S. v. 1.), formé de petits neurones assez dispersé (par le passage des fibres du tractus télencéphalique médial). Il est bordé médialement et médio-dorsalement par les éléments de la Bande diagonale d'une part et les neurones septaux ventraux d'autre part. Latéralement il est isolé d'un second ensemble strié par une zone anucléée. Bien individualisé jusqu'au niveau des commissures, cet ensemble S. v. 1 semble participer ensuite au «bed nucleus» de la commissure antérieure (peut-être aussi de la stria terminalis) et perd son individualité (fig. 5).

2. Le second ensemble, central (S. v. 2.), est aussi aisément reconnaissable, mais plus délicat à délimiter dorsalement et postérieurement. Formé de petits caryons peu dispersés, il est surtout caractérisé par une absence totale de connexions fibreuses. Vers l'arrière il diminue d'importance (fig. 4 — *c* et *d*), puis augmente à nouveau pour former un volumineux nodule dont les caryons apparaissent un peu plus gros que précédemment (fig. 5 — *a* et *b*). Cette transition marque, à notre avis, le passage de cet élément strié à une structure amygdalienne dont nous parlerons plus loin; le changement de taille des caryons a déjà été noté par GOLDBY (1934) qui les désigne sous le nom d'élément «C», (fig. 1).

3. Le dernier ensemble est dorsal et latéral (S. v. 3.); il s'étend de la paroi ventriculaire à la périphérie, immédiatement au dessous de la zone anucléée citée plus haut (fig. 4 — *b*, *c* et *d*; fig. 5 — *a* et *b*?). Il reçoit latéralement de nombreuses fibres du tractus télencéphalique latéral et médialement quelques fibres du tractus télencéphalique médial. L'appréciation d'éventuelles différences cytologiques est rendue très subjective par la présence des tractus télencéphaliques basaux. On peut reconnaitre cependant que la partie la plus latérale est encore formée de caryons peut-être plus gros et plus dispersés. Indépendamment de ce fait, il semble enfin, que les neurones situés sous le zone anucléée se rassemblent en une bande horizontale et se groupent en mottes, ce qui rappelle l'aspect de la portion périventriculaire du

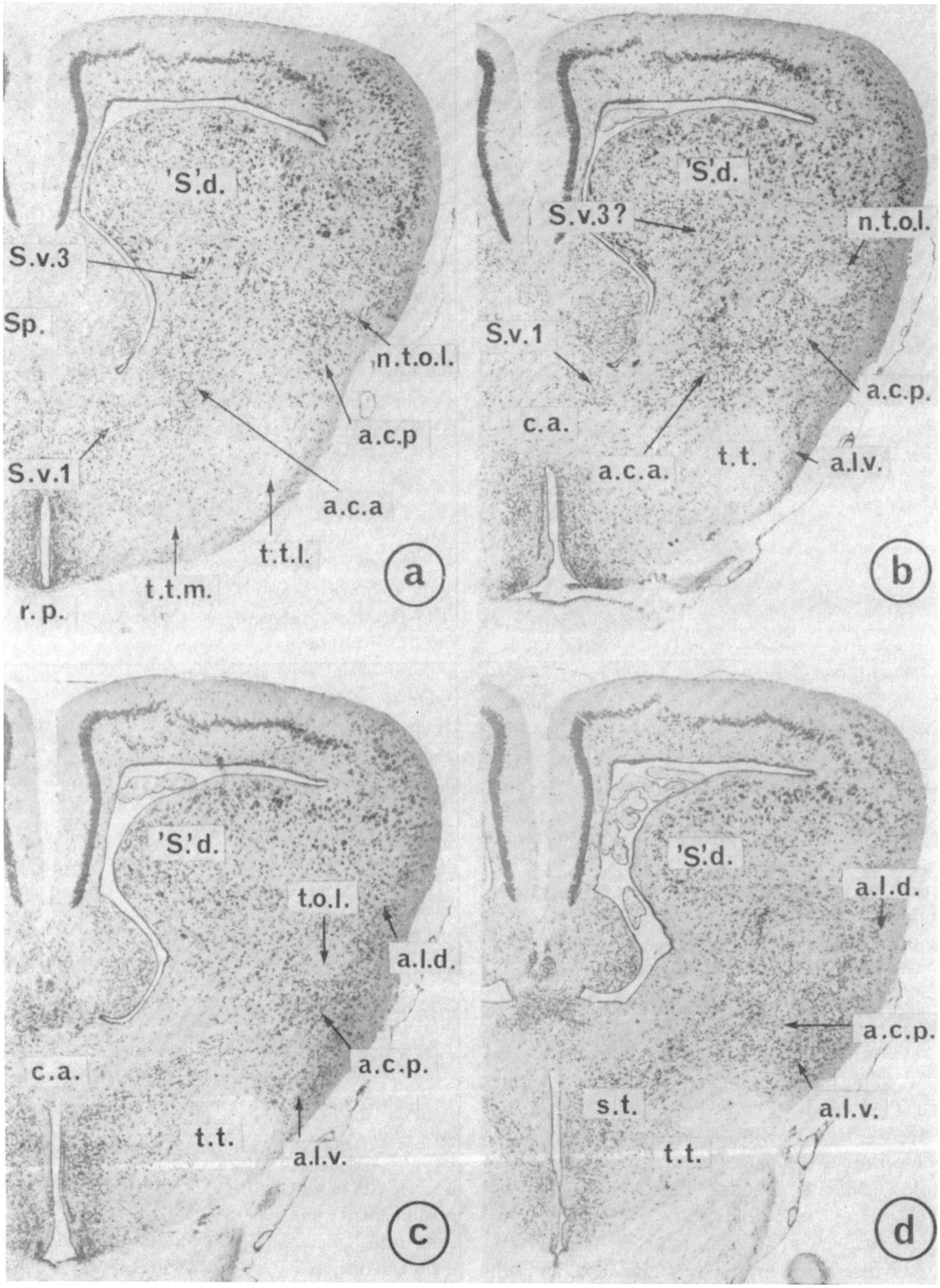

Fig. 5.

Scincus scincus (L.): Télencéphale, coupe transversale, hémisphère droit. Région commissurale. Epaisseur des coupes: 10 µm. Coloration au violet de Crésyl. La localisation des 4 niveaux est précisée sur le schéma de la figure 7 *c*. Niveaux *a.*, *b.*, *c.* et *d.* : · 32

a. c. a.: groupe amygdalien central antérieur; a. c. p.: groupe amygdalien central postérieur; a. l. d.: groupe amygdalien latéro-dorsal; a. l. v.: groupe amygdalien latéro-ventral; n. t. o. l.: noyau du tractus olfactif latéral; c. a.: commissure antérieure; r. p.: récessus préoptique; «S.» d.: «Striatum» dorsal; Sp.: Septum; s. t.: stria terminalis; S. v. 1, S. v. 3: Striatum ventral; t. o. l.: tractus olfactif latéral; t. t.: tractus télencéphaliques basaux (forebrain bundles); t. t. l.: tractus télencéphalique latéral (lateral forebrain bundle); t. t. m.: tractus télencéphalique médial (médial forebrain bundle).

«Striatum» dorsal sus jacent (voir plus loin). Cette particularité, que l'on peut rapprocher de l'area intermedialis de CROSBY (1917 — Alligator), de SHANKLIN (1930 — Caméléon) ou du Neostriatum de NORTHCUTT (1967 — Iguane), fait également douter de la valeur limitante qu'on accorde généralement à cette zone anucléée.

Les informations qu'apporte la littérature au sujet du Striatum ventral montrent un certain nombre de similitudes sans pour autant réaliser une convergence vers un accord d'ensemble.

C'est ainsi que la reconnaissance, autour de la pointe ventriculaire ventrale, d'un nucleus accumbens septi (UNGER) se rencontre chez la plupart des auteurs (SHANKLIN, 1930; GOLDBY, 1934; CURWEN, 1937; ARMSTRONG, GOLDBY et GAMBLE, 1953; FILIMONOFF, 1964; NORTHCUTT, 1967 — auxquels on peut aussi adjoindre KIESEWALTER, 1922 sous le nom de nucleus basalis intermedius); certains y voient un noyau bien individualisé (SHANKLIN; CURWEN; NORTHCUTT), tandis que les autres estiment plutôt qu'il s'agit d'une structure intégrée à la partie médiale du Palaeostriatum (GOLDBY; ARMSTRONG et Coll.; GOLDBY et GAMBLE, 1957; POWELL et KRUGER, 1960). Nos observations confirment, pour l'instant, ce dernier point de vue, et nous avons jugé bon de ne pas mentionner cette structure dans la terminologie présentée ici. Plus en arrière, lorsque le Septum occupe la plus grande partie de la paroi médiale, notre ensemble strié central (S. v. 2.) ne correspond plus, à notre avis, à ce qu'on pourrait appeler le nucleus accumbens.

Le Palaeostriatum est également souvent subdivisé en une portion médiale (à petites cellules) et une portion latérale (à cellules plus grandes). Nous avons effectivement pu déceler une dualité de cet ordre chez le Scinque, mais il semble que cette subdivision mérite d'être étayée par des critères de cytoarchitecture moins subjectifs. On propose également à ce sujet, les termes d'olfacto-striatum (médial) et de somato-striatum (latéral) (CAIRNEY, 1926; DURWARD, 1930; GOLDBY, 1934). GOLDBY et GAMBLE (1957) ont dénoncé le caractère hypothétique d'une telle notion qui ne saurait trouver, ici non plus, la moindre justification.

La limite postérieure du Palaeostriatum pose à tous les auteurs un problème qu'il n'a pas été donné de résoudre jusqu'à ce jour. GOLDBY (1934) et POWELL et KRUGER (1960) font état d'un «élément C» de transition à grosses cellules. CURWEN (1937), précise simplement que le Palaeostriatum, portion à petites cellules, se prolonge vers l'arrière dans le noyau amygdalien central. Notre analyse qualitative n'est pas en mesure de résoudre de telles indéterminations, mais s'efforce plutôt de poser les termes de notre intervention à l'aide des données quantifiées. C'est ainsi qu'il importe de préciser la nature et les limites de notre élément ventro-médial (S. v. 1.), dont on ne trouve aucune mention dans les descriptions antérieures. Notre ensemble central (S. v. 2.), que certains auteurs ont figuré sur leurs illustrations (i.e. GOLDBY et GAMBLE, 1957, fig. 3 E; KIESEWALTER, 1922, tabl. 17, fig. 11: nucleus basilateralis inferior; POWELL et KRUGER, 1960, fig. 1 et 2: area C; BAUMGARTEN et BRAAK, 1968: Palaeostriatum, fig. 6), mérite d'être analysé en détail tant en ce qui concerne ses rapports avec les éléments postérieurs (amygdale) qu'antérieurs (nucleus accumbens?). Le Striatum ventral, pars lateralis et dorsalis (S. v. 3.) enfin, nécessite une étude approfondie de ses composants nucléaires afin de déterminer avec précision la réalité de ses 2 (ou 3) constituants ainsi que leurs limites antérieures et postérieures.

6. Le Complexe amygdalien

Cet ensemble est localisé dans la partie caudale de l'hémisphère, en regard et en arrière du niveau commissural. Caractérisé par ses connexions olfactives, il prend progressivement, sur les coupes, la place des éléments striés ventraux puis dorsaux et occupe finalement la totalité de la région basale. Il est constitué par 3 éléments: la masse amygdalienne, le noyau sphérique et le noyau du tractus olfactif latéral.

Le *noyau du tractus olfactif latéral* est représenté depuis les niveaux les plus antérieurs par un manchon de cellules qui entoure les fibres du tractus olfactif latéral (fig. 4 — *c*, *d*). Au contact simultanément du Tuberculum olfactorium, du Striatum et de l'extrémité ventrale du Paleopallium, il est difficile à individualiser avec précision sur les niveaux précommissuraux. Postérieurement, il s'intègre à un élément de la masse amygdalienne (a. c. p. — fig. 5 — *a*, *b*), lorsque les fibres du tractus olfactif latéral obliquent vers le centre en direction du noyau sphérique. Bien que reconnaissant à tout moment son existence, il n'est pas possible, là aussi, d'en donner une délimitation satisfaisante. Certains auteurs vont même jusqu'à donner le nom de noyau du tractus olfactif latéral à l'élément amygdalien qu'il jouxte, alors qu'il n'en est vraisemblablement qu'une faible portion.

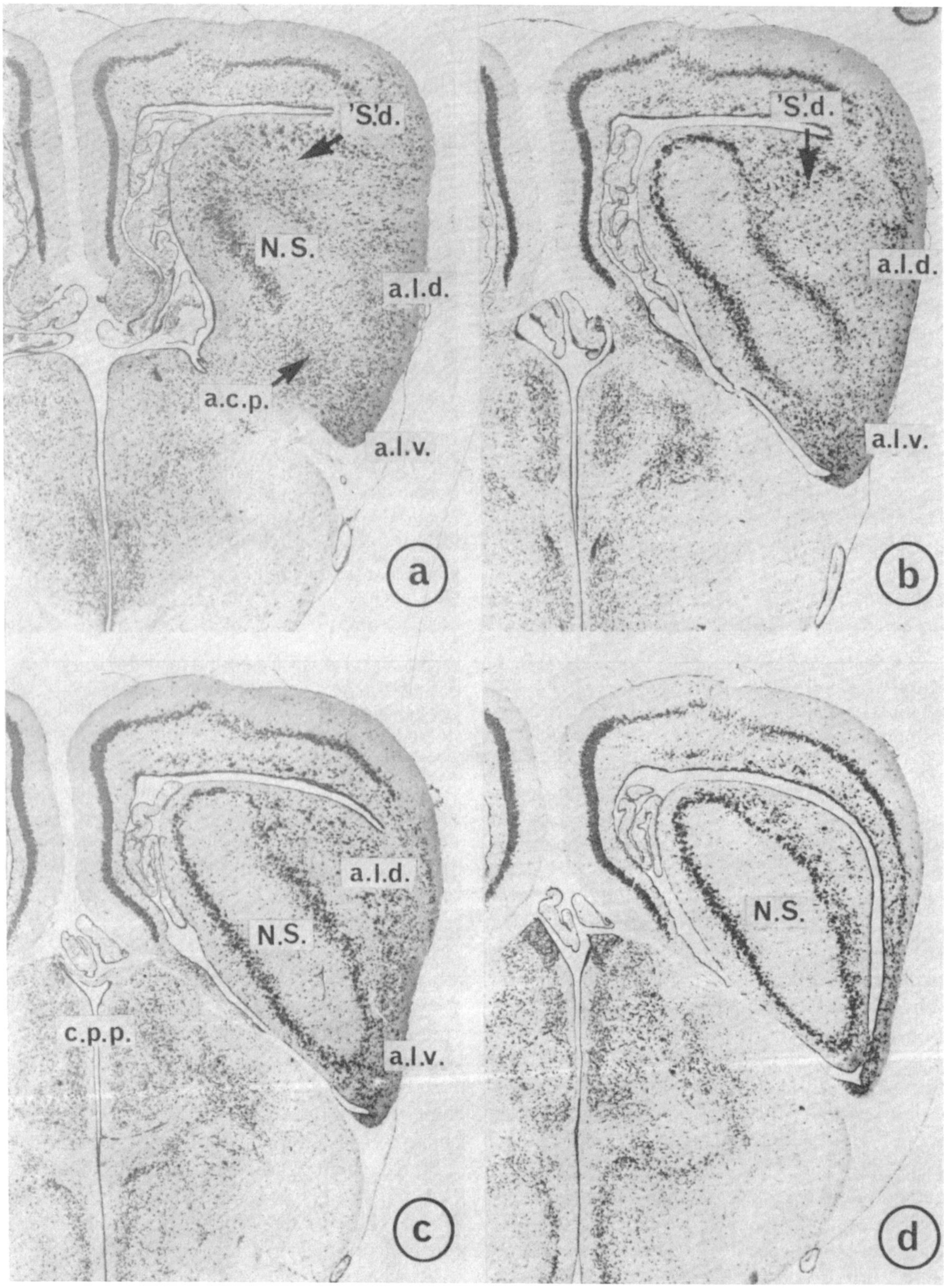

Fig. 6. *Scincus scincus* (L.) : Télencéphale, coupe transversale, hémisphère droit. Région postérieure. Epaisseur des coupes : 10 µm. Coloration au violet de Crésyl. La localisation des 4 niveaux est précisée sur le schéma de la figure 7 — *e*. Niveaux *a.*, *b.*, *c.* et *d.* : × 32

a. c. p. : groupe amygdalien central postérieur; a. l. d. : groupe amygdalien latéro-dorsal; a. l. v. : groupe amygdalien latéro-ventral; c. p. p. : commissure palliée postérieure (= commissura aberrans, ELLIOT SMITH, 1903); N. S. : noyau sphérique; «S.» d. : «Striatum» dorsal.

Le *noyau sphérique* est suffisamment caractéristique du télencéphale des Squamates macrosmatiques pour qu'il ne soit pas utile d'y revenir ici. Il est bien développé chez le Scinque, en forme de coupe ovoïde orientée légèrement en oblique vers le bas (fig. 6). Il occupe la totalité du pôle caudal de l'hémisphère; le tractus olfactif latéral y pénétre antérieurement et s'irradie dans sa partie centrale.

Le qualificatif de noyau sphérique nous semble préférable à tout autre, car il exprime bien l'entité de cette structure que certains auteurs ont cependant cherché à fractionner en divers éléments (i. e. KIESEWALTER, 1922: nucleus basilateralis superior et nucleus paraventricularis epistriati; CURWEN, 1939: nuclei posterior et internus amygdalae; FILIMONOFF, 1963: noyaux a1, a3 et a4 (?); cortical et lateral amygdaloïd nuclei de SCHNITZLEIN et Coll., 1967 pour *Elaphe*).

La *masse amygdalienne* proprement dite est d'une analyse beaucoup plus problématique. Chez le Scinque nous y reconnaissons deux groupes de noyaux: un groupe *central* (a. c.) et un groupe *latéral* (a. l.).

Le groupe central montre en outre deux aspects que l'on peut qualifier d'antérieur et de postérieur.

1. Le groupe central antérieur (a. c. a.) fait suite à l'ensemble central du Striatum ventral (S. v. 2.). Cet important nodule de caryons densément groupés est bien visible sur environ 400 µm. d'épaisseur (fig. 5 — *a, b*). Il est réuni à son symétrique par la composante amygdalienne de la commissure antérieure. En arrière, ses cellules sont dispersées parmi les autres composantes de cette commissure Cet élément correspondrait, d'après les descriptions et les images qu'ils en donnent, au nucleus basilateralis inferior (KIESEWALTER, 1922), au paleostriatum médial et à la partie antérieure du noyau amygdalien central de CURWEN (1939 — fig. 1 et 2 p. 619), à l'area «C» de POWELL et KRUGER (1960), au Striatum ventral postérieur (S. v. p.) de FILIMONOFF (1963) et peut-être en partie, au complexe nucléaire basal de SCHNITZLEIN et Coll. (1967) ainsi qu'au nucleus interstitialis de NORTHCUTT (1967).

2. Le groupe central postérieur (a. c. p.) a d'abord une localisation latérale et ne prend une position centrale que sur les niveaux qui précédent le foramen de Monro (fig 5); il laisse place ensuite au groupe amygdalien latéral (fig. 5 — *d*). Cette structure qui s'intercale entre le noyau du tractus olfactif latéral et les faisceaux télencéphaliques basaux, est desservie par les fibres de la strie terminale (et reçoit vraisemblablement des fibres du tractus olfactif latéral). On retrouve son équivalent, semble-t-il, dans les descriptions de nombreux auteurs sous les noms de noyau ventromédial (?) (SHANKLIN, 1930), noyau amygdalien central (CURWEN, 1939), éléments A1 et A2 (ARMSTRONG, GOLDBY et GAMBLE, 1953), Amygdala (POWELL et KRUGER, 1960), nucleus a. t. (FILIMONOFF, 1963), hyperstriatum posterius (NORTHCUTT, 1967) ainsi que noyaux médial, «M», et central de l'amygdale de SCHNITZLEIN et Coll. (1967).

Le groupe latéral apparait plus en arrière et son aspect est plus diffus (fig. 5 — *b, c, d* et fig. 6 — *a, b* et *c*). On peut cependant y reconnaitre une partie ventrale à caryons généralement petits et nombreux tandis que la partie dorsale montre des éléments plus dispersés et groupés en mottes.

1. Le groupe latéro-ventral (a. l. v.) trouve des équivalents dans la lamina basilateralis de KIESEWALTER (1922), le nucleus marginalis amygdalae de CURWEN (1939), l'élément A4 de ARMSTRONG et Coll. (1953) ou a4 de FILIMONOFF (1963), et peut-être le noyau ventro-médial de NORTHCUTT (1967) et les noyaux cortical et antérieur amygdalien de SCHNITZLEIN et Coll. (1967).

2 Le groupe latéro-dorsal (a. l. d.) correspondrait au cortex temporalis de KIESEWALTER (1922), aux éléments dorsal, latéral et externe de l'amygdale de CURWEN (1939), au groupe a3-a de FILIMONOFF (1963) et peut-être à l'élément «L» de SCHNITZLEIN et Coll. (1967). Cet ensemble de caryons montre des rapports topographiques avec le «Striatum» dorsal; la limite en reste nette tant qu'est présente la zone anucléée qui souligne la surface ventrale de ce dernier; vers les niveaux foraminiques elle s'estompe et il est alors difficile de préciser, dans le croissant de cellules qui borde latéralement le noyau sphérique ce qui appartient encore au «Striatum» dorsal et ce qui est amygdalien (fig. 6 — *b, c*).

Notre description, malgré quelques similitudes (partielles et parfois même très hypothétiques) avec celles des autres auteurs, n'échappe pas, dans son ensemble, aux critiques formulées par GOLDBY et GAMBLE (1957 — p. 399). Nous pensons cependant que des «variations régionales de densité cellulaire et de type nucléaire» ont une signification architecturale mais qu'il importe surtout, à notre avis, *d'objectiver* de telles discriminations; sans négliger pour autant leur valeur, nous avons déjà dit plus haut, que l'examen des connexions fibreuses ne doit venir qu'après cette première

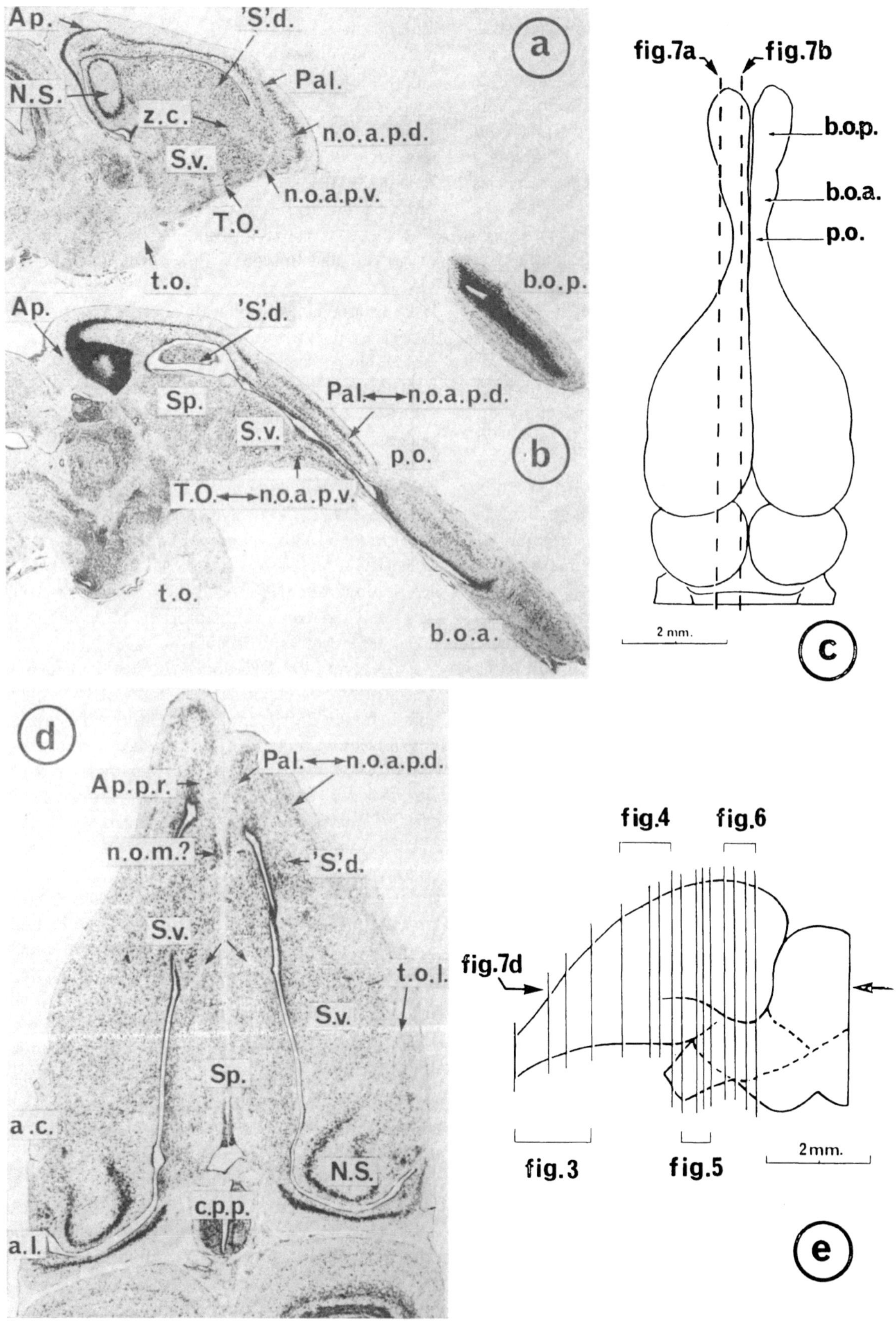
a
Ap.
'S'd.
N.S.
Pal.
z.c.
n.o.a.p.d.
S.v.
n.o.a.p.v.
T.O.
t.o.
b.o.p.
b
Ap.
'S'd.
Sp.
Pal.↔n.o.a.p.d.
S.v.
p.o.
T.O.↔n.o.a.p.v.
t.o.
b.o.a.
c
fig.7a
fig.7b
b.o.p.
b.o.a.
p.o.
2 mm.
d
Pal.↔n.o.a.p.d.
Ap.p.r.
n.o.m.?
'S'd.
S.v.
t.o.l.
S.v.
Sp.
a.c.
N.S.
c.p.p.
a.l.
e
fig.4
fig.6
fig.7d
fig.3
fig.5
2mm.

détermination. C'est ce que nous nous efforcerons de réaliser, en particulier pour cet ensemble amygdalien, dans notre prochaine analyse.

7. Le «Striatum» dorsal

L'emploi de ce terme traduit notre préoccupation de nous libérer des appellations de Neostriatum, Hypopallium et Hyperstriatum.

Cette importante formation basale présente la particularité de faire saillie dans la lumière ventriculaire où elle constitue une importante crête longitudinale qu'on reconnait par conséquent aisément tout au long de son extension antéro-postérieure (fig. 3 — *d*; fig. 4, 5 et fig. 7 — *a*, *b*). En relation avec le tractus télencéphalique latéral, elle est limitée ventralement par une zone claire anucléée qui s'étend du sillon interstrié au noyau du tractus olfactif latéral. Les caryons situés au voisinage de la lumière ventriculaire sont souvent groupés en amas et forment une couche épaisse séparée de la masse principale plus latérale par une zone pauvre en cellules (voir, par exemple la figure 4). Cette dualité de structure a été notée par de nombreux auteurs, chez des genres très variés de Sauriens (KIESEWALTER, 1922; SHANKLIN, 1930; CURWEN, 1938; FILIMONOFF, 1963 et 1964, par exemple).

La littérature fait également état, au sujet de cette structure, de l'existence d'une certaine continuité nucléaire entre le «Striatum» dorsal et le cortex dorsal (extrémité latérale des cellules archipalliées), sur les niveaux rostraux, et plus postérieurement de rapports identiques avec le cortex latéral (extrémité ventrale du cortex piriforme ou paleopallium). Dans le premier cas, il s'agit du «pallial thickening» (ou primordium neopalii) des auteurs que nons désignons par les lettres A. d., puis A. d. 3 dans notre analyse des aires corticales (PLATEL, 1969); dans le second cas, nous avons aussi montré qu'une diminution de la densité des neurones pouvait être considérée comme marquant la séparation entre ce qui est paléocortical et ce qui est strié. Ce double rapport est pour beaucoup un argument qui permet d'attribuer au «Striatum» dorsal une origine palliée (ELLIOT SMITH, le premier en 1910). Un tel point de vue ne saurait être étayé par la seule observation de l'encéphale d'adultes et les apports embryologiques ne reçoivent pas encore l'assentiment de tous (GOLDBY et GAMBLE, 1957). Néanmoins, dans une récente étude du télencéphale de *Chrysemis picta belli*, NORTHCUTT (1969 et 1970) reconnait à «la crête ventriculaire dorsale», une origine palliée (P III a) au même titre que le cortex latéral (P III b); crête ventriculaire dorsale (P III a) et ce qu'on a coutume d'appeler «pallial thickening» (P II b) constitueraient alors une structure dont l'homologue chez les Mammifères serait le Néocortex. Ce point de vue n'est pas très éloigné de celui déjà ancien d'EDINGER, puis de FILIMONOFF (1964) qui reconnaissaient à la portion dorsale du cortex latéral une nature néocorticale!

On fait aussi fréquemment mention d'une subdivision en hypopallium anterius et hypopallium posterius, ce qui nous conduit à rechercher l'existence éventuelle d'une partie antérieure et d'une portion postérieure pour notre «Striatum» dorsal. Les limites proposées varient selon les auteurs. DURWARD (1930), appelle hypopallium antérieur toute la région qui présente des rapports topographiques avec le cortex dorsal, et hypopallium postérieur, ce qui est relié au cortex latéral. On a d'autre part, longuement controversé sur la réalité d'un sillon transversal: le sulcus archineostriaticus, qui pour ARIËNS KAPPERS en particulier, isolerait le neostriatum de l'archistriatum plus caudal. Nous n'avons rien relevé de semblable chez le Scinque.

Fig. 7.

a et *b*: *Scincus scincus* (L.): Télencéphale, coupe sagittale paramédiane. Epaisseur des coupes: 10 µm. Coloration au violet de Crésyl. La localisation de ces deux niveaux est précisée sur le schéma de la figure 7 — *c*. Grandissement: × 13

c: *Scincus scincus* (L.): Encéphale, vue dorsale; schéma. Localisation des coupes sagittales paramédianes 7 — *a* et *b*.

d: *Scincus scincus* (L.): Télencéphale, coupe horizontale. Epaisseur de la coupe: 10 µm. Coloration au violet de Crésyl. La localisation de ce niveau est précisée sur le schéma de la figure 7 — *e*. Grandissement: × 24

e: *Scincus scincus* (L.): Encéphale, vue latérale; schéma. Localisation des niveaux transversaux présentés sur les figures 3, 4, 5 et 6, ainsi que le niveau horizontal de la figure 7 — *d*.

a. c.: groupe amygdalien central; a. l.: groupe amygdalien latéral; Ap.: Archipallium; Ap. p. r.: Archipallium pars rostralis; b. o. a.: bulble olfactif accessoire; b. o. p.: bulbe olfactif principal; c. p. p.: commissure palliée postérieure (= commisure aberrans, ELLIOT SMITH, 1903); n. o. a. p. d.: nucleus olfactorius anterior pars dorsalis; n. o. a. p. v.: nucleus olfactorius anterior pars ventralis; n. o. m.?: noyau olfactif médian?; N. S.: noyau sphérique; Pal.: Paleopallium; p. o.: pédoncule olfactif; «S.» d.: «Striatum» dorsal; S. v.: Striatum ventral; T. O.: Tuberculum olfactorium; t. o.: tractus optique; t. o. l.: tractus olfactif latéral; z. c.: zone claire anucléée.

Le «Striatum» dorsal des niveaux commissuraux et foraminiques montre, enfin, une extension moins marquée; sa portion médiale est remplacée par la région dorsale du noyau sphérique (fig. 6 — *a*, *b*); sa portion latérale est progressivement envahie par le groupe amygdalien latéro-dorsal (a. l. d.) et il est difficile de dire si le croissant de caryons qui borde le noyau sphérique contient ou non encore des éléments striés (fig. 6 — *c*).

8. Le Septum

Localisé dans la paroi médiale, ce second constituant des aires basales n'est pas présent sur les niveaux rostraux (fig. 3 — *a*, *b*, *c*); il prend place à partir du quart antérieur de l'hémisphère entre l'extension médiale de l'Archipallium, en haut, et du Striatum ventral, en bas (fig. 3 — *d* et fig. 4).

D'abord formé d'un ensemble de caryons identiques, il se différencie plus loin en deux accumulations où l'on reconnait un noyau dorso-latéral et un noyau ventro-médial subdivisé secondairement par le passage des fibres du tractus télencéphalique médial (fig. 4 — *b*).

La limite dorsale du Septum est matérialisée par le sillon cortico-septal et la fissure septo-hippocampique; ventralement il est séparé du Striatum ventral par une zone claire qui se raccorde au sillon strio-septal (fig. 2 — *4*); postérieurement cette particularité s'estompe; il devient alors difficile de le délimiter du noyau de la Bande diagonale et de l'ensemble ventro-médial du Striatum ventral (S. v. 1.) (fig. 4 — *c*, *d*).

A partir des commissures, le Septum diminue et le foramen de Monro l'isole des structures ventrales (pars supraforaminis) (fig. 5 — *c*, *d* et fig. 6 — *a*); les derniers niveaux où il est encore présent montrent un retour à l'homogénéité des caractéristiques nucléaires dont il nous semble souhaitable d'analyser l'évolution rostro-caudale de façon plus approfondie à l'aide de la méthode quantitative.

Résumé — Conclusion

L'étude qualitative des aires basales du télencéphale de *Scincus scincus* (L.) (Sauria, Scincidae), que l'on réalise en faisant appel aux critères classiques de la cytoarchitecture (aspect et groupement des caryons, sillons ventriculaires, zones claires et grands trajets fibreux), nous conduit à y retrouver les grandes subdivisions déjà mises en évidence chez d'autres Sauriens. On emprunte à GOLDBY et GAMBLE (1957), avec cependant quelques modifications que l'on justifie, les termes de Striatum ventral, «Striatum» dorsal, complexe amygdalien, ... L'analyse plus détaillée permet d'y établir des subdivisions secondaires et d'en discuter la validité en fonction des interprétations données par d'autres auteurs:

— Sur les niveaux antérieurs, le Striatum ventral se répartit autour de l'angle ventriculaire ventral; il se fractionne en arrière, en trois éléments — médio-ventral (S. v. 1), central (S. v. 2) ainsi que dorsal et latéral (S. v. 3) — que l'on peut suivre jusqu'au niveau des commissures.

— Le «Striatum» dorsal forme la crête ventriculaire dorsale; cette structure entretient des rapports topographiques avec les formations palliées; elle est séparée du Striatum ventral par une lame claire anucléée.

— Le Complexe Amygdalien occupe la partie caudale de l'hémisphère. On y reconnait le noyau du tractus olfactif latéral, le noyau sphérique, ainsi que deux ensembles de caryons centraux (groupe amygdalien central: a. c.) et latéraux (groupe amygdalien latéral: a. l.).

— De la région pédonculaire jusqu'au niveau du récessus préoptique, la surface ventrale de l'hémisphère est bordée de cellules disposées en une nappe plus ou moins bien individualisée qu'on appelle successivement, de l'avant vers l'arrière: le nucleus olfactorius anterior pars ventralis, le Tuberculum olfactorium, le noyau de la bande diagonale.

— Le Septum, absent des niveaux rostraux, occupe progressivement la paroi médiale de l'hémisphère; on y retrouve alors les deux noyaux — dorso-latéral et ventro-médial généralement cités dans la littérature.

Seules les études relatives aux Sauriens sont retenues, comme l'indique déjà la revue bibliographique qui débute l'article. Une telle discrimination traduit notre désir d'éviter les confusions en comparant des Reptiles qui appartiennent à des Ordres aussi différents que le sont les Crocodiliens, les Chéloniens et les Sauriens.

L'accent est mis en même temps, sur les nombreuses indéterminations qui accompagnent une telle description, en particulier en ce qui concerne l'identification et les limites de chacune des subdivisions. Cette imprécision réside essentiellement, à notre avis, dans l'application subjective des critères mentionnés plus haut; aussi nous proposons nous, dans un prochain travail, de reprendre la description des aires basales du Scinque en utilisant, cette fois, une méthode plus objective qui fera appel par exemple à la mesure du diamètre des caryons, à la densité cellulaire de chaque groupement, à l'analyse de la nature des populations de neurones exprimée par un histogramme de valeurs ... Un tel procédé a déjà reçu un début d'application lors d'une étude antérieure des aires corticales de ce même animal (PLATEL, 1969).

Remerciements

Le Prof. Dr. R. BAUCHOT (Laboratoire d'Anatomie comparée, Université de Paris VII) et le Prof. Dr. R. NIEUWENHUYS (Laboratorium voor anatomie en embryologie, Katholieke Universiteit, Nijmegen, Nederland), ont suivi avec intérêt la réalisation de ce travail et ont bien voulu en relire le manuscrit. Je tiens à leur exprimer ici toute ma respectueuse reconnaissance.

Summary

A qualitative study of the telencephalic basal areas of *Scincus scincus* (L.) (Sauria, Scincidae) using cytoarchitectural critera (cell's and cell group's morphology, ventricular grooves, sparse areas and fiber tracts) had shown us that the principal subdivisions of these areas in Scincus are the same as for others Saurians. In the course of this study some terms of GOLDBY and GAMBLE's terminology (1957) have been used (Ventral Striatum, Dorsal "Striatum", Amygdaloid complex, ...) with however some modifications which have been justified. A more detailed analysis has allowed us to establish secondary subdivisions the value of which have been discussed in regard with pertinent literature.

— At rostral levels, Ventral Striatum surrounds ventral ventricular groove; caudally it splits up in three, medio-ventral (S.v. 1), central (S.v. 2) and dorsal-lateral (S.v. 3) components, present on the slides till the commissural level.

— Dorsal "Striatum" forms the dorsal ventricular ridge; that structure is topographically bounded to pallial areas and is separated from Ventral Striatum by a clear acellular band.

— Amygdaloid complex constitutes caudal pole of the hemisphere. One may find a nucleus tractus olfactorius lateralis, a nucleus sphaericus and two populations of central (amygdaloid central group — a.c.) and lateral (amygdaloid lateral group — a.l.) caryons.

— From peduncular level till preoptic recessus, ventral surface of the hemisphere is lined with cells organized in an ill-defined layer, called rostro-caudalward: nucleus olfactorius anterior pars ventralis, Tuberculum olfactorium, nucleus of the diagonal band.

— Septum, lacking in rostral levels, increases caudalward in medial wall of hemisphere; one may find then the two nuclei — dorso-lateral and ventro-medial — usually recorded amongst authors.

Attention is drawn to the lack of precision which implies such description, especially concerning the identification and boundaries of each of these subdivisions. This lack of precision appears to us to be bounded to the subjective use of the cytoarchitectural critera above mentionned; then, we intend to re-examine, in a next data this description of the basal areas in *Scincus scincus*, using that time a more objective method as mesure of caryon diameter, cell density of each nucleus and analysis of neurone population with its expression by histogramms. Such a process has been engaged at times of a previous study on the cortical areas of the same animal (PLATEL, 1969).

Zusammenfassung

Das qualitative Studium der basalen Gebiete des Telencephalon von *Scincus scincus* (L.) (Sauria, Scincidae), das unter Berücksichtigung der klassischen Kriterien der Cytoarchitektonik (Gestalt und Gruppierung der Zellen, ventrikuläre Furchen, helle Zonen und große Faserbahnen) durchgeführt wurde, hat gezeigt, daß die Grundgliederung dieser Areale bei Scincus die gleiche ist wie bei anderen Schuppenkriechtieren. Von GOLDBY und GAMBLE (1957) sind die Termini ventrales Striatum, dorsales „Striatum", Mandelkernkomplex, usw. ... übernommen worden, jedoch mit einigen Modifikationen, die näher begründet wurden. Eine eingehendere Analyse erlaubt es, sekundäre Unterabschnitte einzuführen und ihre Gültigkeit unter Berücksichtigung der einschlägigen Literatur zu diskutieren.

Auf den rostralen Ebenen erstreckt sich das *Striatum ventralis* um die ventrale ventrikuläre Furche; hinten unterteilt es sich in 3 Abschnitte: medio-ventralis (S v 1), centralis (S v 2), dorsalis-lateralis (S v 3), die man bis zum Commissurenniveau verfolgen kann.

Das „*Striatum dorsalis*" bildet einen dorsalen ventrikulären Kamm; diese Struktur grenzt an die corticalen Felder; sie ist vom Striatum ventralis durch einen hellen Streifen ohne Zellen getrennt.

Der *Mandelkernkomplex* liegt im hinteren Teil der Hemisphäre. Dort findet man den *Nucleus tractus olfactorius lateralis*, den *Nucleus Sphaericus* und zwei Zellgruppen: eine zentrale Zellgruppe (a. c. = *zentrale Mandelkerngruppe*) und eine laterale Zellgruppe (a. l. = *laterale Mandelkerngruppe*).

Von der peduncularen Region bis zum Niveau des Recessus Preopticus ist die ventrale Oberfläche der Hemisphäre von einer mehr oder weniger isolierten Lamina von Zellen begrenzt. Man nennt diese Lamina von vorn nach hinten den *Nucleus olfactorius anterior pars ventralis*, das *Tuberculum olfactorium* und der *Nucleus des diagonalen Streifens*.

Das *Septum*, das in den rostralen Ebenen fehlt, füllt allmählich die mediale Wand der Hemisphäre aus. Man findet dort die beiden in der Literatur genannten Kerne.

Um Verwirrung durch den Vergleich so unterschiedlicher Ordnungen wie Krokodile, Schildkröten und Schuppenkriechtiere zu vermeiden, haben wir Studien, die sich nicht speziell mit Schuppenkriechtieren befassen, unberücksichtigt gelassen. Dies geht auch aus der Literaturübersicht hervor, die den ersten Teil dieser Arbeit bildet.

Gleichzeitig wird die Aufmerksamkeit auf die zahlreichen Unsicherheiten gelenkt, die solche Beschreibungen begleiten, insbesondere hinsichtlich der Identifizierung und der Abgrenzung von Unterabschnitten. Meiner Meinung nach liegt diese Unsicherheit in der subjektiven Anwendung der schon angeführten Kriterien; deshalb werden wir in einer nächsten Studie die Darstellung der basalen Gebiete von *Scincus scincus* mit einer objektiveren Methode bearbeiten, die z. B. die Messung der Zelldurchmesser, die Zelldichte jeder Gruppe, die Analyse der Art der Neuronenpopulation durch Histogramme einschließt.

In einer vorhergehenden Studie über die corticalen Felder des gleichen Tieres wurde diese Methode bereits angewendet (PLATEL, 1969).

Bibliographie

ANTHONY, J.: Le névraxe des Reptiles. In: GRASSÉ, P.-P., Traité de Zoologie, Tome XIV, fasc. 2, 202—332, Masson, Paris 1970.

ARIËNS KAPPERS, C. U.: Weitere Mitteilungen über die Phylogenese des Corpus striatum und des Thalamus. Anat. Anz. 33, 321—336 (1908).

ARIËNS KAPPERS, C. U.: Vergleichende Anatomie des Nervensystems der Wirbeltiere und des Menschen. Bd. II, Bohn, Haarlem 1921.

ARIËNS KAPPERS, C. U.: The corpus striatum, its phylogenetic and ontogenetic development and functions. Levin and Munksgaard, Copenhagen 1928.

ARIËNS KAPPERS, C. U.: Anatomie comparée du système nerveux. Masson, Paris 1947.

ARIËNS KAPPERS, C. U., und W. F. THEUNISSEN: Die Phylogenese des Rhinencephalons, des Corpus striatum und der Vorderhirnkommissuren. Folia neuro-biol. **1**, 173—288 (1908).

ARIËNS KAPPERS, C. U., G. C. HUBER and E. C. CROSBY: The comparative anatomy of the nervous system of Vertebrates, including man. Vol. III, Hafner Publishing Company, New York 1936—1960.

ARMSTRONG, J. A., H. J. GAMBLE and F. GOLDBY: Observations on the olfactory apparatus and telencephalon of *Anolis*, a microsmatic lizard. J. Anat. Lond. **87**, 288—307 (1953).

BAKER-COHEN, K. F.: Comparative enzyme histochemical observations on submammalian brains. I. Striatal structures in Reptiles and Birds. II. Basal structures of the brainstem in Reptiles and Birds. Ergebn. Anat. Entwickl.-Gesch. **40** (6), 7—41 and 42—70 (1968).

BAKER-COHEN, K. F.: Comparative enzyme histochemical observations on submammalian brains. III. Hippocampal formation in Reptiles. Br. Res. **16**, 215—225 (1969).

BAUCHOT, R., et R. PLATEL: Aspects quantitatifs de l'encéphale de *Scincus scincus* (L.) (Reptilia, Sauria, Scincidae). Etude de la variabilité intraspécifique. Zool. Anz., **187** (1971) (sous presse).

BAUMGARTEN, H. G., und H. BRAAK: Catecholamine im Gehirn der Eidechse (*Lacerta viridis* und *Lacerta muralis*). Z. f. Zellforsch. **86**, 574—602 (1968).

BECCARI, N.: Neurologia comparata. Anatomo-funzionale dei vertebrati compreso l'uomo. Sansoni Edizioni Scientifiche, Firenze 1943.

BERGQUIST, H.: Zur Morphologie des Zwischenhirns bei niederen Wirbeltieren. Acta Zool. **13**, 57—304 (1932).

BRAAK, H., H. G. BAUMGARTEN und B. FALK: 5-Hydroxytryptamin im Gehirn der Eidechse (*Lacerta viridis* und *Lacerta muralis*). Z.f. Zellforsch. **90**, 161—185 (1968).

CAIRNEY, J.: A general survey of the forebrain of *Sphenodon punctatum*. J. comp. Neurol. **42**, 255—348 (1926).

CROSBY, E. C.: The forebrain of *Alligator mississippiensis*. J. comp. Neurol. **27**, 325—402 (1917).

CURWEN, A. O.: The amygdala of *Tupinambis nigropunctatus*. Anat. Rec. **61**, 13 (1935).

CURWEN, A. O.: The telencephalon of *Tupinambis nigropunctatus*. I. Medial and cortical areas. J. comp. Neurol. **66**, 375—404 (1937).

CURWEN, A. O.: The telencephalon of *Tupinambis nigropunctatus*. II. Corpus striatum. J. comp. Neurol. **69**, 229—247 (1938).

CURWEN, A. O.: The telencephalon of *Tupinambis nigropunctatus*. III. Amygdala. J. comp. Neurol. **71**, 613—636 (1939).

DART, R. A.: A contribution to the morphology of the corpus striatum. J. Anat. Lond. **55**, 1—26 (1920).

DE LANGE, S. J.: Das Vorderhirn der Reptilien. Folia neuro-biol. **5**, 548—597 (1911).

EDINGER, L.: Untersuchungen über die vergleichende Anatomie des Gehirns. III. Neue Studien über das Vorderhirn der Reptilien. Abhandl. d. Senckenb. nat. Gesellsch., Frankfurt am Main **19**, 313—385 (1896).

EDINGER, L.: Vorlesungen über den Bau der nervösen Centralorgane des Menschen und der Tiere. F. C. W. Vogel, Leipzig 1908—1911.

ELLIOT SMITH, G.: On the morphology of cerebral commissures in the Vertebrata, with special reference to an aberrant commissure found in the forebrain of certain reptiles. Trans. Linn. Soc. Lond. (Zool.) **8**, 455—500 (1903).

ELLIOT SMITH, G.: Some problems relating to the evolution of the brain. Arris and Gale Lectures, Lancet **1**, 147—153 (1910).

ELLIOT SMITH, G.: A preliminary note on the morphology of the corpus striatum and the origin of the neopallium. J. Anat. Lond. **53**, 271—291 (1919).

FAUL, J.: The comparative ontogenetic development of the corpus striatum in Reptiles. Koninkl. Akad. v. Wet., Amsterdam. Proc. of the Section of Sciences **29**, 150—162 (1926).

FILIMONOFF, I. N.: Sravnitel'naya anatomiya bol'shogo mozga reptilii. Akad. Nauk S.S.S.R. Moskva 1963 (Anatomie comparée du cerveau des Reptiles. Editions de l'Académie des Sciences de l'U.R.S.S. Moscou 1963 — en russe.).

FILIMONOFF, I. N.: Homologies of the cerebral formations of mammals and reptiles. J. f. Hirnf. **7**, 229—251 (1964).

FREDERIKSE, A.: The Lizard's brain. An investigation on the histological structure of the brain of *Lacerta vivipara*. Acad. Proefschr. Callenbach, Nijkerk 1931.

GOLDBY, F.: The cerebral hemispheres of *Lacerta viridis*. J. Anat. Lond. **68**, 157—215 (1934).

GOLDBY, F., and H. J. GAMBLE: The reptilian cerebral hemispheres. Biol. Rev. **32**, 383—420 (1957).

HALLER VON HALLERSTEIN, V.: Zerebrospinales Nervensystem. In: BOLK, L., E. GOPPERT, E. KALLIUS und W. LUBOSCH. Handbuch der vergleichenden Anatomie der Wirbeltiere, Bd. 2, 1. Hälfte, Urban und Schwarzenberg, Berlin, Wien, 1934.

HERMAN, W.: The relations of the corpus striatum and the pallium in *Varanus*, and a discussion of their bearing on birds, mammals and man. Brain **48**, 362—379 (1925).

HERRICK, C. J.: The morphology of the forebrain in Amphibia and Reptiles. J. comp. Neurol. **20**, 413—547 (1910).

HERRICK, C. L.: Contribution to the comparative morphology of the central nervous system. II. Topography and histology of the brain of certain reptiles. J. comp. Neurol. **1**, 14—37 (1891).

HERRICK, C. L.: Contribution to the comparative morphology of the nervous system. Topography and histology of the brain of certain reptiles. J. comp. Neurol. **3**, 77—106 and 119—140 (1893).

HINES, M.: The development of the telencephalon in *Sphenodon punctatum*. J. comp. Neurol. **35**, 483—537 (1923).

JOHNSTON, J. B.: The cell masses in the forebrain of the turtle *Cistudo carolina*. J. comp. Neurol. **25**, 393—468 (1915).

JOHNSTON, J. B.: The development of the dorsal ventricular ridge in turtles. J. comp. Neurol. **26**, 481—505 (1916).

KÄLLÉN, B.: On the ontogeny of the reptilian forebrain. Nuclear structures and ventricular sulci. J. comp. Neurol. **95**, 307—348 (1951).

KIESEWALTER, C.: Zur Morphologie der Ganglienkerne im Großhirn von *Lacerta*. Jen. Zeitschr. f. Naturwiss. **58**, 485—532 (1922).

KIRSCHE, W.: Über postembryonale Matrixzonen im Gehirn verschiedener Vertebraten und deren Beziehung zur Hirnbauplanlehre. Z. mikrosk.-anat. Forsch. **77**, 313—406 (1967).

KRUGER, L.: Experimental analyses of the reptilian nervous system. An. New York Acad. Sc. **167**, 102—117 (1969).

KRUGER, L., and E. C. BERKOWITZ: The main afferent connections of the reptilian telencephalon as determined by degeneration and electrophysiological methods. J. comp. Neurol. **115**, 125—141 (1960).

KUHLENBECK, H.: Über den Ursprung der Großhirnrinde. Anat. Anz. **55**, 337—365 (1922).

KUHLENBECK, H.: Über den Ursprung der Basalganglien des Großhirns. Anat. Anz. **58**, 49—74 (1924).

KUHLENBECK, H.: Weitere Mitteilungen zur Genese der Basalganglien. Anat. Anz. **60**, 3—48 (1925).

KUHLENBECK, H.: Vorlesungen über das Zentralnervensystem der Wirbeltiere. Fischer, Jena 1927.

KUHLENBECK, H.: Die Grundbestandteile des Endhirns im Lichte der Bauplanlehre. Anat. Anz. **67**, 1—51 (1929).

KUHLENBECK, H., und C. KIESEWALTER: Zur Phylogenese des Epistriatum. Anat. Anz. **55**, 145—156 (1922).

MEYER, A.: Über das Vorderhirn einiger Reptilien. Zeitschr. f. wiss. Zool. **55**, 63—133 (1892).

NIEUWENHUYS, R.: The establishment of homologies in the central nervous system. Acta Morph. Neerl.-Scand. **6**, 409 (1966) (abstract).

NIEUWENHUYS, R., and T. S. BODENHEIMER: The diencephalon of the primitive bony fish *Polypterus* in the light of the problem of homology. J. Morph. **188**, 415—450 (1966).

NORTHCUTT, R. G.: Analysis of the reptilian cortical structure. Nature **210**, 848—850 (1966).

NORTHCUTT, R. G.: Architectonic studies of the telencephalon of *Iguana iguana*. J. comp. Neurol. **130**, 109—148 (1967).

NORTHCUTT, R. G.: Discussion of the preceding paper. (KARTEN, H. J.: The organization of the avian telencephalon and some speculations on the phylogeny of the amniote telencephalon. Ibid. 164—179.) An. New York Acad. Sc. **167**, 180—185 (1969).

NORTHCUTT, R. G.: The telencephalon of the western painted turtle (*Chrysemys picta belli*). Illinois biological monographs 43, Urbana, Chicago and London, 1970.

PLATEL, R.: Contribution à l'étude du nucleus olfactorius des Reptiles. In: Problèmes actuels de Paléontologie (Evolution des Vertébrés). Coll. Int. du C.N.R.S. (Paris 6—11 juin 1966), 441—453, Editions du C.N.R.S., Paris 1967.

PLATEL, R.: Etude cytoarchitectonique qualitative et quantitative des aires corticales d'un Saurien: *Scincus scincus* (L.). J. f. Hirnf. **11**, 31—66 (1969).

PLATEL, R., et R. BAUCHOT: L'encéphale de *Scincus scincus* (L.) (Reptilia, Sauria, Scincidae). Recherche d'une grandeur de référence pour des études quantitatives. Zool. Anz. **184**, 33—47 (1970).

RISS, W., M. HALPERN and F. SCALIA: The quest for clues to forebrain evolution — the study of Reptiles. Br., Behav. and Evol. **2**, 1—50 (1969).

ROSE, M.: Histologische Lokalisation des Vorderhirns der Reptilien. J. Psychol. Neur. **29**, 219—272, (1923).

SCHNITZLEIN, H. N., H. H. HOFFMAN, E. G. HAMEL, Jr., and N. C. FERRER: Parallelisms in fiber relations and variations in nuclear patterns in the phylogeny of the amygdala. Arch. Mex. de Anat. **26**, 3—13 (1967).

SCHULZ, E.: Zur postnatalen Biomorphose des Ependyms im Telencephalon von *Lacerta agilis agilis* (L.). Zeitschr. f. mikr.-anat. Forsch. **81**, 111—152 (1969).

SHANKLIN, W. M.: The central nervous system of *Chameleon vulgaris*. Acta zool. Stockh. **11**, 425—490 (1930).

SHELLSHEAR, J. L.: The basal arteries of the forebrain and their functional significance. J. Anat. Lond. **55**, 27—35 (1920).

STINGELIN, W., and D. G. SENN: Morphological studies on the brain of Sauropsida. An. New York Acad. Sc. **167**, 156—163 (1969).

UNGER, L.: Untersuchungen über die Morphologie und Faserung des Reptiliengehirns. I. Das Vorderhirn des Gecko. Anat. Hefte **31**, 273—348 (1906).

Adresse de l'auteur:
ROLAND PLATEL
Laboratoire d'Anatomie comparée
UNIVERSITE DE PARIS 7
2, place Jussieu
75 — PARIS (V^{0}) France

Laboratoires de neurobiologie, Département d'anatomie
Faculté de médecine, Université Laval, Québec, Canada
(Directeur: Prof. L. J. POIRIER)

Comparative Histochemical Study of the Amygdaloid Complex[1])

By

A. PARENT[2])

With 12 figures

(Received January 11, 1971)

Introduction

A considerable amount of biochemical and histochemical data concerning the uneven distribution of certain chemical substances within the brain of several vertebrate species have been accumulated during the past thirty years. For instance high concentrations of acetylcholine, choline acetylase and acetylcholinesterase (the three recognized components of a cholinergic system) have been disclosed at the level of the mammalian "neostriatum" (caudate nucleus and putamen) (MCINTOSH, 1941; FELDBERG and VOGT, 1948; KOËLLE, 1954). Moreover the neostriatum is known to contain also important amounts of dopamine and serotonin (BERTLER and ROSENGREN, 1959; BOGDANSKY, WEISSBACK and UDENFRIEND, 1957).

In the light of these data an histochemical study of the phylogenetic development of the basal ganglia (corpus striatum) was undertaken in an attempt to further elucidate the homology of the different components of this complex (PARENT, 1970; PARENT and OLIVIER, 1970). The present paper deals more specifically with the topographical distribution of acetylcholinesterase within the amygdaloid complex of several vertebrate species.

[1]) Supported by grants of the Medical Research Council of Canada.

[2]) Holder of a "fellowship" of the Medical Research Council of Canada.

Material and Methods

Brains of a reptile, the eastern painted turtle (*Chrysemys picta*), a bird, the pigeon (*Columba livia*) and of three mammalian species, the rat, the cat and the monkey (*Macaca mulatta*) were used in this study.

For the demonstration of acetylcholinesterase (AChE), blocks of tissue containing the amygdala were placed in the cryostat without any previous fixation. The slices of tissue cut 20 μ thick were mounted on slides and permitted to dry at room temperature for 2 h. They were placed for 1.15 h. in an incubation medium (pH 6.5–6.8) at 37 °C based on GOMORI's modification of the KOËLLE thiocholine technique (GOMORI, 1952; KOËLLE and FRIEDENWALD, 1949). Acetylthiocholine which is hydrolysed by both AChE and pseudocholinesterases (non specific cholinesterases), and butyrylthiocholine which is mainly hydrolysed by pseudocholinesterases were used as preferential substrates without any selective inhibitor (see NAIK, 1963). They were then treated with ammonium sulfide and mounted with permount. Tissue stained with fast blue and basic fuchsin were used for comparison.

Results

Sections which have been placed into an incubation medium containing butyrylthiocholine (for the demonstration of pseudocholinesterases) remained practically unstained while those incubated with acetylthiocholine gave a reproducible positive reaction, indicating a prevailing AChE activity within certain areas (see below) of the amygdaloid complex in these species. The only traces of a light pseudocholinesterase activity were found at the level of the amygdaloid regions where the activity of AChE is intense.

I. *Reptile and Bird*

A. The turtle

It is generally assumed that the turtle's amygdaloid complex is composed of the caudal third of the dorsal ventricular ridge (of Johnston) and of the gray substance that surrounds it ventrolaterally (JOHNSTON, 1915, 1923; CROSBY, DE JONGE and SCHNEIDER, 1966). The present histochemical findings show that the whole dorsal ventricular ridge (DVR) has a very low content in AChE (fig. 1) and in this respect there is no difference between the rostral and the caudal portion of this structure (PARENT and OLIVIER, 1970). The striatal mass which lies beneath the DVR, however, reacts intensely to acetylthiocholine (as shown earlier by PARENT and OLIVIER, 1970) and may be followed up to the level of the turtle's amygdaloid complex where it occupies the dorsolateral portion (BL) of the tissue surrounding the DVR (fig. 1). On the contrary the ventromedial part (CM) of this surrounding tissue is almost devoid of AChE (fig. 1).

B. The pigeon

In the pigeon the archistriatum is located ventrally in the caudal portion of the hemisphere. On the basis of cytoarchitectonic criteria some authors (HUBER and CROSBY, 1929; CROSBY, DE JONGE and SCHNEIDER, 1966) have subdivided the avian amygdaloid complex into a basolateral (BL) and corticomedial cell groups. Our histochemical preparations show that the basolateral region has a high content in AChE whereas the corticomedial area is poorly reactive (fig. 2). As in the turtle, this AChE-containing region of the pigeon's amygdaloid complex is in continuity with the highly reactive striatal mass rostrally.

II. *Mammals*

A. The rat

In the rat as in other mammals the basolateral group of the amygdala has been subdivided into a nucleus lateralis (L) and a nucleus basalis (B) on the basis of cytoarchitectonic criteria.

With the help of the Koëlle-thiocholine technique, nucleus lateralis may be subdivided into: 1) a moderately reactive dorsolateral part corresponding to the «La» of BRODAL (1947) and, 2) a much less reactive ventromedial part corresponding to the «Lp» of BRODAL (fig. 4). It appears difficult to distinguish between nucleus lateralis and nucleus basalis in Nissl material whereas these two nuclei are clearly outlined in histochemical

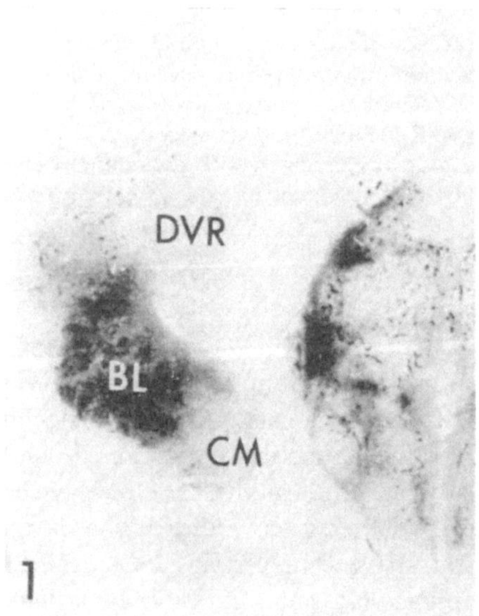

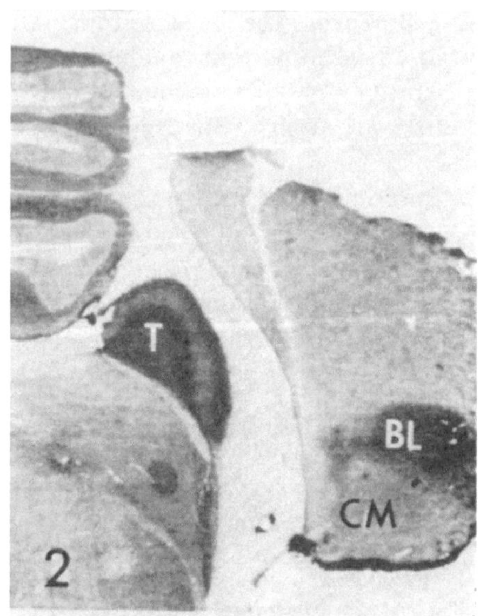

Plate 1

Fig. 1. Photomicrograph of a transverse section through the amygdaloid complex of the turtle showing the distribution of AChE in this structure. Thiocholine technique. × 14.

Fig. 2. Photomicrograph of a transverse section through the amygdaloid complex of the pigeon showing the distribution of AChE. Thiocholine technique. × 9.

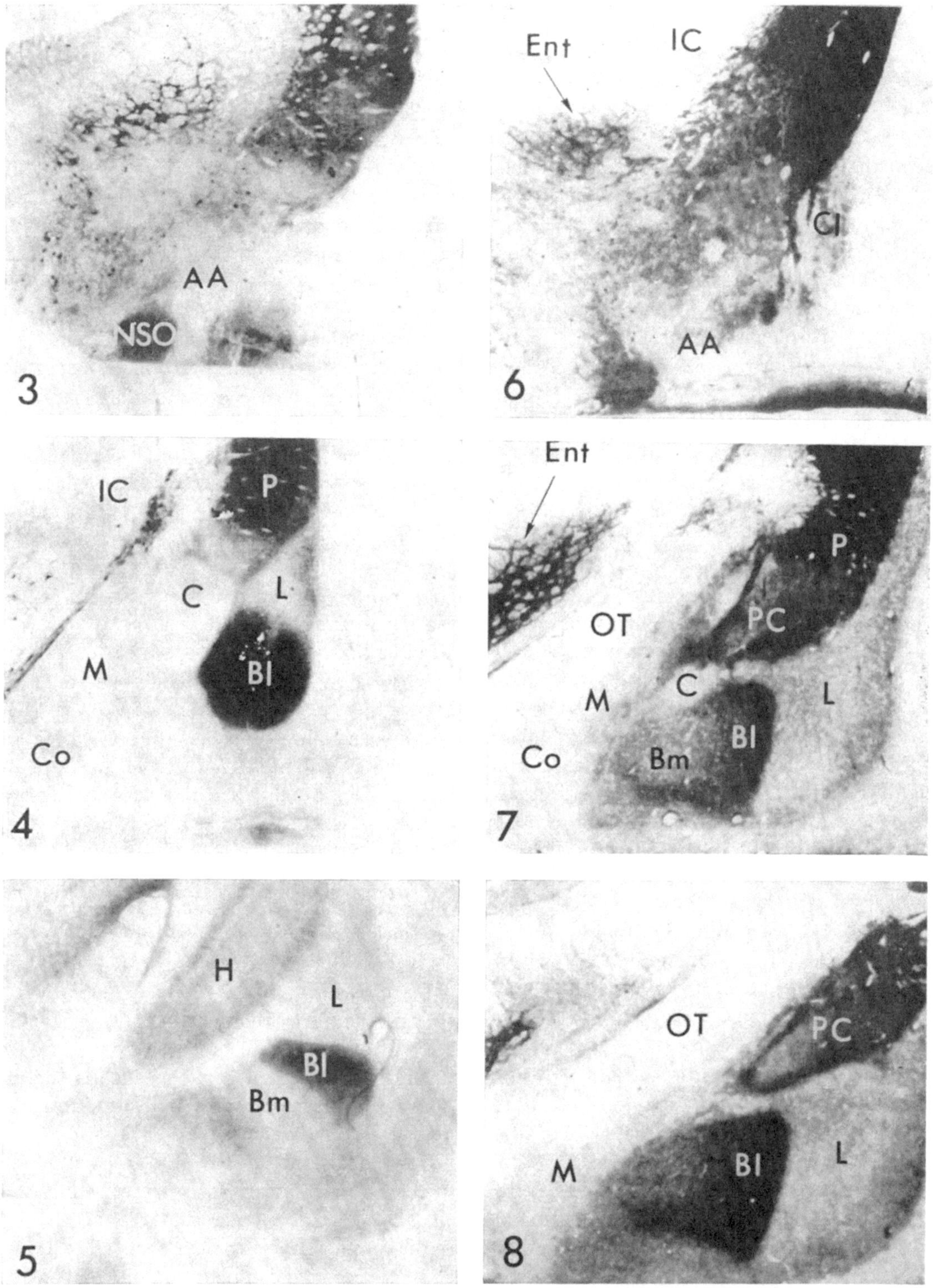

Plate 2

Figs. 3–8. Photomicrographs of transverse sections through the amygdaloid complex of the rat (3–5) and the cat (6–8) showing the distribution of AChE within this structure. In both cases the sections are set out in rostrocaudal order. Thiocholine technique. × 15 (3–5), × 10 (6–8).

preparations due to the high AChE content of nucleus basalis (especially in its magnocellular portion) (figs. 4—5). The highly reactive nucleus basalis occupies the geometrical center of the rat's amygdaloid complex.

The corticomedial group of the rat's amygdala is usually subdivided into nuclei corticalis (Co) and medialis (M). This group has a very poor AChE content throughout its rostrocaudal extent. The weakness of the histochemical reaction at this level does not permit to delineate these two nuclei (fig. 4). Nucleus centralis which has been included here in the corticomedial group for the convenience of description is also devoid of AChE (fig. 4).

On the other hand, it has been noticed that the nucleus of the olfactory tract (NSO) which is voluminous in the rat has a high AChE content (fig. 3).

B. The cat

Basolateral group. In the cat, nucleus lateralis which has a more or less pyriform shape and is located laterally to nucleus basalis, reacts moderately to acetylthiocholine (figs. 7—8). As in the rat, the central part of the cat amygdala shows an intense acetylcholinesterase activity (figs. 7—8). This highly reactive area corresponds to the pars lateralis magnocellularis of nucleus basalis. The cholinesterase activity gradually decreases from the pars lateralis to the pars medialis of nucleus basalis (figs. 7—8).

Corticomedial group. As in the rat the two nuclei that constitute the corticomedial group in the cat, namely nuclei corticalis and medialis which are almost devoid of AChE, appear to constitute a single histochemical entity. On the other hand it is difficult to clearly delineate nucleus centralis from the basal part of the putamen in histological preparations (Fox, 1940). With the help of the histochemical method used in this study this region, however, may be readily subdivided into a "putamino-central complex" (Fox, 1940) and nucleus centralis proper. The putamino-central complex which reacts intensely to acetylthiocholine extends ventrally into the amygdala up to the level of nucleus centralis which on the contrary is very poor in AChE (fig. 7).

Finally it must be pointed out that the nucleus of the lateral olfactory tract in the cat, although relatively smaller that in the rat, is also very rich in AChE as shown in figure 6.

C. *The monkey*

Basolateral group. In the monkey as in the cat, nucleus lateralis occupies the lateral border of the amygdaloid complex. Brockhaus (1938) in his cytoarchitectonic study of man's amygdala has subdivided this nucleus (which he calls "amygdaleum profundum laterale") into five different parts: limitans, gracicellularis, magnocellularis, mediocellularis and parvocellularis. Histochemically, however, nucleus lateralis appears uniformly poor in AChE and none of Brockhaus subdivisions have been identified (figs. 9 to 11).

In the macaque as in other mammalian species studied nucleus basalis occupies the central portion of amygdala. This nucleus was subdivided by Lauer (1945) into a pars lateralis magnocellularis and a pars medialis parvocellularis which according to Jimenez-Castellanos (1949), correspond to the amygdaleum profundum, intermediale and ventrale of Brockhaus, respectively. In our histochemical preparations nucleus basalis reacts intensely to acetylthiocholine especially in its pars lateralis (figs. 9 to 11).

Between the corticomedial group and nucleus basalis lies nucleus basalis accessorius (BA), a nucleus which has been described only in primates. Lauer has subdivided this nucleus into a pars lateralis magnocellularis and a pars medialis parvocellularis. Brockhaus (1938) and later Jimenez-Castellanos (1949), have divided nucleus basalis accessorius into four parts: magnocellularis, mediocellularis, densocellularis and mixtocellularis. This nucleus has a relatively poor AChE content through all its rostrocaudal extent (figs. 10—11).

Corticomedial group. Nucleus corticalis constitutes the medial border of the amygdaloid complex in this species. It has been divided by Lauer (1945) into a ventral portion which is the mediodorsal continuation of the pyriform cortex and a dorsal portion which extends caudally into the hippocampal uncus. The dorsal portion of this nucleus appears to have a higher AChE content than the ventral portion (figs. 10—11). As defined in the present study, nucleus corticalis corresponds to the periamygdaleum and/or amygdaleum superficiale of Brockhaus (1938).

On the other hand, nucleus medialis (Brockhaus supraamygdaleum superficiale) which prolongs nucleus corticalis dorsally, and the more laterally located nucleus centralis (Brockhaus, supraamygdaleum profundum dorsale) are almost devoid of AChE (figs. 10—11).

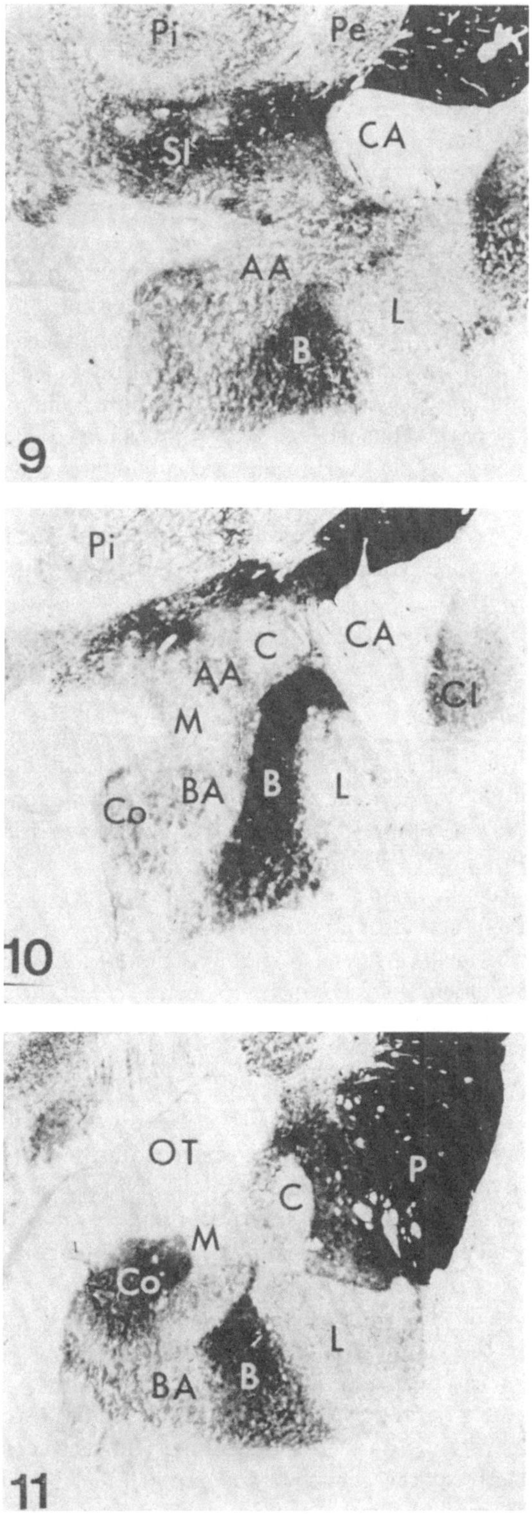

Plate 3

Figs. 9—11. Photomicrographs of transverse sections through ths amygdaloid complex of the monkey showing the distribution of AChE within this structure. The sections are set out in rostrocaudal order. Thiocholine technique. ×5.

While studying the amygdaloid complex of the macaque we noticed that the claustrum in this species is poor in AChE except for its rostroventral portion which shows a moderate AChE activity (figs. 9—10). In other respects, a high AChE activity was found at the level of the substantia innominata situated ventrally to the rostral part of the pallidum (fig. 9).

Comments

In reference to its relationship with the termination of the lateral olfactory tract, the reptilian amygdaloid complex is located within the caudal third of the lateral hemispheric wall. It is difficult on the basis of the cellular arrangement of this region which varies considerably from one species to another, to establish any common pattern (see GOLBY and GAMBLE, 1957). Nevertheless, JOHNSTON (1923) included in the amygdaloid complex of the turtle the caudal third of the dorsal ventricular rigde (DVR) and the gray substance that surrounds this rigde ventrolaterally. The present study shows that the caudal part of the DVR is devoid of AChE and that the gray substance surrounding this rigde may be subdivided into a basolateral part which has a high AChE content and a poorly reactive corticomedial portion. The latter two portions apparently correspond to zones "9" and "g" of Riss's nomenclature, respectively (RISS, HALPERN and SCALIA, 1969).

In birds, HUBER and CROSBY (1929) were able to distinguish two cytologically different parts in the avian amygdaloid complex namely the basolateral and corticomedial groups. The present histochemical investigation of this structure in the pigeon has revealed that the basolateral group has a high AChE content whereas the corticomedial group is almost devoid of AChE.

On the basis of the above histochemical findings in the two species there is a striking analogy between the topographical pattern of AChE distribution which corresponds to the tissue surrounding ventrolaterally the DVR in the turtle and the amygdaloid complex in the pigeon: the highest enzyme activity being localized within the basolateral portion in these two structures (fig. 12).

The present study also supports the findings of DEGIACOMO (1960) in man and those of GIRGIS (1964, 1967) in a rodent (*Myocastor coypus*) and a

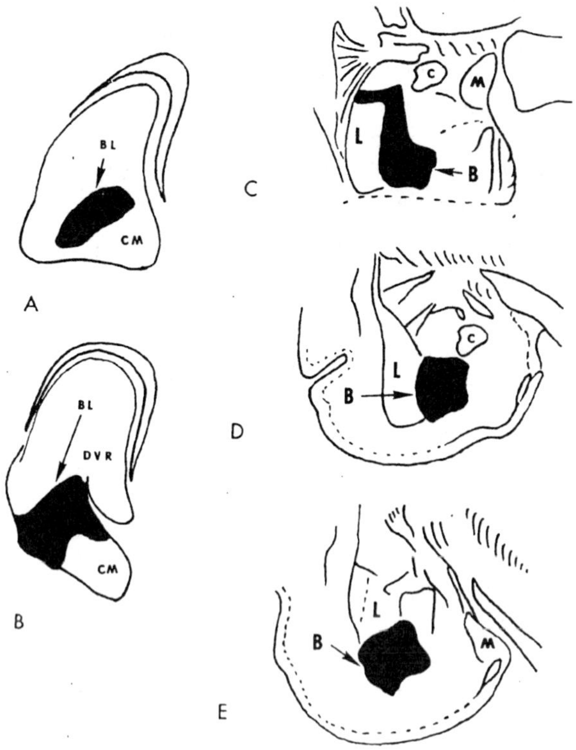

Plate 4

Fig. 12. Schematic drawings of the amygdaloid complex of the pigeon (A), the turtle (B), the monkey (C), the cat (D) and the rat (E) showing the regions (black areas) where the highest acetylcholinesterase activity was disclosed.

prosimian (*Galago senegalensis*). These workers have shown that most of the cholinesterase activity at the level of the amygdala is localized in nucleus basalis in these species. On the basis of the findings of the above-mentioned workers and those of the present study in the rat, the cat and the monkey, AChE is apparently distributed at the level of the mammalian amygdala according to a general pattern which is common to all species (fig. 12). As a matter of fact the highly reactive nucleus basalis occupies the geometrical center of the amygdaloid complex in the three species studied. All the other components of this complex are laid out around this highly reactive area according to a pattern which is peculiar in each species. For instance, in the rat both nuclei centralis and lateralis are located dorsally to nucleus basalis; in the cat, nucleus lateralis has increased in volume and is now located laterally to nucleus basalis; in the monkey, the different nuclei of the amygdaloid complex are uniformly set out around nucleus basalis.

In the three species studied, the corticomedial group as defined here (including nuclei corticalis, medialis and centralis), represents the portion of the mammalian amygdala where the AChE activity is weaker.

Therefore the topographical pattern of AChE distribution at the level of the vertebrate amygdaloid complex appears relatively constant. This constancy in the enzyme distribution most probably reflects the fact that the physiological role of this ancient portion of the basal ganglia has remained unchanged throughout its phylogenetic evolution. Nevertheless, before a definite homology may be established between the principal components of the vertebrate amygdaloid complex, one must await that more histochemical (monoamines distribution, for instance) and neuroanatomical (fiber connections) data have been gathered.

Conclusion and Summary

The study of the topographical distribution of acetylcholinesterase within the amygdaloid complex of a reptile (turtle), a bird (pigeon) and three mammalian species namely the rat, the cat and the monkey has revealed the following facts.

High acetylcholinesterase activity was disclosed at the level of the basolateral portion of the whole amygdaloid complex in the pigeon (*Columba livia*) and the tissue surrounding ventrolaterally the dorsal ventricular rigde in the turtle (*Chrysemys picta*). In contradistinction the corticomedial portion of the latter two structures shows a weak enzyme activity. On the other hand the dorsal ventricular rigde of the turtle is almost devoid of acetylcholinesterase and whether or not the caudal portion of this structure should be regarded as part of the amygdaloid complex in this species could not be determined in the present study.

In the mammalian amygdala the highest acetylcholinesterase activity is found at the level of nucleus basalis whereas nucleus lateralis reacts moderately to acetylthiocholine. All the components of the corticomedial group (nuclei corticalis, medialis and centralis) are almost devoid of acetylcholinesterase. In mammals the highly reactive nucleus basalis occupies the center of the amygdaloid complex and all the other components of this structure are laid out around this nucleus according to a pattern which is peculiar in each species.

Résumé

L'étude de la distribution topographique de l'acétylcholinestérase à l'intérieur du complexe amygdalien d'un reptile (tortue), d'un oiseau (pigeon) et de trois mammifères (le rat, le chat et le singe), nous a révélé les faits suivants.

Il existe une analogie frappante entre la distribution de l'acétylcholinestérase tant au niveau du tissu nerveux entourant ventrolatéralement la crête ventriculaire dorsale chez la tortue (*Chrysemys picta*) qu'au niveau de tout le complexe amygdalien chez le pigeon (*Columba livia*). En effet, dans les deux cas, l'on a décelé une forte activité acétylcholinestérasique dans la portion basolatérale de ces deux structures contrairement à la portion corticomédiane où l'activité enzymatique est très faible. Par ailleurs, la crête ventriculaire dorsale chez la tortue semble presque complètement dépourvue d'acétylcholinestérase et nous ne pouvons pas, à la suite de la présente étude, déterminer si oui ou non la portion caudale de cette structure doit être incluse dans le complexe amygdalien chez cette espèce.

En ce qui a trait à l'amygdale des mammifères, il existe une très forte activité acétylcholinestérasique au niveau du nucleus basalis alors que le nucleus lateralis est le siège d'une activité modérée. Par ailleurs, toutes les composantes du groupe corticomédian (nuclei medialis, centralis et corticalis) chez les trois mammifères étudiés apparaissent presque complètement dépourvues d'acétylcholinestérase. Le nucleus basalis, très fortement réactif, occupe le centre géométrique de l'amygdale alors que les autres composantes de cette même structure sont disposées tout autour de ce noyau selon un arrangement propre à chaque espèce.

Ainsi le «pattern» de distribution de l'acétylcholinestérase au niveau du complexe amygdalien des vertébrés étudiés apparaît relativement constant. Cette constance quant à la distribution enzymatique réflète sans aucun doute la grande stabilité du rôle fonctionnel de cette partie phylogénétiquement très ancienne des noyaux gris centraux.

Acknowledgements

The author wishes to express his sincere gratitude to Misses D. Côté and N. Larocque for their technical assistance.

Abbreviations

AA: Anterior amygdaloid area
B: nucleus basalis
BA: nucleus basalis accesorius
Bl: nucleus basalis, pars lateralis
BL: basolateral group
Bm: nucleus basalis, pars medialis
C: nucleus centralis
CA: commissura anterior
Cl: claustrum
CM: corticomedial group
Co: nucleus corticalis
DVR: dorsal ventricular ridge (of Johnston)
Ent: entopeduncular nucleus
H: hippocampus
IC: internal capsule
L: nucleus lateralis
M: nucleus medialis
NSO: nucleus of the lateral olfactory tract
OT: optic tract
P: putamen
PC: putamino-central complex (of Fox)
Pe: external pallidum
Pi: internal pallidum
SI: substantia innominata
T: tectum

References

Bertler, A., and E. Rosengren: Occurence and distribution of catechol amines in brain. Acta Physiol. Scand. **47**, 350–361 (1959).

Bogdanski, D. B., H. Weissbach and S. Udenfriend: The distribution of serotonine, 5-hydroxytryptophan decarboxylase, and monoamine oxidase in brain. J. Neuroch. **1**, 272–278 (1957).

Brockhaus, H.: Zur Normalen und Pathologischen Anatomie des Mandelkerngebietes. J. Psychol. Neurol. **49**, 1–248 (1938).

Brodal, A.: The amygdaloid nucleus of the rat. J. Comp. Neurol. **87**, 1–6 (1947).

Crosby, E. C., B. R. De Jonge and R. C. Schneider: Evidence for some trends in the phylogenetic development of the vertebrate telencephalon. In *Evolution of the Forebrain* (R. Hassler and H. Stephan, Eds.) pp. 117–135, Stuttgart (1966).

Degiacomo, P.: Studio istochimico sulla distribuzione dell attivitate colinesterasica nella amygdala cerebrale umana. Lav. Neuropsychiat. **27**, 38–52 (1960).

Feldberg, W., and M. Vogt: Acetylcholine synthesis in different regions of the central nervous system. J. Physiol. (London) **107**, 372–381 (1948).

Fox, C. A.: Certain basal telencephalic centers in the cat. J. Comp. Neurol. **75**, 411–425 (1940).

Girgis, M.: Distribution of cholinesterase in the basal rhinencephalic structures of the Coypu (*Myocastor coypus*). J. Comp. Neurol. **129**, 85–95 (1967).

Girgis, M.: Distribution of cholinesterase in the basal rhinencephalic structures of the senegal bush baby (*Galago senegalensis senegalensis*). Acta Anat. **72**, 94-100 (1969).

Golby, F., and H. J. Gamble: The reptilian cerebral hemisphere. Biol. Rev. **32**, 383–420 (1957).

Gömori, G.: Microscopic histochemistry (principles and practice). Univ. Chicago Press, Chicago 1952.

Huber, G. C., and E. C. Crosby: The nuclei and fiber paths of the avian diencephalon with consideration of telencephalic and certain mesencephalic centers and connections J. Comp. Neurol. **48**, 1–225 (1929).

Jimenez-Castellanos, J.: The amygdaloid complex in monkey studied by reconstructional methods. J. Comp. Neurol. **91**, 507–528 (1949).

Johnston, J. B.: The cell masses in the forebrain of turtle, *Cistudo carolina*. J. Comp. Neurol. **25**, 393–428 (1915).

JOHNSTON, J. B.: Further contributions to the study of the evolution of the forebrain. J. Comp. Neurol. **25**, 393–428 (1923).

KOËLLE, G. B.: The histochemical localisation of cholinesterases in the central nervous system of the rat. J. Comp. Neurol. **100**, 211–228 (1954).

KOËLLE, G. B., and J. S. FRIENDENWALD: An histochemical method for localizing cholinesterase activity. Proc. Soc. Exp. Biol. and Med. **70**, 617–622 (1949).

LAUER, E. W.: The nuclear pattern and fiber connections of certain basal telencephalic centers in the macaque. J. Comp. Neurol. **82**, 215–254 (1945).

MCINTOSH, F. C.: The distribution of acetylcholine in the peripheral and the central nervous system. J. Physiol. (London) **97**, 436–442 (1941).

NAIK, N. T.: Technical variations in Koëlle's histochemical method for demonstrating cholinesterase activity. Quart. J. Micros. Sci. **104**, 89–100 (1963).

PARENT, A.: Comparative histochemical study of the corpus striatum. Anat. Rec. **166**, 360 (1970).

PARENT, A., and A. OLIVIER: Comparative histochemical study of the corpus striatum. J. Hirnforsch. H 12, 73–81 (1970).

RISS, W., M. HALPERN and F. SCALIA: The Quest for Clues to Forebrain Evolution—the study of reptiles. Brain Behav. Evol. **2**, 1–50 (1969).

Address of the author:

Dr A. PARENT
Laboratoires de neurobiologie
Département d'anatomie
Faculté de médecine
Université Laval
Québec (10e), Canada.

Institute of Cytology and Genetics
Siberian Department of USSR Academy of Sciences. Novosibirsk
(Director Prof. D. K. BELYAEV)

The Influence of Actinomycin on the Development of Brain Cortex in Rats in Postnatal Ontogenesis

By

L. I. KOROCHKIN and L. S. KOROCHKINA

With 10 figures and 2 tables

(Received January 13, 1971)

1. Introduction

It has been established that actinomycin, an antibiotic blocking DNA-dependent RNA synthesis (GOLDBERG, RABINOWITZ, 1962), is capable to inhibit the differentiation of embryos. The embryo has been reported to be susceptible to the action of the drug in certain periods of ontogenesis only. Before and after these periods the embryo (or some system it comprises) is resistant to effects of this kind and continues to develop in spite of inhibited RNA synthesis (BRACHET, DENIS, 1963; FLICKINGER, 1963; NEYFACH, 1965, et al.). The data were provided by studies of the early development of amphibians and fishes. The question arises whether the pattern mentioned is inherent to later stages of ontogenesis, to histogenesis and to the formation of specialized cell types in particular. In other words, are there periods of RNA synthesis of morphogenetic significance in the process of histogenesis and cellular differentiation?

There are but single works in this direction and they concern the differentiation of the lens (REEDER, BELL, 1965, 1967), the pancreas (RUTTER et al., 1968), muscular tissue (FIELDMAN, JAFFE, GLOBERSON, 1964), hemopoiesis (MARX, KOVACH, 1966), early neuroembryogenesis in mice (AKIMOVA, DIBAN, 1967).

We have selected brain cortex of the rat for the following reasons:

1) The maturation of neurons of rat brain takes place in postnatal ontogenesis, in consequence, this facilitates experimental interference in the course of differentiation (CAJAL, 1959; EAYRS, GOODHEAD, 1959; KOROCHKIN et al., 1966; KOROCHKIN and KOROCHKINA, 1968).

2) The biochemical and morphological changes occurring in the rat cortex in the developmental process have been studied thoroughly and this provides reliable criteria for the interpretation of the data obtained (McILWAIN, 1959; HIMWICH, 1962; FRIEDE, 1966).

2. Material and Methods

The first set of experiments was carried out on 153 rats of strain "Wistar" 3 days-1 month of age. Actinomycin D (Serva Entwicklungslabor Heidelberg) was injected to block DNA-dependent RNA synthesis. Since BARONDES, JARVIK (1964) have indicated that subcutaneous injection of the drug produces, even in toxic doses, only 25% inhibition of the incorporation of ^{14}C-orotic acid into RNA of rat brain, actinomycin was injected intracerebrally by FLEXNER's method using fluorescein control (FLEXNER, FLEXNER, STELLAR, DE LA HABA, ROBERTS, 1962; FLEXNER, FLEXNER, STELLAR, 1963). The dose of the antibiotic was $0.1-2.0$ µg/g. of body weight. Control animals received saline with alcohol in the same amounts (0.07 ml.) equivalent to the ones administered to treated rats. The animals were sacrified by decapitation at different periods after drug injection.

To study RNA synthesis in the cortex $3-4$ hours before decapitation control and actinomycin treated animals were injected with ^{14}C-adenine (specific activity 17.21 mC/g) in the dose of $0.8-1$ µC/g intraperitoneally.

In the second set of experiments the influence of actinomycin on the incorporation of labelled amino acids into proteins of differentiating nerve cells was studied. The experiments were performed on 43 Wistar rats at the age of 7 days (25 treated, 18 control animals).

4 and 24 hours after the injection of the antibiotic (1.0 μg/g of body weight) the animals received a single injection intraperitoneally of ^{3}H-leucine (specific activity 81 mC/g) at 250 μC per rat of ^{3}H-tyrosine (specific activity 190 mC/g) at 150 μC/rat (3 times per 50 μC every 20 minutes); the animals were decapitated 2 hours after the injection of the isotope).

The material was fixed with Carnoy solution and embedded in paraffin. Radioautographs were prepared by covering the material with liquid photoemulsion of type "M" NIKFI (USSR). Then the material was left exposed for 2—3 months at 4 °C.

Staining: Hematoxylin-eosin, according to Nissl, Feulgen, gallocyanin according to Einarson, methyl green-pyronin by Brachet's method. The number of silver grains on the radioautographs were counted over 100 nerve cells per section. The data were treated statistically.

In the neurohistological studies the material was treated by the method of GOLGI-BUBENET and CAJAL.

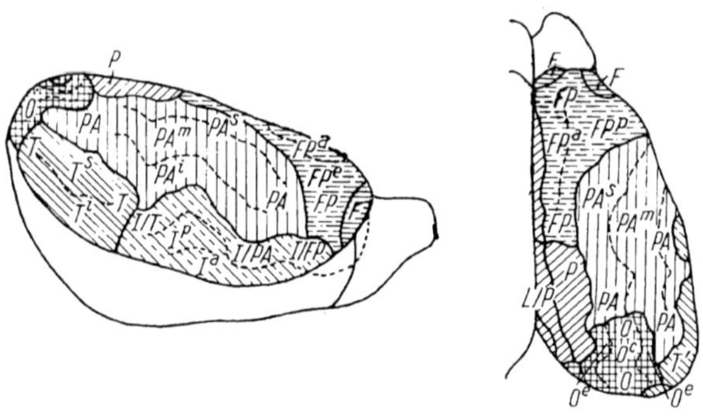

Fig. 1. Cytoarchitectonical map of rat brain according to Svetukhina.

Regions of brain cortex corresponding to the fields FP, PA and O of SVETUKHINA's cytoarchitectonic map (1962) were studied. These regions are presented in Fig. 1. The size of the cortical plate was measured by an ocular-micrometer on 5—6 μ sections stained according to NISSL's method.

3. Results and Discussion

The differentiation process of cortical neurons in rats commences from days 5—6 of postnatal life in fields FP and PA, from days 7—8 in field 0 and is characterized morphologically by an increase of the size of the perikaryon, the development of the axon and of the dendrites (first the apical, then the basal) and by the appearance of Nissl's substance. In all the cases the differentiation is accompanied by decreased cell density and by a sharp rise in the density of the neuropile.

The effect of actinomycin is dose-dependent and also related to the distinctive features in the development of the corresponding cytoarchitectonic field. 2 μg/g of the antibiotic leads to irreversible damage of large masses of neuroblasts and to hemorraghic foci in corresponding cortical regions (fig. 2), while 0.1—0.5 μg/g evokes reversible changes inhibiting the development of neurons for a certain time period. The influence of actinomycin is exhibited at various levels: anatomical (size of

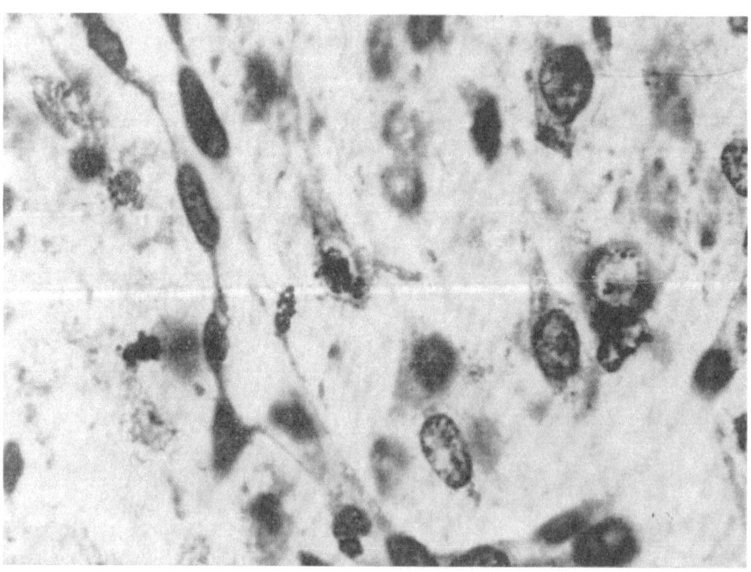

Fig. 2. Desintegration of nucleus in differentiating neural cell and death of neuroblast in brain cortex of a rat. 6 days after actinomycin administration (1 μg/g body weight).
Staining: Gallocyanine on Einarson.
Magnification: 12 × 90. Nu Zeiss.

the cortical plate), histological (changes in the relation of differentiation rates between different cytoarchitectonic fields and cell types) and cytological levels (morphology and cytochemistry of single neurons).

The changes in the sequence of their occurrence are as follows. The injection of the drug on days 4 and 7 exerts the most marked effect on the development of all the fields. When it is administered on days 8—11 the changes are most prominent in field 0; after days 11—15 drug induced changes are negligible and are limited to the

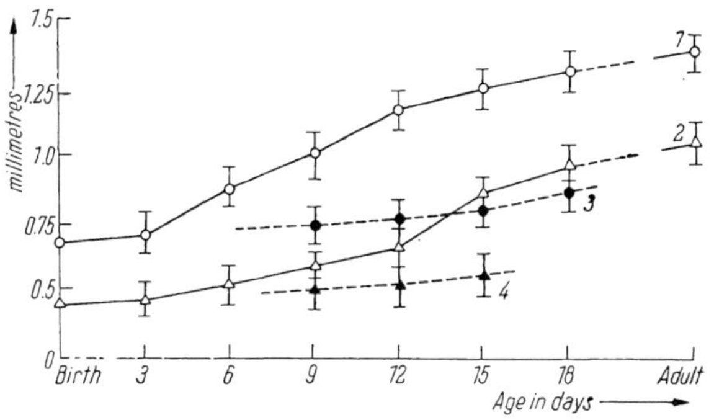

Fig. 3. Dynamics of changes of the thickness of rat brain in fields PA (1.3) and O (2.4) in controls and after administration of 0.2 μg/g body weight of actinomycin D on day 4 after the birth.

injection site. Fig. 3, 4 reproduce the pattern of changes in the size of the cortical plate in control and treated animals.

It should be noted that the delay in the development of the cortical plate is rather long. Subsequently the size of the cortical plate increases, but never attains its normal dimensions.

If one traces the sequence of events during the loss of actinomycin susceptibility by the differentiating neurons, the following pattern is established. Drug injection on days 4—5 inhibits the development of all the cortical layers in fields FP and PA; all the layers, excluding layer V, are inhibited on days 6—7; the inhibition of the stellar cells of layers III—IV occurs on days 8—11; on days 10—14 the development of layer II is inhibited (fig. 4). It is the cortex of the upper layers that is underdeveloped mainly, whereas the neurons of layers V—VI differ slightly from the normal.

The changes induced by actinomycin at the cytological level conform to the following pattern. On days 1—3 pathological changes of a large number of neurons of different types in the region of spreading actinomycin effect can be noted. Early drug injection affects the zones along fissura longitudinalis, 3—4 mm or more beyond this zone; actinomycin after days 14—15 affects only a small

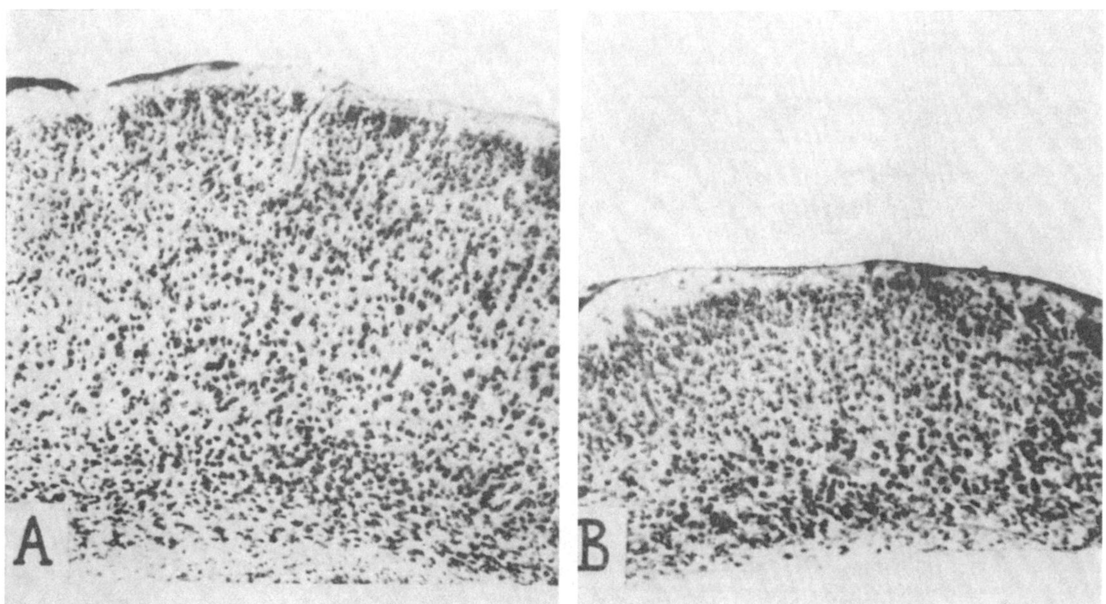

Fig. 4. Decrease of thickness of cortical plate in zone 0 in 15 day old rat under the effect of actinomycin D administered in dose 0.2 μg/g body weight on day 10 after the birth.
A — control hemisphere; B — experimental hemisphere.
Staining: according to Nissl.
Magnification: 12 × 10. Nu Zeiss.

region in the proximity to fissura longitudinalis and does not extend beyond it for more than 0.5—1.5 mm. As figure 2 evidences changes resembling karyolysis and rexis can be noted here. DNA accumulation at one of the poles of the nucleus is commonly observed as well as intense heterochromatization of chromatin of the nuclei, especially of perinuclear chromatin (the nuclei appear as light vesicles with grain and fibers of coiled chromosomes). Large heterochromatin regions exhibit a positive reaction to DNA, RNA and basic proteins. Nuclei with degenerating nucleoli are observed, the latter contain vacuoles and become greyish pink when stained with methyl green-pyronin and separate from the paranuclear chromatin. Occasionally bright pyroninophylic nucleoli are noted extruded into the neuroplasm. The cytoplasm of many neuroblasts and differentiating neurons are characterized by decreased pyroninophilia and occasionally include vacuoles. Along with markedly changed nerve cells neurons are observed that do not differ from the normal. This observation evidences that the population of neurons is not homogeneous in its susceptibility to actinomycin action. The neurons of the neocortex and the paleocortex as well as of the subcortex conform to the normal in these conditions. On days 3—4 after injection, along with pathological changes in the cells, neurons bearing signs of repair are distinguished, the arisal of new nucleoli is highly typical. Perinuclearly a bright pyronin rim implies the reparation of Nissl's substance. On days 5—7 the repair process after actinomycin injection continues and ultimately nerve cells differentiate lagging behind in time from the control cells. When actinomycin is injected on days 4--5, it is possible to discriminate the remote effects in the form of areas of decreased density of cortical zones and an appreciable increase in the percentage of atypical cortical neurons, inverted pyramids, in particular.

To establish the mode of action of actinomycin the influence of the incorporation of ^{14}C-adenine and ^{3}H-uridine into RNA of differentiating cortical neurons was studied. It was found the in treated animals 1—2 days after actinomycin injection marked inhibition of labelled precursors into RNA of cortical cells occurrs (Fig. 5, 6, Table I). It has been shown earlier by Barondes and Jarvik that intracerebral actinomycin injection to adult mice inhibits the incorporation of ^{14}C-orotic acid into brain RNA by 87%.

In accordance to some data actinomycin blocks DNA dependent synthesis of all types of RNA, excluding transfer RNA (Spirin, 1965).

In view of the mode of action of the drug, it is presumable that a certain resistance of the cells to its effect after a definite period of susceptibility

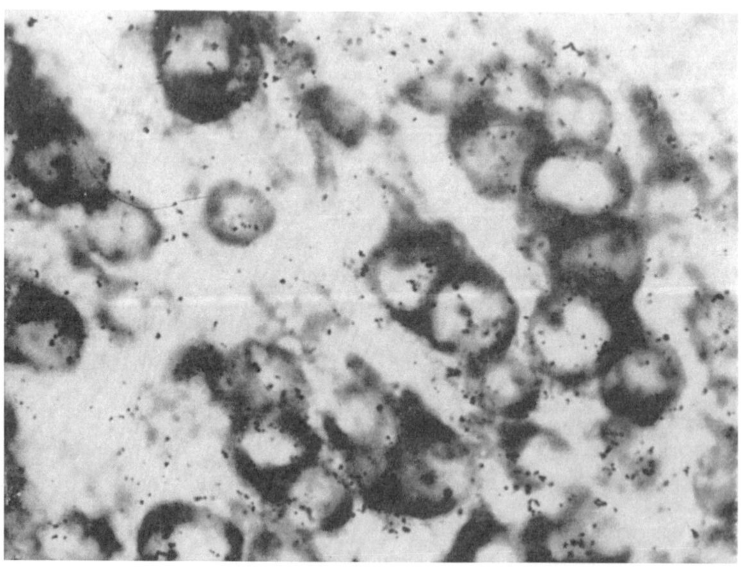

Fig. 5. ^{14}C-adenine incorporation into RNA of neurons of 5th cortical layer (Field FA). 0.8 μC/g ^{14}C-adenine was administered to 7 day old rats. The animal were sacrificed 3 hr after administration. Exposition 30 days.
Staining: Methyl green-pyronin.
Magnification: 12 × 90. Nu Zeiss.

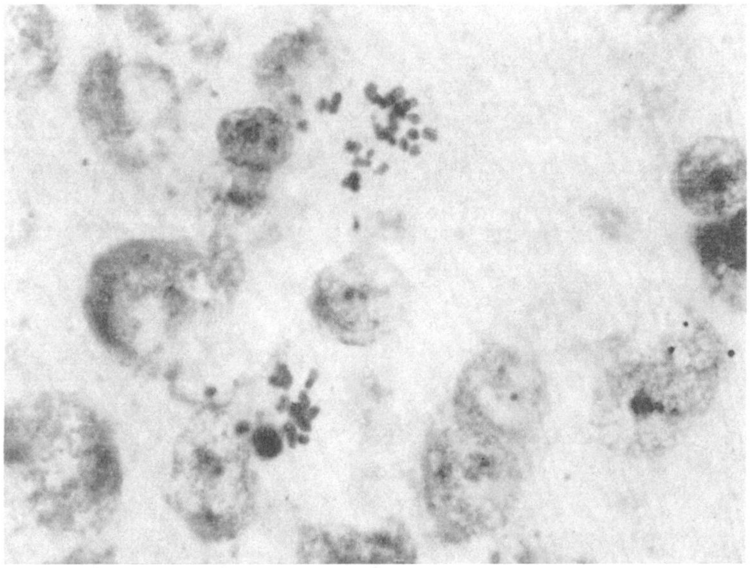

Fig. 6. ^{14}C-adenine incorporation into neurons of 5th cortical layer 24 hr after actinomycin administration. 0.8 μC/g adenine was given to 7 day old rats. 24 hr before adenine the rats received 0.5 μg/g actinomycin introcerebrally.
Staining: Methyl green-pyronine.
Magnification: 12 × 90. Nu Zeiss.

Table 1. Incorporation of ^{14}C-adenine into the nucleus of the neurons layer V of brain cortex of rats (field PA) in control and treated animals (injection of actinomycin at 0.5 μg/g of body weight). ^{14}C-adenine was injected intraperitoneally in a single dose of 0.8 μC/g; the animals were sacrifised 3 hours after the injection. Exposition -- 30 days.

Experimental sets	Age of animals in days	Number of animals	Average number of silver grains over neuron nucleus
1	Rats 7 days old (control)	4	15.0 ± 2.0
	Rats 7 days old (1 day after actinomycin injection)	4	2.0 ± 0.4
2	Rats 10 days old (control)	4	10.0 ± 2.0
	Rats 10 days old (4 days after actinomycin injection)	4	8.0 ± 1.0

is acquired due to the discrete "quantum" type of transmission of genetic information from the nucleus to the neuroplasm.

As concerns the incorporation of amino acids into the proteins of the neurons of the brain regions studied, the differences in the reaction of differentiating cells of upper and lower cortical layers are noteworthy (fig. 7—10). Thus, 4 hours, just as 24 hours after actinomycin injection the neurons of layer V are labelled, although to a less degree (Table 2).

The number of silver grains over each cell fell from 65—70 to 25—30. Single larger differentiating neurons of layers V—VI retained their capacity to incorporate amino acids at quite a high rate (35—40 grains per cell).

In cortical layers II—III the inhibition of labelled precursors was observed. Labelled nerve cells are very rare in these layers (20—25 silver grains). Foci of degenerating cells free from the label are encountered sometimes.

In estimating the data it should be noted that RNA synthesis in differentiating neurons of layer V is not restored at once after actinomycin injection. The incorporation of labelled amino acids into the proteins of most of the differentiating neurons of this layer proceeds normally in spite of this. In cells of layer II of the cortex the inhibition of RNA synthesis is associated with the inhibition of the labelled amino acids.

Presumably, on days 5—6 of postnatal development in rats the fraction of long-lived RNA, similar to the one found in the lens by Reeder and Bell, is synthesized in the differentiating neurons of V—VI layers in the cortex.

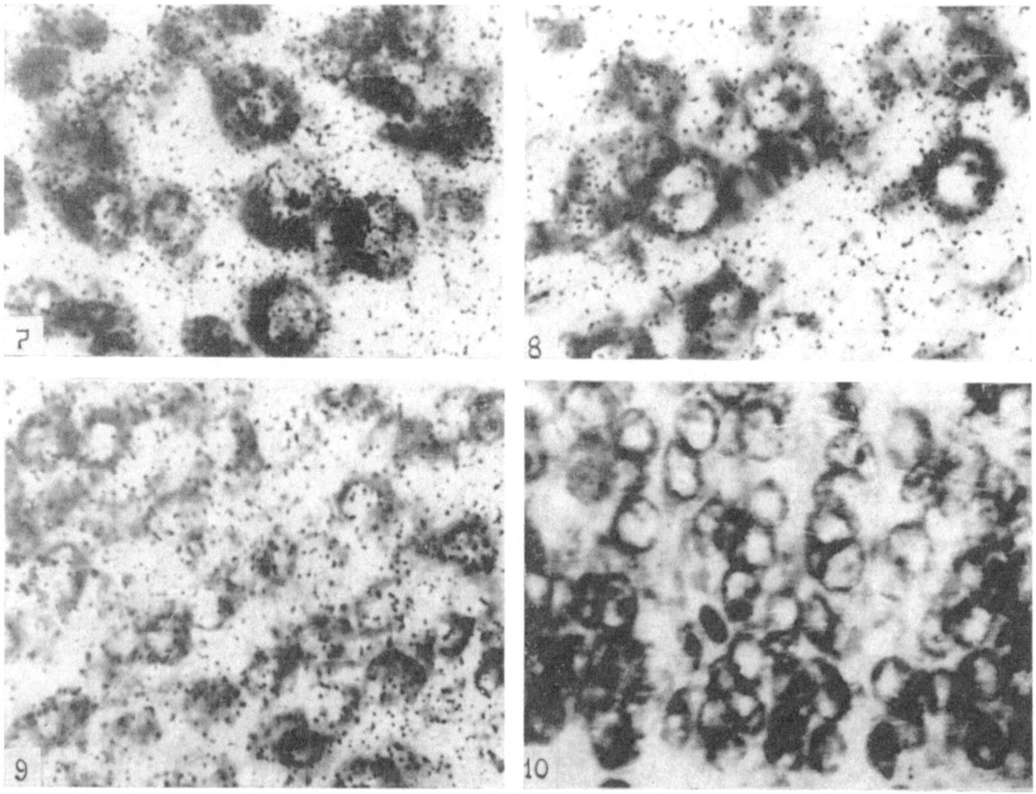

Fig. 7—10. ^{3}H-tyrosine incorporation into cortical neurons of the brain of rats 7 day old in control and after actinomycin administration. 150 μC on rat was given intraperitoneally. 2 hr later the animals were killed. 4 hr before tyrosine rats received 0.5 μg/g actinomycin intracerebrally. Exposition 30 days.
Staining: Hematoxylin.
Magnification: 12 × 90. Nu Zeiss.

Fig. 7. Incorporation of ^{3}H-tyrosine into the neurons of 5th cortical layer. 4 hr after physiological solution administration intracerebrally.

Fig. 8. Incorporation of ^{3}H-tyrosine into the neurons of 5th cortical layer. 4 hr after actinomycin administration.

Fig. 9. Incorporation of ^{3}H-tyrosine into the neurons of 2nd cortical layer. 4 hours after physiological solution administration.

Fig. 10. Incorporation of ^{3}H-tyrosine into the neurons of 2nd cortical layer. 4 hours after actinomycin administration.

Table 2. The incorporation of the labelled amino acid into proteins of neurons of 2nd and 5th cortical layers of actinomycin injection (0.5 μg/g of weight).

Cortical layers	The labelled precursor	The average amout of silver grains per cell			
		The control		The experiment	
		6 hr after physiological saline injection	24 hr after physiological saline injection	6 hr after actinomycin injection	24 hr after actinomycin injection
5	^{3}H-Tyrosine	66.5 ± 3.0 (4 animals)	68.0 ± 2.5 (4 animals)	24.4 ± 2.0 (4 animals)	28.0 ± 2.0 (4 animals)
2	^{3}H-Tyrosine	32.0 ± 4.0 (4 animals)	36.5 ± 5.0 (4 animals)	0 (4 animals)	8.5 ± 3.0 (4 animals)

As has been shown recently, the label is retained for quite a considerable period of time. This evidences the presence of stable long-lived RNA fractions in the brain (BONDY, 1966; SHIMADA NAKAMURA, 1966). It seems that the retention of the capacity of the differentiating neurons of layers V—VI of the brain cortex to incorporate labelled amino acids into the proteins is due to the formation of such fractions in the course of cellular development, in spite of RNA synthesis being blocked by actinomycin in the proteins.

Summary

1. The inhibition of DNA-dependent RNA synthesis by intracerebral injection of actinomycin inhibits the differentiation of cortical neurons. High doses of the drug evoke irreversible degenerative changes in many cells.

2. The intracerebral injection of the antibiotic at 0.1—0.5 µg/g of body weight produces reversible changes, interfering with RNA synthesis in the nerve cells and inhibiting temporally their development.

3. Depending on the time of injection actinomycin exerts a predominant influence on different fields and cortical cells of brain cortex in rats. When administered on days 4—7 of postnatal life the drug has a marked effect of the development of fields FP, PA and O, when administered on days 8—11 the changes in field O are more expressed.

4. On days 3—4 after actinomycin injection into cortical neurons signs of repair process are noted.

5. In nerve cells susceptible to actinomycin an inhibition of the incorporation of labelled amino acids into the proteins is observed, while the loss of this susceptibility is accompanied by the arisal of the capacity to synthesize protein actively in spite of the blockade of RNA synthesis.

Zusammenfassung

1. Die Hemmung der DNS-abhängigen RNS-Synthese durch intracerebrale Injektion von Aktinomycin hemmt die Differenzierung der corticalen Neurone. Hohe Dosen dieses Wirkstoffes verursachen irreversible degenerative Veränderungen in vielen Zellen.

2. Die intracerebrale Injektion des Antibiotikums von 0,1—0,5 µg/g Körpergewicht verursacht reversible Veränderungen, welche die RNS-Synthese in den Nervenzellen störend beeinflussen und zeitweise ihre Entwicklung hemmen.

3. Abhängig von der Zeit der Injektion zeigt Aktinomycin einen bedeutenden Einfluß auf verschiedene Felder und corticale Zellen der Hirnrinde der Ratten. Bei Applikation am 4. bis 7. Tage der Postembryonalperiode zeigt die Droge einen bemerkenswerten Einfluß auf die Entwicklung der Felder FP, PA und O; bei Applikation am 8. bis 11. Tage sind die Veränderungen im Feld O mehr ausgeprägt.

4. Am 3. bis 4. Tage nach der Aktinomycin-Injektion in corticale Neurone sind Zeichen eines Reparationsprozesses feststellbar.

5. In auf Aktinomycin reagierenden Nervenzellen wird eine Hemmung der Inkorporation markierter Aminosäuren in Proteine beobachtet, während der Verlust dieser Reaktion von der Fähigkeit, Protein aktiv zu synthetisieren, begleitet wird, ungeachtet der Blockade der RNS-Synthese.

References

AKIMOVA, I. M., and A. P. DIBAN: The influence of actinomycin D on the mammalian embryogenesis. Arch. Anatom. Histol. Embryol. (Leningrad) **52**, 36—50 (1967) (Russ.).

BARONDES, S., and M. JARVIK: The influence of actinomycin D on brain RNA synthesis and on memory. J. Neurochem. **11**, 187—195 (1964).

BONDY, S.: The RNA metabolism of the brain. J. Neurochem. **13**, 955—959 (1966).

BRACHET, J., and H. DENIS: Effect of actinomycin on morphogenesis. Nature **196**, 205—206 (1963).

CAJAL, S. R.: Studies on vertebrate neurogenesis. (1960.) GUTH. L., CH. THOMAS, Springfield, Illinois.

EAYRS, J., and B. GOODHEAD: Postnatal development of the cerebral cortex of the rat. J. Anat. **93**, 385—402 (1959).

FIELDMAN, W., D. JAFFE and A. GLOBERSON: Some cellular and molecular aspects of cytodifferentiation. In: Cellular contral mechanisms and cancer. Ac. press. Amsterdam—London—New York. 60—79 (1964).

FLEXNER, J., L. FLEXNER, E. STELLAR, G. DE LA HABA and R. ROBERTS: Inhibition of protein synthesis in brain and learning and memory following puromycin. J. Neurochem. **9**, 595—605 (1962).

FLEXNER, J., I. FLEXNER and E. STELLAR: Memory in mice as affected by intracerebral puromycin. Science **141**, 57—59 (1963).

FLICKINGER, R.: Actinomycin D effect in frog embryos: evidence for sequential synthesis of DNA-dependent RNA. Science **141**, 1063—1064 (1963).

FRIEDE, R. L.: Topographic brain chemistry. (1966.) Academic Press, New York—London.

GOLDBERG, I., and M. RABINOWITZ: Actinomycin D inhibition of DNA-dependent RNA synthesis. Science **136**, 315—316 (1962).

HIMWICH, W. A.: Biochemical and neurophysiological development of the brain in the neonatal period. International Review of Neurobiology. New York—London. 4 (1962).

KOROCHKIN, L. I., and L. S. KOROCHKINA: The effect of actinomycin on protein synthesis of differentiating cortical neurons. Arch. Anat. Hist. Embr. (Leningrad) **33**, 82—85 (1968) (Russ.).

KOROCHKIN, L. I., J. I. LONSHAKOV, A. N. GOLUBITSA, L. S. KOROCHKINA and D. F. KUSNETZOVA: Cytochemical and morfological peculiarities of cortical neurons differentiation in the control and after actinomycin injection in white rats. Arch. Anat. Hist. Embr. (Leningrad) **51**, 62—68 (1966) (Russ.).

McIlwain, H.: Biochemistry and the central nervous system. London, Churchill, Ltd. (1959).

Marx, P., and J. Kovach: The development of mammalian erythroid cells. In Current topics in developmental biology. New York—London (1966) 213—252.

Neyfach, A. A.: The using of inhibitors of the nucleic metabolism for the investigation of the morphogenetical function of nuclei. In: Cell differentiation and inductive mechanisms. (Moskow) (1965) 38—59 (Russ.).

Reeder, R., and E. Bell: Short and long lived messenger RNA in embryonic chick lens. Science **150**, 71—72 (1965).

Reeder, R., and E. Bell: Protein synthesis in embryonic chick lens cells. J. Mol. Biol. **23**, 577—585 (1967).

Rutter, W., J. Kemp, W. Bradshaw, W. Clark, R. Ronzio and S. T, Sauder: Regulation of specific protein synthesis in cytodifferentiation. J. Cell Physiol. **72**, suppl 1, 1—18 (1968).

Shimada, M., and T. Nakamura: RNA synthesis in the neurons of the brain of mouse and kitten as visualized by autoradiography after injection of ^{3}H-uridine. J. Neurochem. **13**, 391—396 (1966).

Spirin, A. S.: On "masked" forms of mRNA in early embryogenesis. Current topics in developmental biology. New York—London (1966).

Svetukhina, V. M.: The structure of the brain cortex of the white rat. **47**, 31—45 (1962) (Russ.).

The Author's address:

Prof. Dr. L. I. Korochkin
Institute of Cytology and Genetics
Novosibirsk - 90/UdSSR

Aus dem Anatomischen Institut (Leiter: Doz. dr. hab. E. STOKŁOSA)
und dem Histologischen und Embryologischen Institut (Leiter: Doz. dr. hab. J. JONEK)
der Schlesischen Medizinischen Akademie in Zabrze/Polen

Das Verhalten der alkalischen Phosphatase, der Adenosintriphosphatase, der 5-Nukleotidase in Motoneuronen des Rückenmarks bei Ratten unter dem Einfluß von Vibrationen

Von

E. STOKŁOSA, J. JONEK und J. KONECKI

Mit 6 Abbildungen

(Eingegangen am 17. Februar 1971)

Diese Mitteilung ist eine Fortsetzung unserer früheren Untersuchungen über den Einfluß von Vibrationen auf die Zellen des vorderen Horns (*cornu anterior*) im Rückenmark. In den vorhergehenden Arbeiten wurden zahlreiche ultrastrukturelle Veränderungen der Motoneurone festgestellt (KONECKI u. Mitarb. 1970). Weiterhin befaßten wir uns mit Aktivitäts- und Lokalisationsunterschieden zahlreicher Enzyme, die mit Energie und Abbauprozessen der Zelle verbunden sind (JONEK u. Mitarb. 1970). Diese Arbeit hat zur Aufgabe, den Vibrationseinfluß auf die Aktivität und Lokalisierung verschiedener Enzyme zu deuten, die u. a. mit dem aktiven Transport sowie mit dem Nukleinsäureumsatz verbunden sind.

Untersuchungsmaterial und Methodik

Die Untersuchungen wurden an 12 geschlechtsreifen weiblichen Wistar-Ratten mit einem Gewicht von 180 bis 200 Gramm durchgeführt. Die Tiere wurden in eine Versuchs- und Kontrollgruppe zu je 6 Stück eingeteilt. Die Versuchsgruppe wurde dem Vibrationseinfluß in einer zu diesem Zweck konstruierten Einrichtung unterzogen. Die Versuchsdauer betrug 20 Tage zu je 2 Stunden täglich. Die Schwingungen wurden in Horizontalebene bei einer Frequenz von 5 Hz und 20 mm Amplitude durchgeführt.

Die Einrichtung war lärmerzeugend, seine Intensität betrug ca. 65 dB. Zwecks Einflußbeseitigung dieses Faktors auf die Versuchserfolge wurde die Kontrollgruppe in unmittelbarer Nähe der Vibrationseinrichtung gehalten. Die Tiere beider Gruppen wurden 15 Minuten nach der letzten Vibrationstätigkeit durch Dekapitation getötet. Der Lendenabschnitt des Rückenmarks wurde über Nacht in kalter Baker-Lösung fixiert und dann im Gefriermikrotom in Schnitte von ca. 15 μm Dicke zerlegt. Auf freischwimmenden Schnitten wurden folgende Reaktionen durchgeführt:

1. Alkalische Phosphatase nach GOMORI zitiert bei PEARSE (1960).
2. Adenosintriphosphatase nach WACHSTEIN und MEISEL zitiert bei PEARSE (1960).
3. 5-Nukleotidase nach GOMORI zitiert bei KRYGIER, GODLEWSKI (1963).

Untersuchungsergebnisse

Alkalische Phosphatase (A. Ph.)

Kontrollgruppe

Eine positive A.Ph.-Reaktion im Rückenmark tritt in den Motoneuronen sowie in zahlreichen Blutgefäßen auf (Abb. 1). In den Motoneuronen ist die Reaktion schwach und hat einen diffusen Charakter. Das Rektionsprodukt lokalisiert sich in den peripheren Teilen des Neuroplasmas in der Nähe der Zellmembran und im Karyoplasma in der Nähe der Kernmembran. In den übrigen Teilen der Nervenzellen tritt eine sehr schwache diffuse Reaktion auf, sie fehlt aber gänzlich in den Nervenfasern.

Versuchsgruppe

Die Reaktion auf alkalische Phosphatase erweist sich bei den Versuchstieren ähnlich wie bei der Kontrollgruppe in Motoneuronen des Rücken-

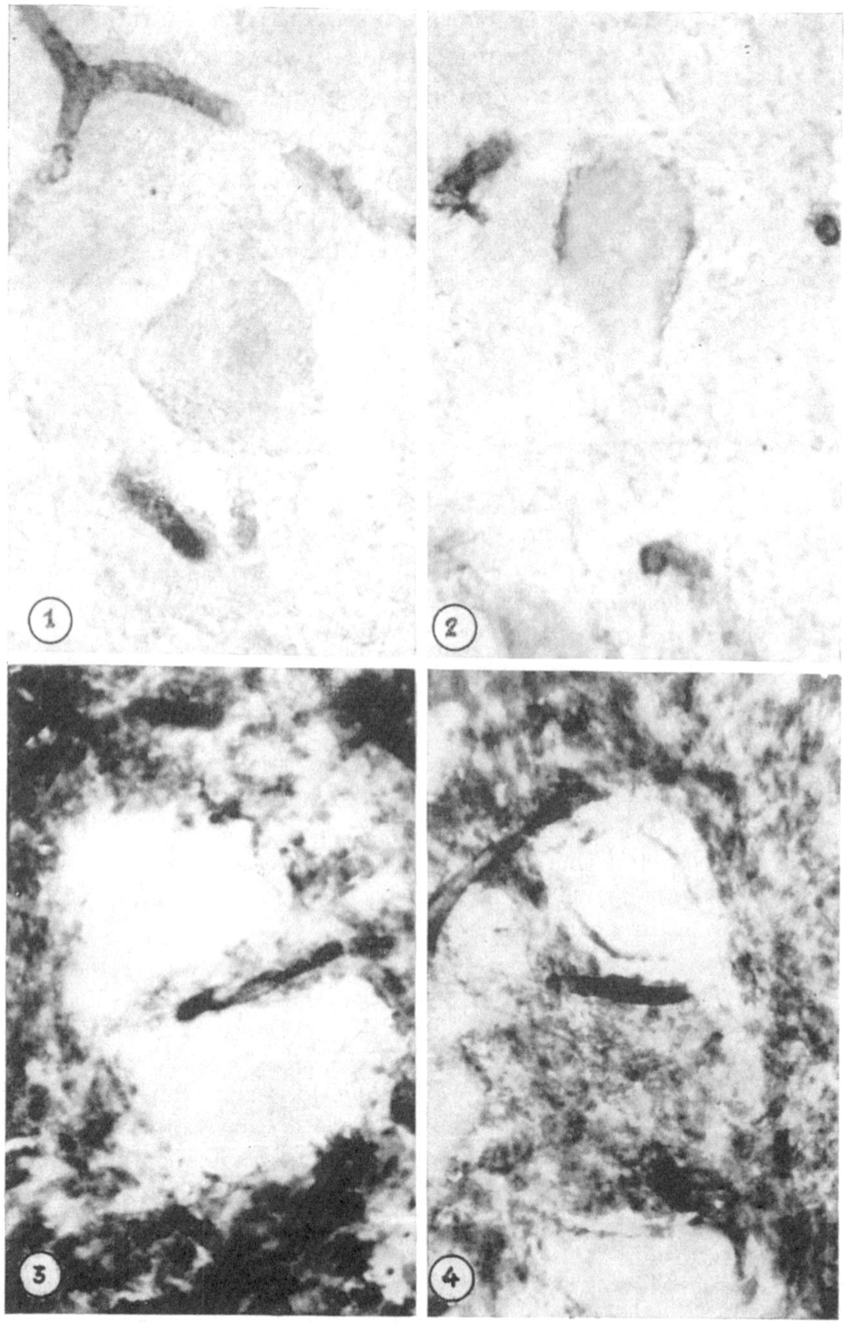

Abb. 1. Alkalische Phosphatase in Motoneuronen. Kontrollgruppe. Vergr. 400 ×.
Abb. 2. Alkalische Phosphatase in Motoneuronen. Versuchsgruppe. Vergr. 400 ×.
Abb. 3. Adenosintriphosphatase in Motoneuronen des Rückenmarks. Kontrollgruppe. Vergr. 400 ×.
Abb. 4. Adenosintriphosphatase in Motoneuronen des Rückenmarks. Versuchsgruppe. Vergr. 400 ×.

marks und in den Blutgefäßen. Das Reaktionsprodukt ist in den Nervenzellen bedeutend stärker als in der Kontrollgruppe. Sein diffuser Charakter und seine Lokalisierung bleiben dagegen unverändert (Abb. 2).

Adenosintriphosphatase

Kontrollgruppe

Eine starke Adenosintriphosphatase-Reaktion wurde im Endothel der Blutgefäße sowie in zahlreichen Gliaelementen des Rückenmarks festgestellt. In den Motoneuronen ist das Reaktionsprodukt nur in den peripheren Teilen des Neuroplasmas mit Ausnahme der Abgangsstellen der Neuriten zu finden (Abb. 3). Die Reaktion hat einen körnig-diffusen Charakter und weist eine schwache Intensität auf.

Versuchsgruppe

Im Endothel der Blutgefäße sowie in den Gliaelementen des Rückenmarks ist der Charakter, Intensität und Lokalisierung der Reaktion auf Adenosintriphosphatase der Kontrollgruppe ähnlich. Die Nervenzellen weisen ein stärkeres Reaktionsprodukt auf als in der Kontrollgruppe, wobei der körnig-diffuse Charakter sowie die Lokalisation unverändert bleibt (Abb. 4).

5-Nukleotidase (5-N)

Kontrollgruppe

Eine positive 5-Nukleotidase-Reaktion wurde lediglich im Neuroplasma der im vorderen Horn liegenden Nervenzellen festgestellt. Das Produkt ist kleinkörnig-diffus und lokalisiert sich vorwiegend im Perikaryon sowie auch in den vorderen Teilen der Abgangsstellen der Dendriten (Abb. 5). Eine etwas größere Ansammlung körniger Reaktionsprodukte konnte in unmittelbarer Nähe der Kernmembran von Motoneuronen beobachtet werden.

Versuchsgruppe

In den Nervenzellen der Versuchstiere bleiben Charakter und Lokalisation der 5-Nukleotidase im Vergleich zur Kontrollgruppe unverändert. Dagegen beobachteten wir einen bedeutenden Intensitätsanstieg der histochemischen Reaktion, was sich vor allem auf die kernnahe Region des Neuroplasmas bezog (Abb. 6).

Besprechung der Befunde

An Hand der dargestellten Angaben ergibt sich, daß unter dem Einfluß von Vibrationen in den Motoneuronen des Rückenmarks ein Aktivitätsanstieg

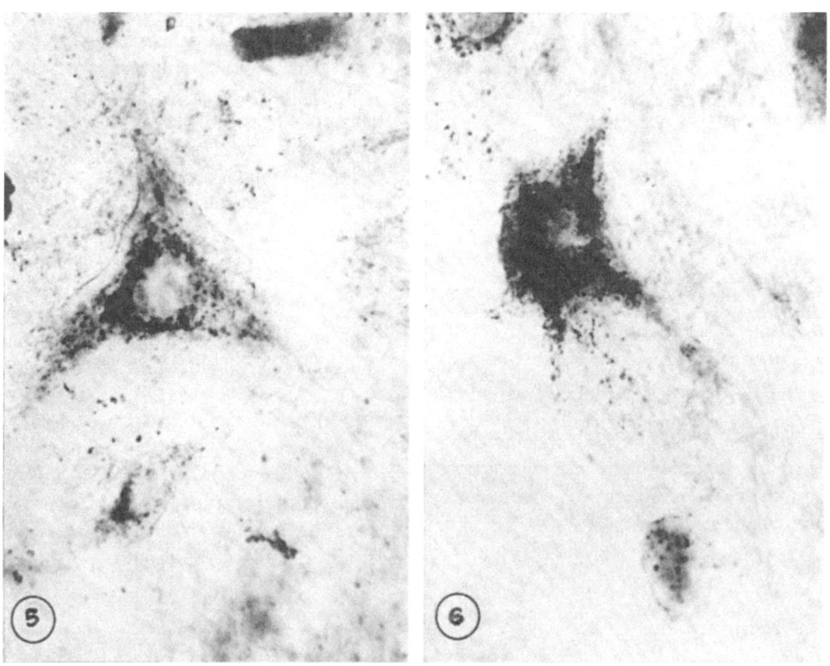

Abb. 5. 5-Nukleotidase in Motoneuronen des Rückenmarks. Kontrollgruppe. Vergr. 400 ×.
Abb. 6. 5-Nukleotidase in Motoneuronen des Rückenmarks. Versuchsgruppe. Vergr. 400 ×.

sämtlicher untersuchten Enzyme erfolgt. Eine ähnliche von uns beobachtete Lokalisierung der alkalischen Phosphatase in den Motoneuronen wurde schon vorher beschrieben (JONEK u. Mitarb. 1969). Es wird angenommen, daß das in den ektoplasmatischen Membranen lokalisierte Enzym mit Prozessen des aktiven Transportes, insbesondere der Glukose (MITCHEL 1960, SMYTH 1960) verknüpft ist. Der Aktivitätsanstieg der alkalischen Phosphatase kann auf einen erhöhten Umsatz des aktiven Transportes hinweisen. Ein ähnliches Verhalten der Adenosintriphosphatase, eines Enzyms, das ebenfalls mit Prozessen des aktiven Transportes eng verbunden ist, bekräftigt diesbezüglich unsere Vermutungen (NANDY, BOURNE 1964, ZAKRZEWSKA-HENISZ 1965). Im Einklang damit standen auch unsere früheren Untersuchungen an Gehirnneuronen (BECKER 1960) und Purkinje-Zellen des Kleinhirns (TEWARI, BOURNE 1963). Ein ähnliches histochemisches Bild im Verhalten der alkalischen und Adenosintriphosphatase beobachteten wir an stark gereizten Motoneuronen (JONEK u. Mitarb. 1970, KONECKI u. Mitarb. 1970).

Interessant in diesem Zusammenhang ist die festgestellte Aktivierung der 5-Nukleotidase, die bekanntlich in den Phosphorylierungs-Prozessen von Nukleotiden mitwirkt und somit den katabolischen Umsatz der Nukleinsäuren fördert (DAVIDSON 1969, HOFMANN 1969).

Bei gleichzeitig erhöhter Aktivität der Pentose-Zyklus-Enzyme (KONECKI u. Mitarb. 1970) darf angenommen werden, daß unter dem Einfluß von Vibrationen in den Motoneuronen ein intensiverer Nukleinsäureumsatz stattfindet.

Zusammenfassung

Ratten wurden 20 Tage zu 2 Stunden täglich einem Vibrationseinfluß ausgesetzt.

Untersucht wurde das Verhalten der alkalischen Phosphatase, der Adenosintriphosphatase und der 5-Nukleotidase in Motoneuronen des Rückenmarks. Es wurde eine erhöhte Aktivität dieser Enzyme festgestellt. Dies erlaubt den Autoren die Annahme, daß infolge des Vibrationseinfluß in den Motoneuronen ein erhöhter aktiver Transport durch die Zellmembran sowie ein erhöhter Nukleinsäureumsatz stattfindet.

Summary

Rats were subjected to vibration for two hours a day within a period of 20 days and then motoneurons of the spinal cord in the activity of alkaline phosphatase (AP), adenosinetriphosphatase ATP-ase and 5-nucleotidase (5-N) in motoneurons of the spinal cord was examined.

Taking into account the results of the investigations the authors have come to the conclusion that under the influence of vibration an increase of the activity of AP, ATP-ase and 5-N in the motoneurons of the spinal cord takes place which indicates an increase of the active transport through the cellular membrane and the intensity of the metabolism of nucleic acids.

Literatur

BECKER, N. H.: Localization of enzyme activities in rat brain. J. Biophys. Biochem. Cytol. **8**, 649—663 (1960).

DAVIDSON, J. N.: Biochemia kwasów nukleinowych. PWRL Warszawa 1969.

HOFMANN, E.: Biochemia dynamiczna. PWN Warszawa 1969.

JONEK, J., J. KONECKI und E. STOKŁOSA: Zachowanie się fosfatazy kwasnej, tiaminowej pyrofosfatazy w motoneuronach rdzenia kręgowego szczurów pod wpływem drgań mechanicznych. Neuropatol. Pol. (w druku).

JONEK, J., Z. OLKOWSKI und L. TURZAŃSKI: Cytochemical studies on the spinal cord of rats in acute CCl_4 poisoning. Exp. Path. **3**, 270—279 (1969).

KONECKI, J., J. JONEK and E. STOKŁOSA: Wpływ wibracji na ultrastrukturę motoneuronów rdzenia. Acta Med. Pol. (w druku).

KONECKI, J., J. JONEK und E. STOKŁOSA: Lokalizacja dehydrogenazy bursztynianowej, $NADH_2$-reduktazy tetrazolowej, dehydrogenazy glikozo-6-fosforanowej w motoneuronach rdzenia kręgowego szczurów pod wpływem drgań mechanicznych. Acta Physiol. Pol. (w druku).

KRYGIER, A., und H. GODLEWSKI: Skrypt metod histochemicznych. Warszawa 1963.

MITCHEL, P.: Biological transport phenomena and the specially anizotropic characteristics of enzyme systems causing a rector component. Symposia C. S. A. V. Membrana Transport and Metabolism. Praha 1960.

NANDY, K., und G. H. BOURNE: Adenosin Triphosphatase and 5-Nukleotidase in Spinal Cord. Arch. Neurol. **11**, 547—553 (1964).

PEARSE, A. G. E.: Histochemistry, theoretical and applied 2nd Ed. J. Churchill Ltd. London 1960.

SMYTH, D. H.: Studies on the transport of amino acid and glucose by the intestine. Symposia C. S. A. V. Membrana Transport and Metabolism. Praha 1960.

TEWARI, H. B., und G. H. BOURNE: Histochemical studies on localization of adenosine triphosphatase in cerebellum of rat. J. Histochem. Cytochem. **11**, 246 bis 257 (1963).

ZAKRZEWSKA HENISZ, A.: Czynność ATP-azowa a transport czynny jonów sodowych i potasowych. Post. Bioch. **11**, 161—168 (1965).

Adresse des Autors:

Doz. dr hab. EDMUND STOKŁOSA
Zabrze 8 – Rokitnica (Polen)
ul. Karola Marksa 19

Aus dem Anatomischen Institut (Direktor: Prof. Dr. sc. med. W. Kirsche)
und dem Pathologischen Institut (Direktor: Prof. Dr. sc. med. L.-H. Kettler)
des Bereichs Medizin (Charité) der Humboldt-Universität Berlin

Altersabhängigkeit der Aktivität der Matrixzonen im Gehirn von Xiphophorus helleri (Teleostei). Autoradiographische Untersuchungen

Von

W. Richter und D. Kranz

Mit 3 Abbildungen und 1 Tabelle

(Eingegangen am 11. März 1971)

Einleitung

Grundlage der Entwicklungs- und Differenzierungsvorgänge des Vertebratengehirns sind Zellteilungen, also Proliferationsvorgänge. Diese finden in Ansammlungen indifferenter, teilungsfähiger Zellen — den Matrixzonen — statt. Solche Matrixzonen des Gehirns sind besonders in der Embryonalperiode von großer Bedeutung, und ihre Existenz ist unbestritten (Spatz 1922, Kahle 1951, 1956, 1969).

Bei vielen Vertebraten konnte beobachtet werden, daß die Matrixzonen auch postnatal noch existent sind, in denen auch dann noch Proliferationsvorgänge ablaufen. Sie dienen der weiteren Entwicklung und Differenzierung des Gehirns (Spatz 1925, Kirsche 1967, Lit.!, 1970). Über das Ausmaß und die Veränderung dieser Vorgänge gibt die Proliferationsaktivität der Matrixzonen in Abhängigkeit vom Lebensalter Auskunft. So zeigte sich, daß in den Matrixzonen des Gehirns von Teleostiern die postnatale Proliferationsaktivität mit steigendem Lebensalter abnimmt; aber selbst bei ausgewachsenen Tieren sind noch einige Mitosen zu erkennen (Richter 1965, Richter und Heinrich 1969, Schlecht 1969).

Die zunächst konventionell-lichtmikroskopisch ermittelten Befunde konnten durch autoradiographische Untersuchungen voll bestätigt werden (Richter und Kranz 1970a, b, Kranz und Richter 1970a, b, Lit.!). Durch Vergleich der ^{3}H-Thymidin-Indices mit dem entsprechenden Mitose-Index konnte gesichert werden, daß die DNS synthetisierenden Zellen einen regulären Generationszyklus durchlaufen, die DNS-Neubildung in Vorbereitung einer Mitose erfolgt.

Mit autoradiographischen Methoden wurden auch in jüngster Zeit Vorgänge der postnatalen Neurogenese erneut nachgewiesen (Altman 1969, Das and Altman 1970, Hinds 1968a, b, Lewis 1968).

Mit der vorliegenden Untersuchung sollte geklärt werden, ob artspezifische Unterschiede in der Lokalisation der Matrixzonen bei Xiphophorus helleri im Vergleich mit der früher untersuchten Art (Lebistes reticulatus) nachweisbar sind. Ferner sollte die Abhängigkeit der Proliferationsaktivität vom Lebensalter quantitativ erfaßt und eventuelle Unterschiede gegenüber der früher untersuchten Art ermittelt werden.

Material und Methoden

Untersucht wurden 11 Teleostei (Xiphophorus helleri); dabei handelte es sich um 6 juvenile Tiere von 22—25 mm Körperlänge und um 5 adulte Weibchen von 40—44 mm Körperlänge.

Alle Versuchstiere erhielten eine einmalige, intraperitonaeale Injektion von ^{3}H-Thymidin (spezifische Aktivität 17 Ci/mM; Hersteller: Institut für Forschung, Herstellung und Anwendung der Radioisotope Prag, ČSSR). Die Dosis betrug bei den juvenilen Tieren 10 μCi und bei den adulten 20 μCi, was einer absoluten Aktivität von 10 μCi/g Körpergewicht entspricht. Die radioaktive Versuchszeit betrug 60 min, danach Tötung der Tiere in Urethan.

Zur Herstellung der Autoradiogramme wurden die Gehirne in situ in 10%igem Formalin fixiert, danach Alkoholreihe und Entkalkung der Schädelknochen mit Ameisensäure; Einbettung über Methylbenzoat in Paraffin. Anfertigung von Querschnitten des gesamten Gehirns von 8 μm Schnittdicke. Verwendung der Emulsion K 5 der Firma VEB ORWO Wolfen; Austestung der Expositionszeit an Probeschnitten. Ausgewertet wurden Autoradiogramme nach 13tägiger Expositionszeit; Färbung mit Hämatoxylin-Eosin. Auswertung der Autoradiogramme: Ermittlung des ^{3}H-Thymidin-Index (in %) in den Matrixzonen des Gehirns; die Zählung erfolgte unter Zuhilfenahme eines Okularnetzmikrometers bei 800facher Vergrößerung. Dabei wurden pro Tier in jeder der untersuchten Regionen etwa 2000 Zellen ausgezählt. Berechnung des Mittelwertes und der Streuung für jede Region unter Zusammenfassung der juvenilen und der adulten Tiere zu jeweils einer Gruppe (statistische Bearbeitung nach E. Weber 1957). Zum Vergleich wurde der Mitose-Index der Matrixzonen des Gehirns bei Kontrolltieren ermittelt.

Insgesamt wurden in den Autoradiogrammen etwa 220000 Zellen ausgezählt.

Befunde

a) *Lokalisation der Matrixzonen im Gehirn*

In den Serienschnitt-Autoradiogrammen des Gehirns ist auch bei dieser Teleostier-Art zu beobachten, daß die markierten Zellen nur in bestimmten, eng umschriebenen Gebieten lokalisiert sind. Es handelt sich dabei um die Matrixzonen, die fast immer unmittelbare Ventrikelbegrenzungen bilden. Die Matrixzonen sind histologisch charakterisiert durch dichte Lagerung der Zellen, die einen ellipsoidischen, stark basophilen Zellkern aufweisen. Eine Unterscheidung der Matrixzellen vom Ependym ist morphologisch nicht möglich, jedoch erkennt man, daß die markierten Zellen stets subependymal lokalisiert sind, also eindeutig als Matrixzellen identifiziert werden können. Diese Beobachtung gilt für alle Hirnteile mit Ausnahme des Cerebellums. Hier kommen außer in einigen Matrixgebieten markierte Zellen gehäuft in der Lamina molecularis vor.

In den einzelnen Hirnabschnitten von Xiphophorus helleri konnten folgende Matrixzonen ermittelt werden:

Im *Telencephalon* findet man im ventralen Bereich eine sehr deutliche Matrixzone im Bereich des Recessus praecommissuralis unmittelbar rostral der Commissura anterior (Abb. 1). Die dorsale Matrixzone des Telencephalons beginnt dorsal des Sulcus limitans und zieht sich an der dorsalen und lateralen Außenfläche des Telencephalons bis zur Fissura endorhinalis, da die „dorsale Ventrikelbegrenzung" bei dem evertierten Telencephalon der Teleostier nach außen verlagert wird. In dieser dorsalen Matrixzone war schon beim flüchtigen Durchmustern zu erkennen, daß die Markierungshäufigkeit hier geringer ist als in der ventralen Telencephalonmatrix.

Im *Diencephalon* findet man gehäuft markierte Zellen im Recessus praeopticus; man kann sowohl den rostralen Teil (mit dem Nucleus praeopticus magnocellularis) als auch den caudalen Recessus praeopticus lateralis (mit dem Nucleus praeopticus parvocellularis) als Matrixzone bezeichnen. Eine weitere Matrixzone findet sich im Gebiet ventral der Habenula; sie geht nach caudal über in eine Matrixzone, die in unmittelbarer Nähe des Subkommissuralorgans (SCO) liegt. Auch bei dieser Spezies konnten im SCO selbst in keinem Fall markierte Zellen gefunden werden, die Matrixzone befindet sich lateral und ventral des SCO (Abb. 2). Als weitere Diencephalonmatrix muß die Anhäufung markierter Zellen in der Nachbarschaft des Paraventrikularorgans (PVO) angesehen werden. Die DNS-synthetisierenden Zellen liegen rostral und caudal vom PVO, dorsal und ventral desselben. Von den Zellen des PVO selbst war ebenfalls in keinem Falle eine markierte zu beobachten. Eine Matrixzone mit einer sehr hohen Anzahl markierter Zellen findet sich caudal im Anschluß an die vorige — im Bereich des Recessus infundibuli (Abb. 3, links). Diese Matrixzone erstreckt sich auch in den Recessus lateralis bis in die Lobi inferiores hypothalami und nach caudal bis in den Recessus mamillaris.

Im *Mesencephalon* von Xiphophorus helleri konnte ebenfalls eine sehr aktive Matrixzone am dorsalen Rand des Tectum opticum gefunden werden, die ohne scharfe Grenze in eine Matrixzellansammlung des Torus longitudinalis übergeht (Abb. 3, rechts). Beide Gebiete wurden zusammen als eine Matrixzone ausgewertet. Auch die basale Matrixzone des Tectum opticum (am basalen Rand) und die caudale Tectum-Matrixzone konnten bestätigt werden. Markierte Zellen finden sich auch gehäuft im Bereich des Torus semicircularis an dessen Grenze zum Corpus cerebelli.

Im *Cerebellum* finden sich Matrixzonen in einem ventromedianen und einem dorsomedianen Recessus der Valvula cerebelli, sowie im Bereich des Corpus cerebelli im Ventriculus corporis cerebelli, in einem dorsalen Recessus und in einem ventralen Recessus in Nähe der Kleinhirnlippe. Daneben

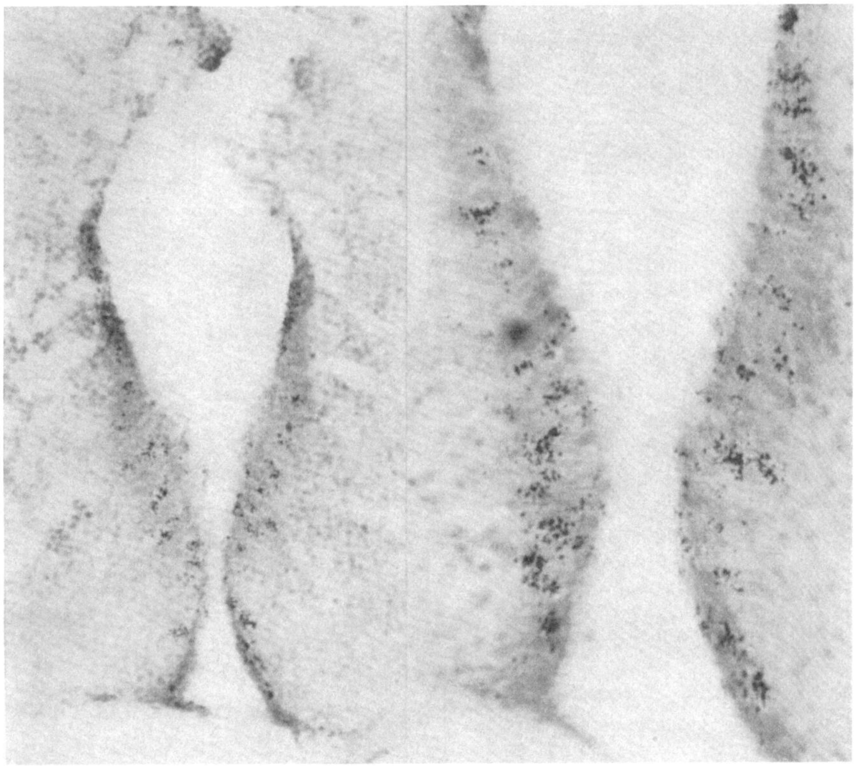

Abb. 1. Autoradiographische Darstellung von DNS synthetisierenden Zellen in der ventralen Matrixzone des Telencephalons (Recessus praecommissuralis) von Xiphophorus helleri. Juvenile Tiere. Abbildungsmaßstab: links 480 : 1, rechts 1200 : 1.

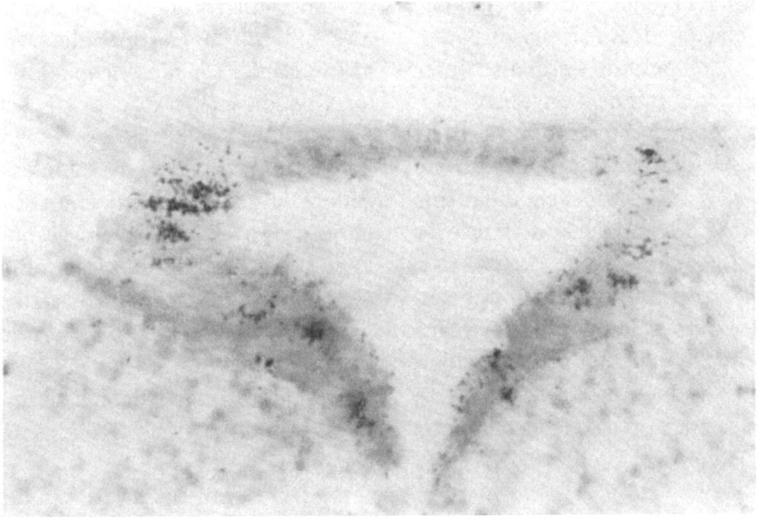

Abb. 2. Autoradiogramm mit Darstellung markierter Zellen nach Incorporation von ^{3}H-Thymidin in der Matrixzone in der Umgebung des SCO. Juveniles Tier. Abbildungsmaßstab: 1200 : 1.

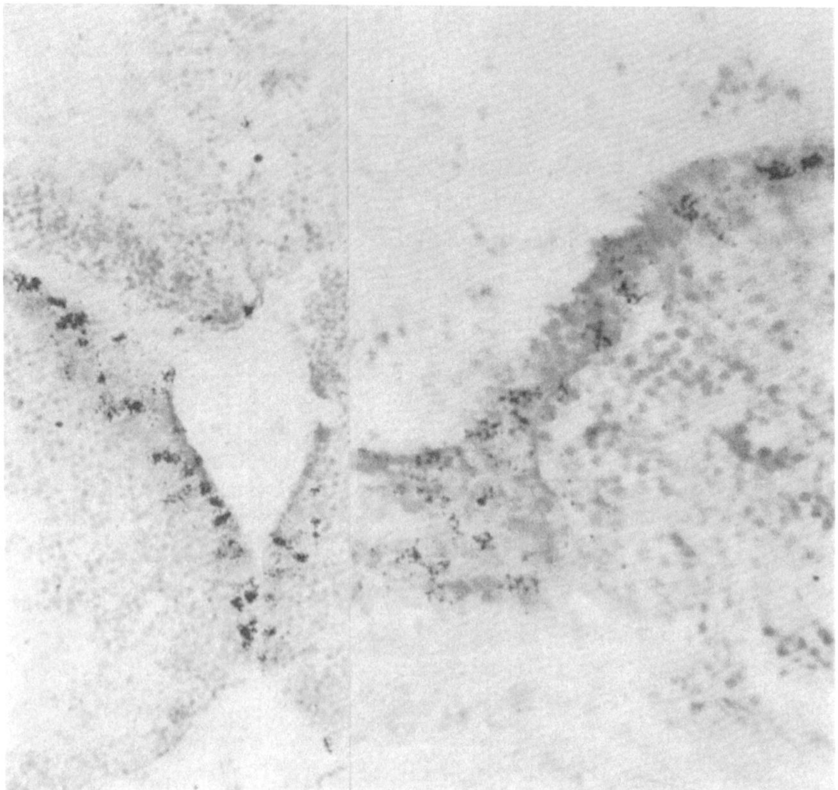

Abb. 3. Autoradiographische Darstellung DNS synthetisierender Zellen in der Matrixzone des Recessus infundibuli (links) und im Matrixgebiet des Torus longitudinalis/dorsale Tectum-Matrix (rechts). Juvenile Tiere. Abbildungsmaßstab: links 480 : 1, rechts 1200 : 1.

kann auch bei Xiphophorus helleri das gehäufte Auftreten DNS-synthetisierender Zellen in der Lamina molecularis sowohl der Valvula als auch des Corpus cerebelli beobachtet werden. Dieser Befund bestätigt gleichlautende Angaben von Rahmann (1968) für Brachydanio rerio und Kranz und Richter (1970b) für Lebistes reticulatus. Es handelt sich hierbei um markierte Zellen, die diffus verteilt liegen und nicht als Matrixzone angesprochen werden können.

In der *Medulla oblongata* findet sich nur ein kleines Matrixgebiet im caudalen Anteil der Rautengrube. Die Ventrikelbegrenzung zwischen den beiden Lobi vagi enthält hier gehäuft markierte Zellen, allerdings bei den adulten Tieren nur noch unmittelbar an der Anheftungsstelle der Lamina epithelialis.

b) *Vergleich des* ^{3}H-*Thymidin-Index von juvenilen und adulten Versuchstieren*

Für die Ermittlung des ^{3}H-Thymidin-Index wurden die wichtigsten der oben beschriebenen Matrixzonen ausgewählt. Es handelt sich um: im Telencephalon — Recessus praecommissuralis und dorsale Matrixzone; im Diencephalon — Recessus praeopticus, Matrix in Nähe des SCO und Recessus infundibuli; im Mesencephalon — dorsale, basale und caudale Matrixzone des Tectum opticum; im Cerebellum — die Recessus der Valvula cerebelli, die Lamina molecularis der Valvula cerebelli, der Ventriculus corporis cerebelli und die Lamina molecularis des Corpus cerebelli und schließlich die Matrixzone der Medulla oblongata.

Zusammenfassend sei bereits hier genannt, daß in allen Fällen der ^{3}H-Thymidin-Index bei den juvenilen Tieren um ein Mehrfaches höher lag als der entsprechende der adulten Tiere. Die Mittelwerte sind in der folgenden Tabelle gegenübergestellt.

Neben der oben erwähnten deutlichen Abnahme des ^{3}H-Thymidin-Index in Abhängigkeit vom zunehmenden Lebensalter, deren eindeutige Werte eine Signifikanzprüfung erübrigen, fällt die unterschiedliche Zahl der DNS synthetisierenden Zellen in einzelnen Regionen auf. Dabei finden sich einerseits deutliche Unterschiede in demselben Hirn-

Tabelle 1. Gegenüberstellung der Mittelwerte der ^{3}H-Thymidin-Indices der Gruppe der juvenilen und der Gruppe der adulten Tiere in den jeweiligen Matrixgebieten. (Ausgezählte Zellen: 220000)

Region	^{3}H-Thymidin-Index (‰) bei juvenilen Tieren	^{3}H-Thymidin-Index (‰) bei adulten Tieren
Telencephalon-Rec. praecommissuralis	83 ± 4,5	36 ± 2,8
Telencephalon-dorsale Matrixzone	41 ± 6,3	12 ± 2,3
Diencephalon-Rec. praeopticus	74 ± 6,0	43 ± 4,2
Diencephalon-Matrix d. SCO	72 ± 4,8	28 ± 3,6
Diencephalon-Rec. infundibuli	86 ± 5,4	34 ± 1,3
Mesencephalon-dorsale Matrix d. Tect opticum	78 ± 8,2	24 ± 3,5
Mesencephalon-basale Matrix d. Tect. opticum	81 ± 3,4	21 ± 4,1
Mesencephalon-caudale Matrix d. Tect. opticum	96 ± 9,2	36 ± 5,2
Cerebellum-Recessus der Valvula	92 ± 7,6	22 ± 3,2
Cerebellum-Lamina molec. der Valvula	106 ± 9,8	18 ± 2,4
Cerebellum-Ventriculus corporis	112 ± 11,2	32 ± 3,4
Cerebellum-Lamina molec. des Corpus	94 ± 6,9	27 ± 2,6
Medulla	88 ± 4,6	22 ± 3,1

teil — wie im Telencephalon —, andererseits bestehen auch erhebliche Differenzen zwischen den einzelnen Hirnabschnitten. Beachtenswert ist auch die große Zahl DNS-synthetisierender Zellen in den Matrixzonen des Gehirns ausgewachsener Teleostier.

Um zu klären, ob die nachgewiesene DNS-Synthese im Rahmen eines regelrechten Generationszyklus erfolgt, also Ausdruck der Vorbereitung einer Mitose ist, wurde bei Vergleichstieren im Recessus praecommissuralis, Recessus praeopticus, Torus longitudinalis/dorsale Tectum-Matrix, Ventriculus corporis cerebelli und in der Medulla der Mitose-Index ermittelt. Der Vergleich beider Indices ergab, daß der ^{3}H-Thymidin-Index in allen untersuchten Gebieten um das 10fache größer ist als der Mitose-Index (genau: 8 : 1 bis 12 : 1). Das bedeutet, daß auch bei dieser Teleostier-Spezies die DNS-Synthese-Phase 10mal länger als die Mitose-Phase dauert; außerdem zeigt dieser Befund, daß die DNS-Synthese der Vorbereitung der Mitose dient und nicht im Rahmen von Polyploidisierungsvorgängen erfolgt (Maurer und Schultze 1968, Schultze 1968).

Diskussion

Auch bei dieser Teleostier-Art konnte das Vorkommen postnataler Matrixzonen des Gehirns durch autoradiographische Untersuchungen bestätigt werden (vgl. Rahmann 1968, Kranz und Richter 1970a, b, Richter und Kranz 1970a, b). Damit erwies sich erneut, daß die lichtmikroskopischen Charakteristika für Matrixzonen und Matrixzellen (Kirsche 1967, Richter 1966) zutreffend sind. In der Lokalisation der Matrixgebiete konnten keine Unterschiede zu der früher untersuchten Art gefunden werden. Es zeigte sich erneut, daß die Matrixzonen Orte der postnatalen Neurogenese sind; eine Zellneubildung außerhalb der Matrixzonen wurde von uns niemals beobachtet. Neben der Teilungsfähigkeit besitzen Matrixzellen und ihre Tochterzellen die Fähigkeit zur Differenzierung. Die Differenzierungsrichtung kann zu Neuroblasten und Nervenzellen und andererseits zu Glioblasten und Gliazellen führen (Fujita 1964, 1967, Gracheva 1968).

Auffällig ist die erhebliche Differenz zwischen den ^{3}H-Thymidin-Indices der juvenilen und adulten Tiere. Dieses deutet darauf hin, daß die in den Matrixzonen des Gehirns postnatal noch ablaufenden Wachstumsprozesse exponentiellen Charakter haben. Die Proliferationsaktivität der Matrixzonen bleibt auch bei Xiphophorus helleri zeitlebens erhalten, sie besitzt allerdings bei den erwachsenen Tieren nur noch ein geringes Ausmaß.

Die Differenzen zwischen den einzelnen Hirnteilen sind relativ gering, so daß daraus nur bedingt Wertigkeiten abzuleiten sind. Außerdem muß bei der Beurteilung der Befunde berücksichtigt werden, daß für solche Schlußfolgerungen das Tiermaterial nicht umfangreich genug ist. Beachtenswert ist aber die Tatsache, daß einheitlich in allen Regionen eine starke Verminderung der Proliferationsaktivität im Alter festzustellen ist. Die auffällig hohen Werte im Cerebellum und Tectum opticum lassen daran denken, daß postnatale Differenzierungs- und Wachstumsprozesse in diesen für Teleostier besonders wichtigen Hirnteilen noch eine große Rolle spielen und daß diese Prozesse wahrscheinlich durch Umweltreize beeinflußt werden (vgl. RICHTER und KRANZ 1970b, KRANZ und RICHTER 1970b).

Der Abfall der Proliferationsaktivität mit zunehmendem Lebensalter ist ein Zeichen für den Matrixaufbrauch bei den adulten Tieren (KAHLE 1956). Eine Akzeleration des Matrixaufbrauchs in der Medulla, im Cerebellum, im Mesencephalon oder im Diencephalon gegenüber dem Telencephalon kann nicht festgestellt werden. Insgesamt sind Anzeichen für eine Heterochronie des Matrixaufbrauchs vorhanden.

Die verminderte Proliferationsaktivität schließt nicht aus, daß z. B. durch eine Läsion eine erneute Aktivierung möglich ist. Dieses konnte in Regenerationsexperimenten am Gehirn adulter Teleostier nachgewiesen werden (RICHTER 1968, 1970). Dabei zeigte sich, daß sogar die relativ inaktive dorsale Matrixzone des Telencephalons unter dem traumatischen Reiz zur gesteigerten Proliferation fähig ist. Der Nachweis von Matrixzonen bedeutet, daß in dem betreffenden Hirnteil Möglichkeiten für eine Regeneration vorhanden sind, wie es auch für das Tectum opticum im Mesencephalon beobachtet werden konnte (KIRSCHE 1959, 1960; RICHTER 1965, 1968). Eine Steigerung der Proliferationsaktivität nach Verletzungen konnte durch autoradiographische Untersuchungen am Gehirn von Teleostiern bestätigt werden (BERNSTEIN and SADLACK 1969, KRANZ und RICHTER 1971).

Auf eine Beobachtung sei noch hingewiesen. Auch bei Xiphophorus helleri findet man im Diencephalon Matrixzonen in unmittelbarer Nachbarschaft neurosekretorischer (Recessus praeopticus, Recessus infundibuli) und ependymosekretorischer (Subcommissuralorgan, Paraventricularorgan) Gebiete. Dieser Befund stimmt überein mit Angaben von KIRSCHE (1967), RICHTER und HEINRICH (1969), KRANZ und RICHTER (1970a), WENK und PFISTER (1970). Über die Wechselbeziehungen dieser Gebiete kann noch keine endgültige Aussage getroffen werden; die Abnahme der Proliferationsaktivität der Matrixzonen scheint die sekretorische Tätigkeit aber nicht zu beeinflussen. Wachstumserscheinungen der Sekretionsorgane müßten durch Messungen quantitativ erfaßt und eine mögliche Korrelation zum Matrixaufbrauch ermittelt werden.

Die Feststellung, daß im Cerebellum in der Lamina molecularis — also außerhalb von Matrixzonen — gehäuft DNS synthetisierende Zellen zu beobachten sind, stimmt überein mit den Angaben von RAHMANN (1968) und KRANZ und RICHTER (1970b). Eine Erklärung hierfür ist sehr schwierig, zumal die Kerne dieser Zellen keine Ähnlichkeit mit denen der Matrixzellen aufweisen. Andererseits zeigt der Verlauf der Proliferationsaktivität im Individualzyklus, daß es sich um eine sehr aktive, exponentiell wachsende Zellpopulation handelt. Eine Interpretation dieser Zellen als Glia ist deshalb nicht möglich, da Glia im Fischgehirn einen gleichbleibenden Proliferationsverlauf von sehr geringem Ausmaß zeigt (RICHTER und KRANZ 1970a).

Auch bei dieser Spezies ergab ein Vergleich mit dem Mitose-Index, daß die markierten Zellen einer Zellpopulation mit ungestörtem Generationszyklus angehören. Aus dem Verhältnis der beiden Indices geht hervor, daß die Synthesephase etwa das 10fache der Dauer der Mitose-Phase beträgt. Die DNS-Synthese dient der Vorbereitung einer Mitose und nicht Polyploidisierungsvorgängen.

Die DNS synthetisierenden Zellen fanden sich — mit Ausnahme des Cerebellums — stets in subependymaler Lagerung. Damit konnte auch bei dieser Spezies die Auffassung über die Lokalisation der einzelnen Phasen des Generationszyklus der Zellen innerhalb der Matrixzonen bestätigt werden (FUJITA 1964, 1967, GRACHEVA 1968, LEWIS 1968). Eine Identifikation als Matrixzellen wird gerade durch ihre Lokalisation möglich; die weitaus größte Zahl der Autoren fand die Zellen der Synthesephase in subependymaler Lage (Lit. siehe GRACHEVA 1968, RICHTER und KRANZ 1970a, b, KRANZ und RICHTER 1970a, b).

Durch die einmalige Applikation von ^{3}H-Thymidin bei einer radioaktiven Versuchszeit von einer Stunde wird die Synthesephase von nur einem Generationszyklus erfaßt (SCHULTZE 1968). Es ergibt sich dadurch ein Momentbild der Proliferationsaktivität, d. h. die Anzahl der teilungsbereiten Zellen der Population Matrixzellen in der Zeiteinheit. Eine Aussage über die Differenzierungsrichtung (Glioblast — Gliazelle oder Neuroblast — Nervenzelle) kann nicht gegeben werden; aus einer Funktionsrückkehr bei Regenerationsexperimenten mit zellulärer Proliferation ist jedoch zu schließen, daß unter den neugebildeten Zellen auch Nervenzellen sein müssen. Für eine Bestimmung der an die Teilungsvorgänge anschließenden Migration und für die Ermittlung der Volumenveränderung der Matrixzonen wären weitere Untersuchungen mit kumulativer Markierung erforderlich.

Zusammenfassung

11 Versuchstieren (Xiphophorus helleri — Teleostei) wurde ^{3}H-Thymidin appliziert. Es handelt sich um eine Gruppe von 6 juvenilen Tieren und eine zweite Gruppe von 5 adulten Weibchen. Alle Tiere erhielten eine einmalige Injektion (absolute Aktivität 10 μCi/g Körpergewicht); radioaktive Versuchszeit war eine Stunde.

In den Serienschnitt-Autoradiogrammen des Gehirns wurde die postnatale Persistenz der Matrixzonen nachgewiesen und ihre Lokalisation in den einzelnen Hirnteilen festgestellt. Der ^{3}H-Thymidin-Index ist bei den juvenilen Tieren in allen Regionen höher als bei den adulten.

Ein Vergleich des ^{3}H-Thymidin-Index mit dem Mitose-Index zeigt, daß die Synthese-Phase auch in den Matrixzonen des Gehirns dieser Spezies etwa die 10fache Zeit der Mitose-Phase dauert.

Summary

^{3}H-thymidine was applied in 11 test animals (Xiphophorus helleri — teleosts). The animals were divided into one group of 6 juveniles and a second group of 5 adult females. All animals were single injected with ^{3}H-thymidine (absolute activity 10 μCi/g body weight); the radioactive test time was one hour. The postnatal persistence of the matrix-layers was verified in the serial section autoradiographs of the brains, and their localization in the parts of the brain.

The ^{3}H-thymidine-index is higher in the juvenile animals than in the adults in all regions.

A comparison of the ^{3}H-thymidine-index with the mitotic index proves, that the synthetic phase lasts the tenfold time of the mitotic phase also in the matrix-layers of the brains of this species.

Literatur

ALTMAN, J.: Autoradiographic and histological studies of postnatal neurogenesis. IV. Cell proliferation and migration in the anterior forebrain, with special reference to persisting neurogenesis in the olfactory bulb. J. Comp. Neurol. **137**, 433—458 (1969).

BERNSTEIN, J. J., and F. J. SADLACK: The formation of new neurons during abortive regeneration of the goldfish telencephalon: An autoradiographic study. Anat. Rec. **163**, 154 (1969).

DAS, G. D., and J. ALTMAN: Postnatal neurogenesis in the caudate nucleus and nucleus accumbens septi in the rat. Brain Res. **21**, 122—127 (1970).

FUJITA, S.: Analysis of neuron differentiation in the central nervous system by tritiated thymidine autoradiography. J. Comp. Neurol. **122**, 311—327 (1964).

FUJITA, S.: Applications of light and electron microscopic autoradiography to the study of cytogenesis of the forebrain. In: Evolution of the forebrain, ed. by R. HASSLER and H. STEPHAN, Plenum Press, New York 1967, pp. 180—196.

GRACHEVA, N. D.: Autoradiography. Synthesis of nucleic acids and proteins in the nervous system (in russian). Leningrad, Nauka, 1968, 230 pp. with 14 plates.

HINDS, J. W.: Autoradiographic study of histogenesis in the mouse olfactory bulb. I. Time of origin of neurons and neuroglia. J. Comp. Neurol. **134**, 287—304 (1968).

HINDS, J. W.: Autoradiographic study of histogenesis in the mouse olfactory bulb. II. Cell proliferation and migration. J. Comp. Neurol. **134**, 305—322 (1967).

KAHLE, W.: Studien über die Matrixphasen und die örtlichen Reifungsunterschiede im embryonalen menschlichen Gehirn. I. Die Matrixphasen im allgemeinen. Dtsche Zschr. Nervenhk. **166**, 273—302 (1951).

KAHLE, W.: Zur Entwicklung des menschlichen Zwischenhirnes. Studien über die Matrixphasen und die örtlichen Reifungsunterschiede im embryonalen menschlichen Gehirn. II. Mitteilung. Dtsche Zschr. Nervenhk. **175**, 259—318 (1956).

KAHLE, W.: Die Entwicklung der menschlichen Großhirnhemisphäre. Schriftenreihe Neurologie, Bd. **1**. Springer-Verlag Berlin—Heidelberg—New York (1969). 114 S.

KIRSCHE, W.: Zur Frage der Regeneration des Mittelhirnes der Teleostei. Verh. Anat. Ges. 56. Vers. (1959), Erg. h. Anat. Anz. **106/107**, 259—270 (1960).

KIRSCHE, W.: Regeneration im Zentralnervensystem. In: Forschen und Wirken. Festschrift zur 150-Jahr-Feier der Humboldt-Universität zu Berlin. Bd. **II**, 407—438 (1960).

KIRSCHE, W.: Über postembryonale Matrixzonen im Gehirn verschiedener Vertebraten und deren Beziehung zur Hirnbauplanlehre. Zschr. mikrosk.-anat. Forsch. **77**, 313—406 (1967).

KIRSCHE, W.: Weitere Untersuchungen über das Vorkommen postembryonaler Matrixzonen im Telencephalon einiger Säugetiere. Zschr. mikrosk.-anat. Forsch. **82**, 122—145 (1970).

KRANZ, D., und W. RICHTER: Autoradiographische Untersuchungen über die Lokalisation der Matrixzonen des Diencephalons von juvenilen und adulten Lebistes reticulatus (Teleostei). Zschr. mikrosk.-anat. Forsch. **82**, 42—66 (1970).

KRANZ, D., und W. RICHTER: Autoradiographische Untersuchungen zur DNS-Synthese im Cerebellum und in der Medulla oblongata von Teleostiern verschiedenen Lebensalters. Zschr. mikrosk.-anat. Forsch. **82**, 264 bis 292 (1970).

KRANZ, D., und W. RICHTER: Autoradiographische Untersuchungen zur Regeneration im Tectum opticum von Lebistes reticulatus (Teleostei). (Im Druck.)

LEWIS, P. D.: A quantitative study of cell proliferation in the subependymal layer of the adult rat brain. Exper. Neurol. **20**, 203—207 (1968).

MAURER, W., und B. SCHULTZE: Überblick über autoradiographische Methoden und Ergebnisse zur Bestimmung von Generationszeiten und Teilphasen von tierischen Zellen mit markiertem Thymidin. Acta histochem. Suppl. **VIII**, 73—87 (1968).

RAHMANN, H.: Autoradiographische Untersuchungen zum DNS-Stoffwechsel (Mitose-Häufigkeit) im ZNS von Brachydanio rerio Ham. Buch. (Cyprinidae, Pisces). J. Hirnforsch. **10**, 279—284 (1968).

RICHTER, W.: Regeneration im Tectum opticum bei Leucaspius delineatus (Heckel 1843). Zschr. mikrosk.-anat. Forsch. **74**, 46—68 (1965).

RICHTER, W.: Mitotische Aktivität in den Matrixzonen des Tectum opticum von juvenilen und adulten Lebistes reticulatus (Peters 1859). J. Hirnforsch. **8**, 195—206 (1966).

RICHTER, W.: Regeneration im Tectum opticum bei adulten Lebistes reticulatus (Peters 1859) (Poecilidae, Cyprinodontes, Teleostei). J. Hirnforsch. **10**, 173—186 (1968).

RICHTER, W.: Regeneration im Telencephalon von juvenilen und adulten Lebistes reticulatus (Teleostei). Zschr. mikrosk.-anat. Forsch. **81**, 345—358 (1970).

RICHTER, W., und D. HEINRICH: Über die postnatale mitotische Aktivität in einigen Matrixzonen des Diencephalons von Lebistes reticulatus (Teleostei) in Abhängigkeit vom Lebensalter. Zschr. mikrosk.-anat. Forsch. **80**, 433—449 (1969).

RICHTER, W., und D. KRANZ: Autoradiographische Untersuchungen über die Abhängigkeit des ^{3}H-Thymidin-Index vom Lebensalter in den Matrixzonen des Telencephalons von Lebistes reticulatus (Teleostei). Zschr. mikrosk.-anat. Forsch. **81**, 530—554 (1970).

RICHTER, W., und D. KRANZ: Die Abhängigkeit der DNS-Synthese in den Matrixzonen des Mesencephalons vom Lebensalter der Versuchstiere (Lebistes reticulatus — Teleostei). Autoradiographische Untersuchungen. Zschr. mikrosk.-anat. Forsch. **82**, 76—92 (1970).

SCHLECHT, F.: Die postembryonale mitotische Aktivität in den Endhirnmatrixzonen von Lebistes reticulatus (Peters 1859) (Teleostei, Pisces). Zschr. mikrosk.-anat. Forsch. **81**, 221—232 (1969).

SPATZ, H.: Über Beziehungen zwischen der Substantia nigra des Mittelhirnfußes und dem Globus pallidus des Linsenkernes. Verh. Anat. Ges. 31. Vers. (1922), Erg. h. Anat. Anz. **55**, 159—180 (1922).

SPATZ, H.: Über die Entwicklungsgeschichte der basalen Ganglien des menschlichen Großhirns. Verh. Anat. Ges. 34. Vers. (1925), Erg. h. Anat. Anz. **60**, 54—58 (1925).

WENK, H., und C. PFISTER: Über die Fermentreifung im Subkommissuralorgan von Ambystoma mexicanum in Beziehung zur morphologischen Differenzierung. Zschr. mikrosk.-anat. Forsch. **81**, 313—328 (1970).

Adresse der Autoren:

OA Dr. W. RICHTER
Anatomisches Institut der Humboldt-Universität
104 Berlin, Philippstr. 13

Dr. D. KRANZ
Pathologisches Institut der Charité
104 Berlin, Schumannstr. 21

From Department of Descriptive and Topographical Anatomy,
Medicial Academy of Poznań
and Department of Neurosurgery, Medical Academy of Poznań

Primary Glossopharyngeal and Vagal Afferent Projection Into the Cerebellum in the Dog

An Experimental Study with Toluidine Blue and Silver Impregnation Methods[1])

By

T. Sobusiak, R. Zimny and Z. Matłosz

With 18 figures

(Received March 30, 1971)

Introduction

The silver impregnation method according to Nauta (Nauta, 1957; Nauta and Gygax, 1954), which stains not only myelin sheaths but also degenerating axons (Eager and Barnett, 1966) enables a more precise definition of the course and termination of various fibrous systems. The application of this method for studying the central distribution of the IXth and Xth cranial nerves (Torvik, 1956; Kimmel, Kimmel and Zarkin, 1961; Kerr, 1962a, b; Cottle, 1964; Kimmel, 1965; Rhoton, O'Leary and Ferguson, 1966) allowed to show the terminations of primary afferent fibers of these nerves also in the principal and accessory cuneate nuclei (Kerr, 1962a, b; Rhoton, O'Leary and Ferguson, 1966), and in the reticular formation (Kimmel, Kimmel and Zarkin, 1961; Kunc and Marsala, 1962; Rhoton, O'Leary and Ferguson, 1966). The problem whether there are any primary afferent fibers of the IXth and Xth cranial nerves running directly to the cerebellum has so far remained unsolved. Since Held's (1892) investigations only Барашков (1960) and Kerr (1962) has mentioned that some fibers of this type penetrate from roots of glossopharyngeal and vagus nerves into the inferior cerebellar peduncle. No precise investigations of this problem, however, have been performed so far. At present, we wish to explain it by associated methods of examination of a possible retrograde degeneration of neurons within the peripheral ganglia of the IXth and Xth cranial nerves, and by tracing the orthograde degeneration of afferent root components of these nerves in the medulla and cerebellum.

[1]) This investigation was supported in part by a Research Grant from the Commission of Head Injury, the Committee of Clinical Pathophysiology, VI Faculty of Medical Sciences, Polish Academy of Sciences.

Material and Methods

17 dogs of mixed races were operated under Nembutal anaesthesia (30 mg/kg — i.p.) and sterile precautions. Two types of operation were used.

In the first experimental group the anterior and posterior lobes of the cerebellum were exposed from approach by occipital or suboccipital craniectomy, respectively. The anterior lobe of the cerebellum was reached after elevating the occipital lobe of the brain and partial removing the tentorium. Different parts of the cerebellum were injured by partial suction or coagulation. In two animals belonging to this experimental group "phantom operations" were carried out, consisting in an exposure of the cerebellum without injuring it.

The second experimental group comprises 8 animals of among 13 previously operated specimens submitted to intracranial rhizotomy of the IXth and Xth nerves, or to extracranial transection of the vagus nerve proximally to the inferior (nodose) ganglion. In cases of intracranial experiments special attention was paid to avoiding injury of the medulla.

The surval time of animals in group I was from 12—26 days, while that of group II ranged from 9—27 days. Besides, from two animals that had not been operated peripheral ganglia of the glossopharyngeal and vagus nerves were taken in order to have a normal control material.

The sacrification and intravital fixation were made according to the methods of KOENIG and al. (1945) in Nembutal anaesthesia. Subsequently the cavum cranii was opened, the encephalon was removed, and the brain stem was separated from the rest of the brain and immersed in 10% neutral formalin for about 7 days.

In the animals of group I the peripheral ganglia of the vagus and glossopharyngeal nerves were dissected on both sides, and then transferred to 10% neutral formalin. In the case of animals of group II sectional verification of the performed operation and accidental macroscopic damage of the medulla was done.

From fixed brain stems the cerebellum was separated after 7 days, and in cases of experimental group I it was transferred to 95% alcohol for further fixation, while from the material of group II, just as the brain stems of the operative group II, it was transferred to fresh 10% neutral formalin.

The cerebella fixed in alcohol were precisely inspected in order to determine the extent of the injury done, and then they were embedded in paraffin and cut serially in transverse sections at 30 μ. Every fifth section was mounted and stained with toluidine. The peripheral ganglia of the glossopharyngeal and vagus nerves taken both of experimental group I and the control material were also embedded in paraffin, and cut serially in transverse sections at 10 μ, from which every tenth was mounted and also stained with toluidine.

Part of the brain stem material and the cerebella of group II were embedded in paraffin blocks, which were later cut into sections 10 μ thick; the remaining part was cut on the freezing microtome in sections at 20 μ. From the brain stems transversal or horizontal sections were prepared and in the case of the paraffin serie every fifth, while in the frozen series every second or third, were subjected to staining by toluidine or Nauta method (NAUTA, 1957; NAUTA and GYGAX, 1951, 1954) alternatively.

In each case the toluidine and Nauta material of the brain stems were subjected to detailed microscopic analysis in order to find signs of accidental traumatic lesions of the medulla. In this way the cerebella of specimens with damage of medulla inflicted to the accessory cuneate nucleus, the gracile nucleus as well as to the inferior cerebellar peduncle, were excluded from further investigations. Of the cerebellum material deriving from this experimental group every fifth sagittal paraffin or frozen section was impregnated by NAUTA method (NAUTA, 1957; NAUTA and GYGAX, 1951, 1954).

The evaluation of the (topical) localization of lesions and fiber degeneration within the cerebellum was made with aid the topographic map of cerebellum according to LARSELL (1953). The classification of neuronal changes was done by diagnostic criteria of retrograde degeneration of the nervous cells, previously accepted (ZIMNY and MATŁOSZ, 1971), while the estimate of degeneration of nerve fibers was based on datae stablished by GLEES and NAUTA (1955), NAUTA (1957), and HEIMER (1969).

Results

I. The structure of normal ganglia of the glossopharyngeal nerve

In the examined material of ganglia of the IXth cranial nerve three fundamental types of cellular elements may be distinguished:

1. Most cells are medium size neurons containing granula of Nissl substance of a more or less uniform size, equally dispersed in the cytoplasm. The large vesicular cell nuclei are rounded and located centrally. The cell nuclei contain mostly one distinct nucleolus. The neurons tend to appear in large groups concentrations, shaped as nests of different size, which in their greatest development contain several dozen of ganglion elements.
2. Much less numerous in the ganglion (ganglia) of the IXth nerve are cells with a centrally placed oval or round-shaped nucleus and very delicately outlined tigroid granules. Usually they do not fill the peripheral and perinuclear band of the neuroplasmatic territory.
3. In the peripheral parts of the ganglion mainly, near its connective tissue capsule, large light cells are localized. These neurons are characterized by the presence of rounded, small granula of the chromophilic substance, diffused in the cytoplasm. Sometimes the granules are larger, more elongated and are collected along the neuron periphery. The round shaped, clear nuclei are situated in the central region of neuron.

Beside the three types of nerve cells, described above, medium sized neurons with large granula of tigroid can be found occasionally in the ganglion (ganglia) of the glossopharyngeal nerve. In the light cytoplasm of these neurons are placed, concentrically or irregularly distributed, a thick granules of tigroid. Most frequently slighty elongated nucleus have a central position in the neuroplasmatic territory.

II. The structure of normal ganglia of the vagus nerve

In material stained with toluidine several types of cells, depending on the appearance of their cytoplasm and the distribution of tigroid granula, can be distinguished in the structure of the superior (jugular) and inferior (nodose) ganglion of the vagus nerve.

Type A—large round cells with light cytoplasm in which delicate NISSL granula are uniformly dispersed.

The size of these Nissl bodies is different in various cells. On the periphery of some of them elongated NISSL bodies are arranged in an annular way. Sometimes these cells contain large, thick NISSL bodies distributed irregularly in the neuroplasmatic territory.

Type B—small cellular elements with fine Nissl granules, which neither occur on the cell periphery nor in the perinuclear region of cytoplasm.

Type C—cells of large or medium size with tigroid granules dispersed more or less uniformly within the cytoplasm, outlined rather indistinctly.

III. Peripheral ganglia of the glossopharyngeal and vagus nerves after lesions of the cerebellum

In dog P 19 (survival time 16 days) the lesion included (Fig. 1) the cortex of the uvula (lobulus IX), the pyramid (lobulus VIII), the posterior part of the tuber (lobulus VIb), and partly encroaches the right himisphere involving the medial part of the paramedian lobule (lobulus H VIIIa), as well as the medial part of the dorsal paraflocculus (lobulus H VIIIb). The lesion extended a little below the cortex not reaching anywhere the cerebellum nuclei (Fig. 1).

The examination of the peripheral ganglia of the glossopharyngeal nerve shows bilaterally a few neurons with chromatolysis in their upper parts (Fig. 2). The number of chromatolytic neurons in the ganglion of the right side seems, however, to be greater than in the left one. Both ganglia of the vagus nerve on the left side, as well as the right nodose ganglion, do not contain neurons in the state of retrograde degeneration. The initial segment of the right jugular ganglion of the vagus nerve has a few chromatolytic cells.

In dog P 65 (survival time 25 days) the lesion involved the cortex and underlying the white matter the lobulus IX and X of the vermis, and in the right side the ventral paraflocculus (lobulus IX)

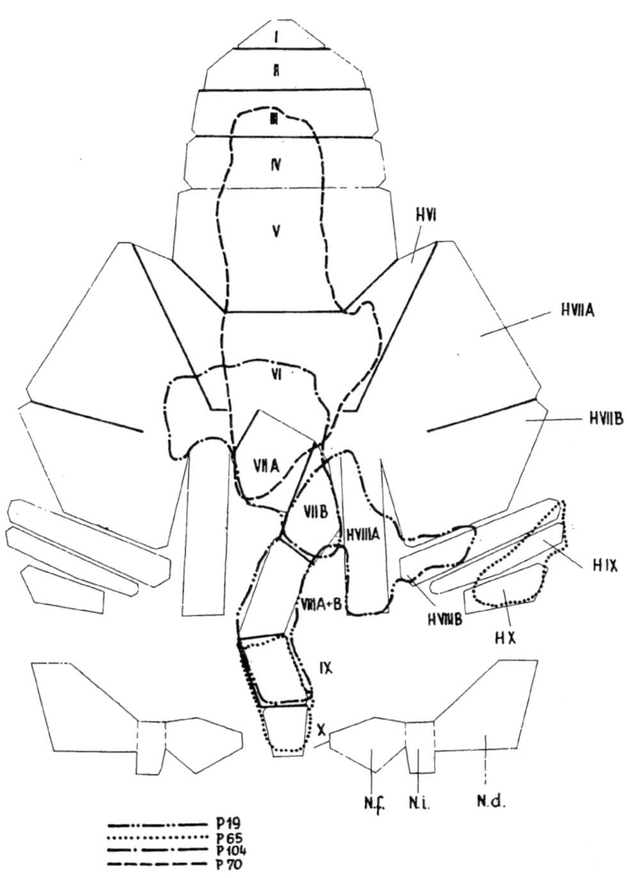

Fig. 1. A diagram of the cerebellar surface and central nuclei showing the sites of lesions in the cases P 19, P 65, P 104, P 70.

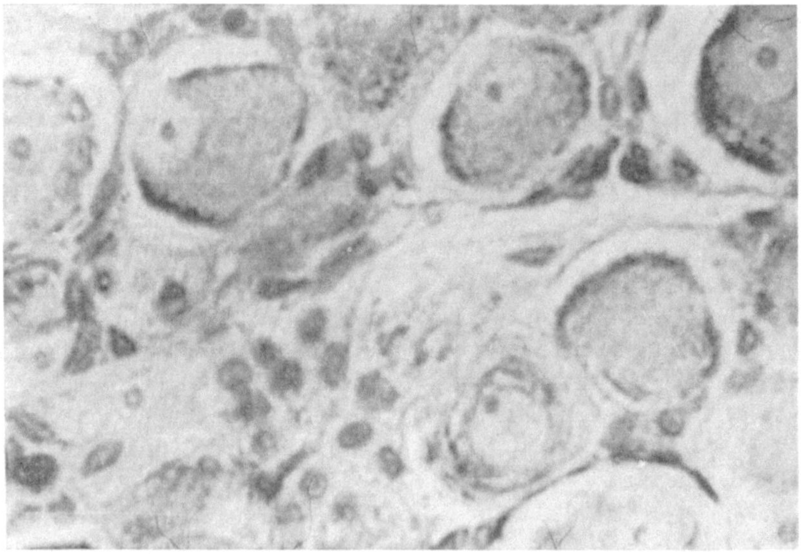

Fig. 2. Retrograde degeneration a small number of neurons in the superior part of the left glossopharyngeal ganglion nerve after lesion of the cerebellum in the case P 19. Thionin stain, 800 ×.

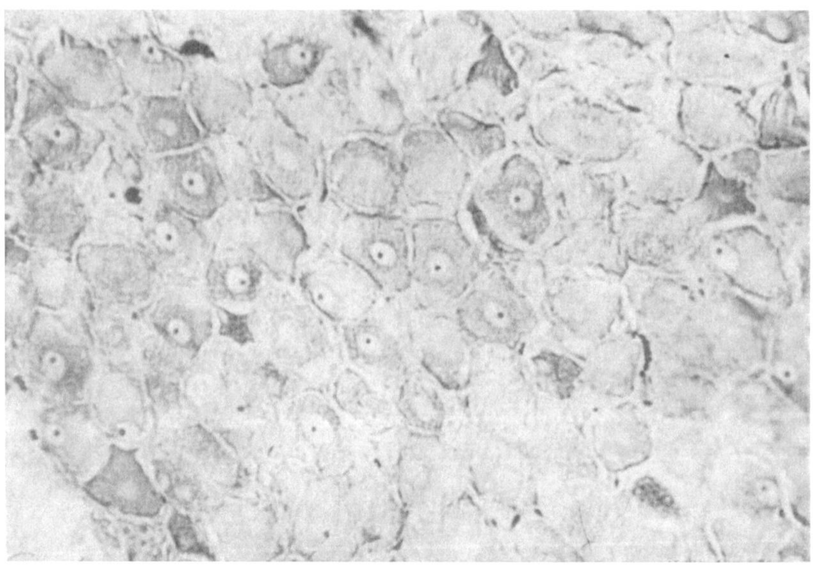

Fig. 3. Retrograde degeneration of neurons in the superior ganglion of the left vagus nerve after lesion of the cerebellum in case P 104. Thionin stain, 300 ×.

of the hemisphere. The other lobules were not involved in the lesion.

No signs of chromatolytic changes were found in the peripheral ganglia of the IXth and Xth cranial nerves of both sides.

In dog P 104 (survival time 19 days) the lesion comprises (Fig. 1) the posterior part of the declive (lobulus VI), the dorsal and ventral parts of lobules VIIa and b, as well as the adjacent medial parts of crus I and crus II of the ansiform lobule of the left hemisphere (lobulus H VIIa und H VIIb). The lesion affected only the cortex and quite superficial layers of the white matter, and did not approach anywhere the fastigial nuclei or the interposed nuclei of the left side.

The signs od chromatolytic changes were stated, in this case, within the superior ganglia of the glossopharyngeal and vagus (Fig. 3) nerves of both sides; it can't be decided, however, on which side the changes are more intense. The left inferior ganglion of the vagus, unlike the right one, contained rather a few chromatolytic neurons localized in its peripheral parts.

In the case of dog P 70 (survival time 12 days) the lesion included (Fig. 1) the culmen of the vermis (lobuli III, IV and V), the declive (lobulus VI), the adjacent part of the folium (lobulus VII a), and also on the right side, the medial part of the simple lobule (lobulus H VI) of the cerebellar hemisphere.

The symptoms of chromatolysis were found in the neurons of the peripheral glossopharyngeal ganglia, bilaterally.

In the superior ganglion of the right vagus nerve no degenerating neurons were found, though in the remaining ganglia of nerves of both sides convincing exponents of degeneration were seen.

In dog P 53 (survival time 23 days) the lesion affected (Fig. 4) the vermis lobules from I to VII a and b, as well as over a large area the medial region of the respective parts of the right hemisphere, and the narrow strip of the medial part of the left hemisphere, too.

On the right side crus I of the ansiform lobule (lobulus H VII a) was injured only insignificantly in its medial part, while crus II of this lobule (lobulus H VII b) remained quite intact on the same side. Contrary to this, on the left side part of crus II was injured, while crus I did not show any damage. The lesion far inside affected the white matter and the whole fastigial nucleus of the right side, as well as the right anterior interposed nucleus; the fastigial nucleus on the left side was injured in its antero-medial part. The other cerebellar nuclei were not involved in the lesion.

In this case the most extensive retrograde degenerative changes when compared with the remaining material, were stated within the neurons of the superior ganglia of the glossopharyngeal (Fig. 5) and vagus nerves of both sides. These changes were more intense in the ganglion of the vagus nerve on the right side and in the left ganglion of the glossopharyngeal nerve. The inferior ganglion of the left vagus nerve contained rather numerous chromatolytic cells, while the

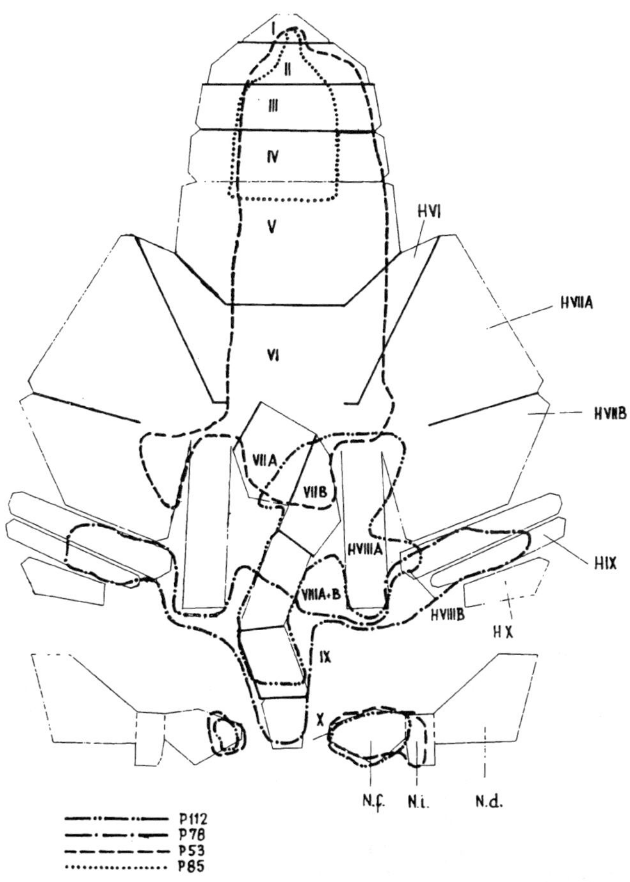

Fig. 4. A diagram of cerebellar surface and central nuclei showing the sites of lesions in cases P 53, P 78, P 112, P 85.

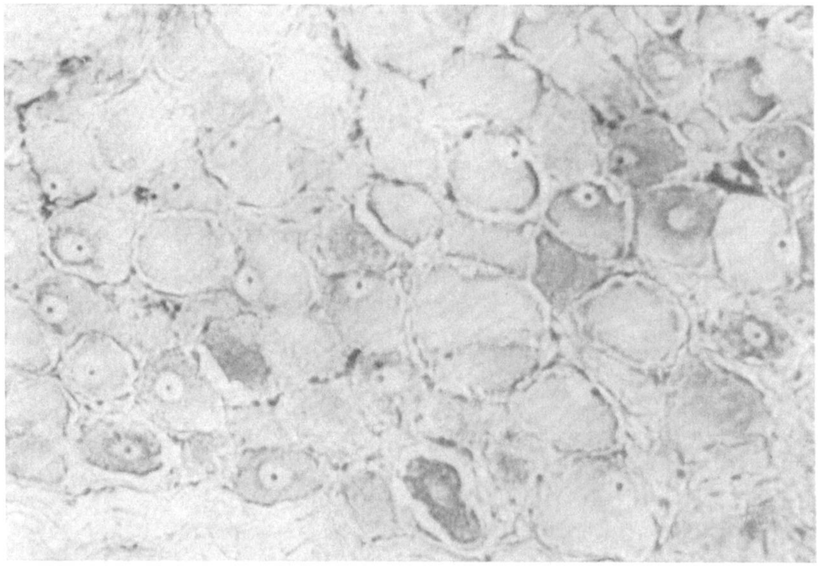

Fig. 5. Retrograde degeneration of neurons in the superior ganglion of the right glossopharyngeal nerve after lesion the cerebellum in the case P 53. Thionin stain, 300 ×.

inferior right ganglion did not show the presence of such neurons. Both inferior ganglia of the glossopharyngeal nerve did not contain any chromatolytic neurons, either.

In dog P 78 (survival time 10 days) the lobules X, IX and VIIIb of the vermis were injured (Fig. 4), and so were the medial parts of the ventral (lobulus H IX) and the dorsal (lobulus H VIIIb) paraflocculi in the range of the cerebellar hemisphere of both sides over a considerable area. The flocculus (lobulus H X) bilaterally and the remaining parts of the cerebellum were preserved.

The analysis of all ganglia of the glossopharyngeal and vagus nerves on both sides did not prove any neurons exhibiting features of retrograde structural damage.

In dog P 112 (survival time 15 days) a deep lesion was found (Fig. 4). It involved the uvula (lobulus IX) leaving only its posterior 1/4 part intact, the pyramid (lobulus VIIIa and b), the ventral region of the tuber (lobulus VIIb), and the adjacent ventral region of the folium (lobulus VIIa). In the medio-lateral direction the lesion occupied almost the whole vermis, and in addition comprised, in a small degree, the corresponding parts of the right cerebellar hemisphere, embracing, too, the medial region of crus II of the ansiform lobule (lobulus H VIIb), as well as the medial part of the paramedian lobule (lobulus H VIIIa). The lesion affected the white matter of the cerebellum, deep to the vault of ventricle IV embracing the peduncle of the right side flocculus, the right posterior medullary velum and, in a very small degree, the medial part of the posterior medullary velum on the left side. To the front the lesion extended far beyond the fastigial recess. Of among the central cerebellar nuclei was stated an entire removing of the right fastigial nucleus, a little injury the medial part of the left fastigial nucleus, and a partial damage of the anterior interposed nucleus, as well. The remaining cerebellar nuclei did not show any signs of lesion.

Convincing signs of retrograde degenerative changes were found in the ganglia of the glossopharyngeal nerve on both sides, though with distinct preponderance to the right side. Simultaneously the inferior ganglion of the right vagus nerve showed rather numerous neurons in a state of degeneration (Fig. 6), although they were inconsiderable in the upper left ganglion. The other ganglia of the vagus nerve of both sides did not show any changes.

In dog P 85 (survival time 11 days) the lesion concerned (Fig. 4) the vermis lobules III, IV, and the adjacent parts of lobules II and V, as well as both adjoining parts of the hemispheres. It was much more extensive on the right side than on the left, and involved lobule I of this hemisphere. This lesion reached far inside the white matter, somewhat about 8 mm deep. All cerebellar nuclei were left intact.

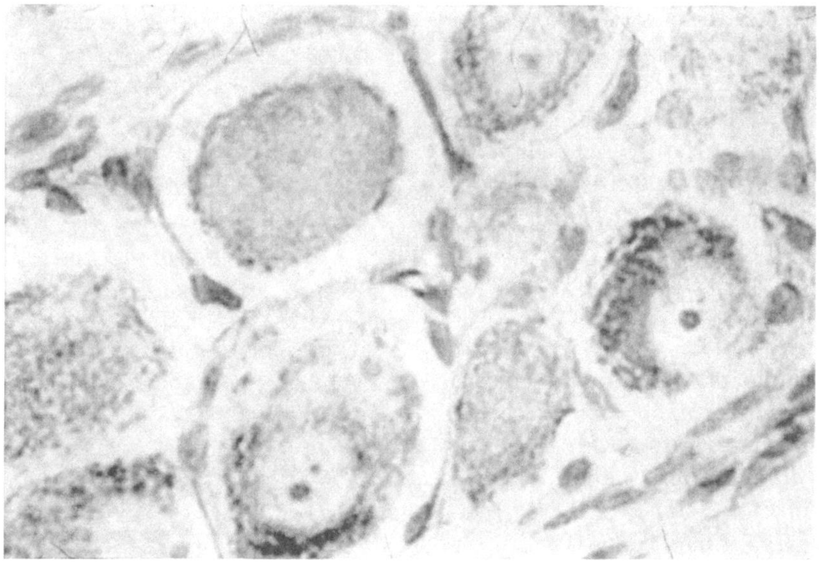

Fig. 6. Retrograde degeneration of neurons in the inferior ganglion of the right vagus nerve after lesion of the cerebellum in the case P 112. Thionin stain, 820 ×.

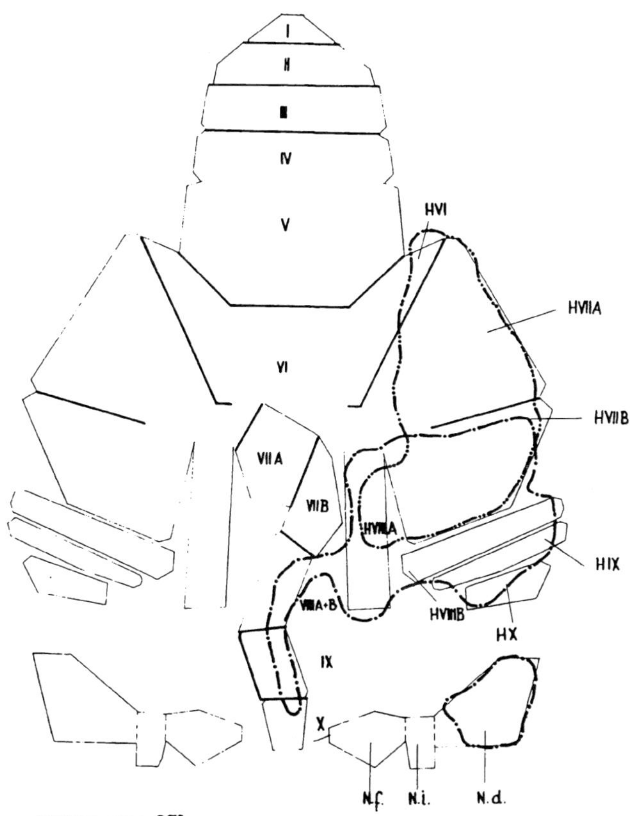

Fig. 7. A diagram of cerebellar surface and central nuclei showing the sites of lesions in the cases P 79 and P 11.

None of the ganglia of the glossopharyngeal and vagus nerves of both sides contained any neurons in a state of retrograde degenerative changes.

In dog P 79 (survival time 26 days) the lateral part of the right hemisphere of the cerebellum was injured (Fig. 7). The lesion comprised the cortex and underlying white matter of lobules H VI, H VIIa, H VIIb, and H VIIIa. Only within lobule H VIIIa the lesion came near the cerebellar vermis, but did not comprise it. The central nuclei of the cerebellum were intact.

Few cells with chromatolytic features were seen only within the superior ganglion of the right vagus nerve, while the remaining ganglia of nerves IXth and Xth on both sides did not exhibit any retrograde changes.

In dog P 11 (survival time 17 days), within the right hemisphere, lobules H VIIb, H VIIIa and b, H IX, and partly H X, were injured, and moreover the lesion attained the region of the cerebellar vermis, comprising in a slight degree, the cortex of lobule VIIIb, and a large part of lobule IX together with the adjoining region of lobule X. On the right side the lesion went far inside and injured nearly the whole lateral nucleus, with the exception of its anterior and medial parts. The other central nuclei of the cerebellum were not damaged (Fig. 7).

In the examined case the chromatolytic neurons were seen in the superior ganglia of nerves IXth and Xth on the right side (Fig. 8), while no degenerating cells in the remaining ganglia of both sides were encountered.

In two cases subjected to "phantom operation" no retrograde degenerative changes were found in the peripheral ganglia of IXth and Xth cranial nerves.

IV. Course of afferent root fibers of glossopharyngeal and vagus nerves

In cases of a total intracranial transection of the glossopharyngeal and vagus nerves we could state degenerating radicles of those nerves, which, after entering the medulla, turn, in the shape of several bundles, to the dorsal part of the spinal trigeminal tract (Fig. 9). These fibers are visible from the level of the posterior pole of the facial nucleus to the region situated somewhat to the front from the anterior pole of the hypoglossal nucleus. Then within the distance of over 10 sections situated more to the back they become invisible. They appear again a little behind the anterior pole of the hypoglossal nucleus.

When comparing the material in which intracranial transections were performed in the sphere of one third of the rootlets of the IXth and Xth cranial nerve complex, we can conclude that degenerating fibers seen to the front and back of the anterior pole of the hypoglossal nucleus represent rootlets of the glossopharyngeal or vagus

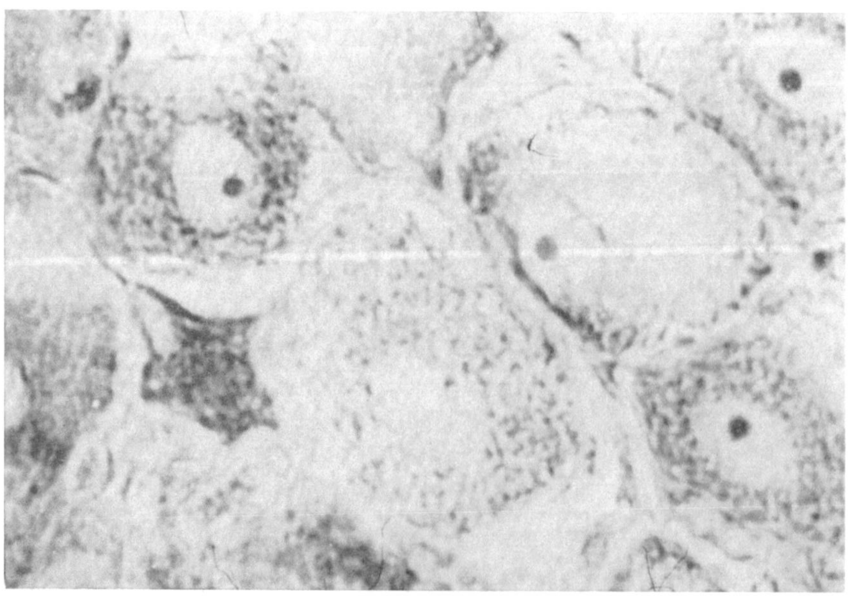

Fig. 8. Retrograde degeneration of neurons in the superior ganglion of the right vagus nerve after lesion of the cerebellum in the case P 11. Thionin stain, 1050 ×.

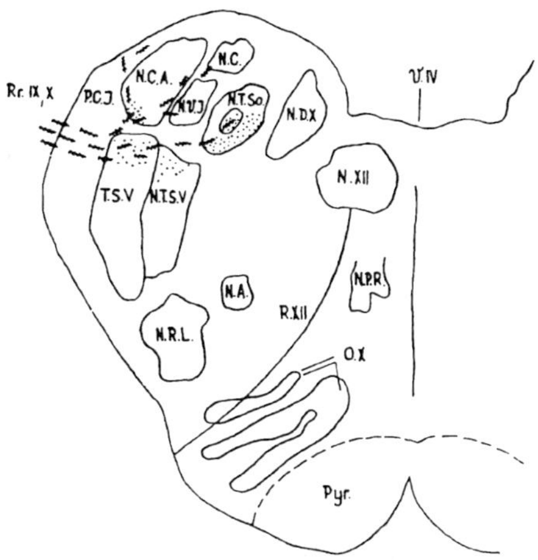

Fig. 9. Drawing of a transverse section through the medulla showing the course and distribution of degenerating root fibers after intracranial rhizotomy of the glossopharyngeal and the vagus nerve.
Wavy lines represent fibers of passage; dots, terminal degeneration. See text and list of abbreviations for explanation.

nerves, respectively. The root fibers of both nerves when reaching the dorsolateral part of the spinal trigeminal tract send a relatively small bundle to the ventral region of the accessory cuneate nucleus, while the others tend toward the solitary fascicle. From among the fiber bundles turned to the accessory cuneate nucleus only a few travel uninterruptedly through its ventro-lateral region and seem to penetrate into the middle part of the inferior cerebellar peduncle. It is not possible to examine their further course in transverse sections (Fig. 9).

The analysis of horizontal sections shows, on the side ipsilateral to transection, that among a dense fiber system, running parallel within the middle part of the inferior cerebellar peduncle, small bead-like impregnated fragments can be seen (Fig. 10, 11). They appear to enter the inferior cerebellar peduncle from the antero-lateral region of the accessory cuneate nucleus. In sections lying in a more dorsal position similar fibers in a degeneration state are seen in a small number, but they show no contact with the neurons of the accessory cuneate nucleus. No degenerating fibers can be seen in the inferior cerebellar peduncle heterolateral to transection (Fig. 12).

The studies of sagittal sections of the cerebellum show small degenerating fibers within the white matter, which do not contact with neurons of the nucleus fastigii, but traverse it mainly from the front side (Fig. 13, 14), and in a lesser degree from the posterior side. Such degenerating fibers were not found in the nucleus interpositus anterior and posterior, and in the nucleus lateralis, either. Very delicate a single degenerating fibers were observed exceptionally near the parvo-cellular part of the lateral cerebellar nucleus, however, no contacts with pericarions or processes of neurons could be shown here. The described fibers were only present

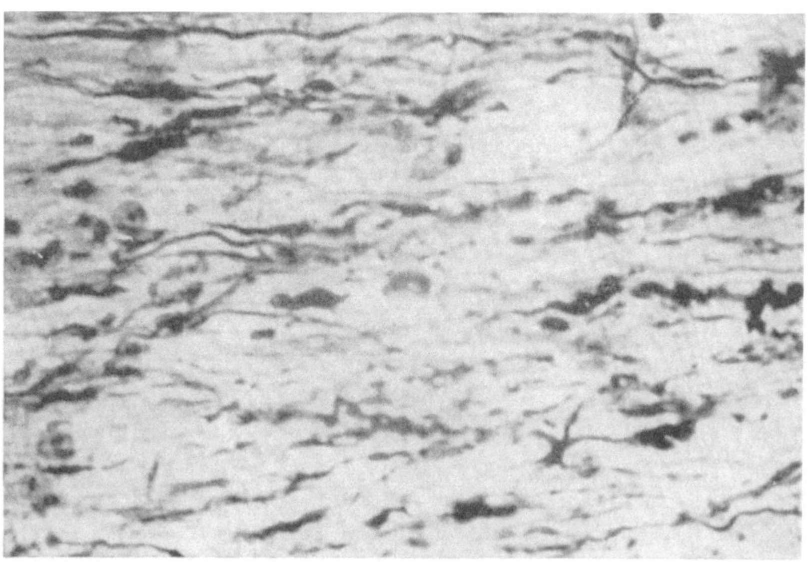

Fig. 10. Degenerating fibers in the middle part of the inferior cerebellar peduncle homolaterally to intracranial rhizotomy of the glossopharyngeal and the vagus nerve in the case P 46. Nauta stain, 820 ×.

within the half of the cerebellum, homolateral to the transected nerve.

In the sphere of the cerebellar lobules degeneration was observed only in the cortex of the posterior part of lobule V and in the adjoining zone of lobule VI (Fig. 15). Yet another place of degenerating fibers were the white matter and cortex of lobules VIIb and VIIIa. Within the cerebellum cortex the presence of degenerating fibers could be observed only in the region of the granular layer; they were not found in the molecular layer (Fig. 16). The morphological appearance of the degenerating fibers seems to correspond to the picture of "mossy fibers", but they cannot be exactly classified in some places.

In the present studies we had only cerebellum sections cut in the sagittal plane at our disposal, and therefore it was difficult to evaluate the extent of degeneration in the medio-lateral direction. It seems, however, that in the range of the

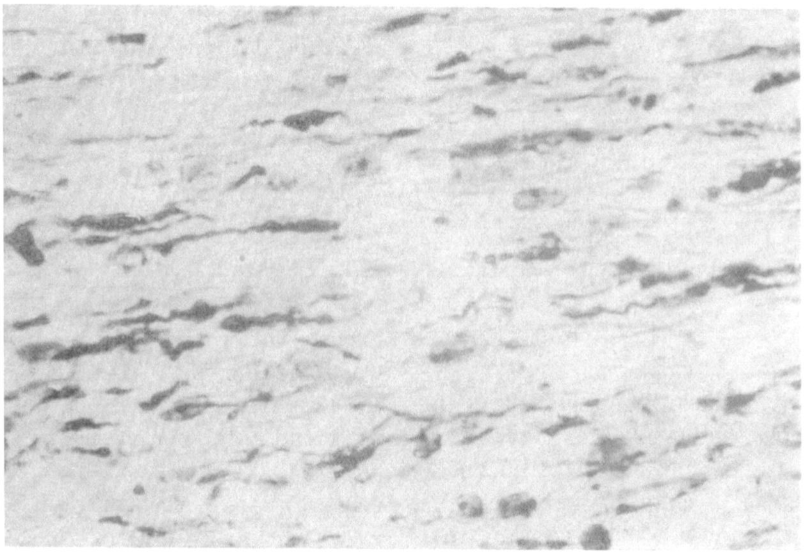

Fig. 11. Degenerating fibers in the middle part of the inferior cerebellar peduncle homolaterally to intracranial rhizotomy in the one third of the rootlets of the glossopharyngeal and the vagus nerve in the case P 142. Nauta stain, 820 ×.

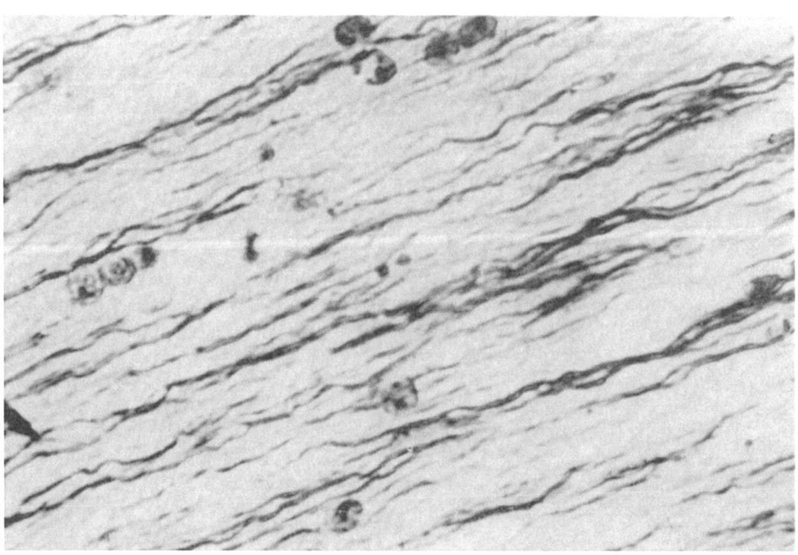

Fig. 12. The middle part of the inferior cerebellar peduncle heterolaterally to intracranial rhizotomy of the glossopharyngeal and the vagus nerve in the case P 63. No degenerating fibers are find. Nauta stain, 700 ×.

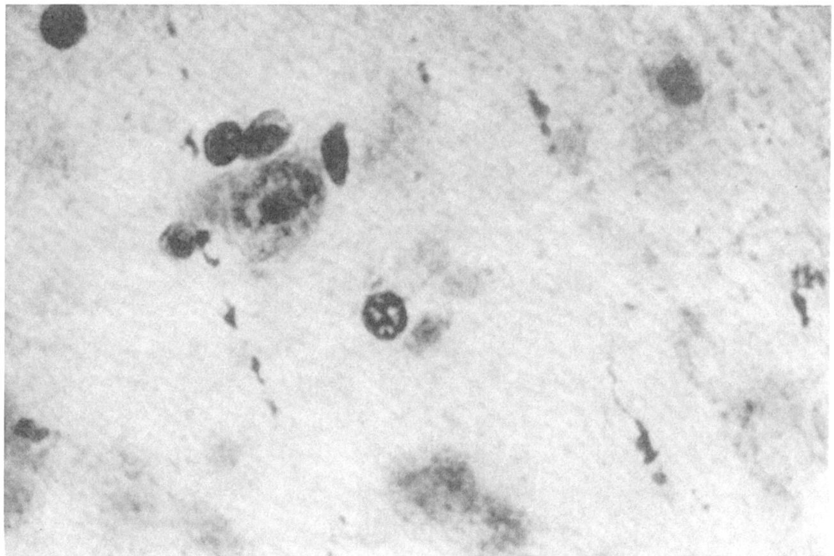

Fig. 13. Degenerating "fibers of passage" in anterior part of the fastigial nucleus homolaterally to intracranial rhizotomy of the glossopharyngeal and the vagus nerv in the case P 46. Nauta stain, 800 ×.

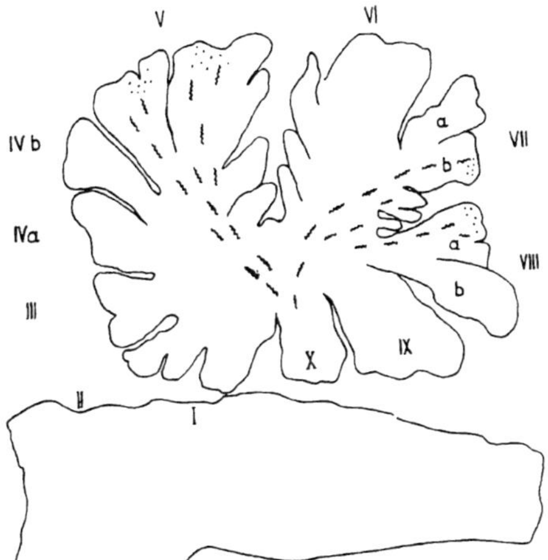

Fig. 14. Drawing of the sagittal section (slighty laterally to the median plane) through the cerebellum showing the course and the distribution of degenerating fibers after intracranial rhizotomy of the glossopharyngeal and the vagus nerve. Wave lines represent fibers of passage; dots, terminal degeneration. See text and list of abbreviations for explanation.

anterior cerebellar lobe the degeneration extends into the median and intermediate zone of the cerebellum, and reaches the medial part of the lateral zone. Contrary, in the posterior cerebellar lobe the degenerating fibers were limited almost exclusively to the median zone, and arrived only insignificantly onto the intermediate zone.

After extracranial transections of the vagus nerve, proximally to the inferior ganglion, the course of rootlets of this nerve within the medulla was similar. However, no degenerating fibers were seen in the dorso-lateral region of the spinal trigeminal tract, and only in few sections fibers passing the most ventro-lateral region of the accessory cuneate nucleus were stated. Without forming ramifications around its neurons they passed farther to the inferior cerebellar peduncle.

The analysis of horizontal sections has shown the presence of very few degenerating fibers in the middle part of the inferior cerebellar peduncle (Fig. 17). Nauta material from cerebellum sections showed few degenerating fibers within the lobule V of the cerebellum (Fig. 18) in these cases; all its other regions were entirely free from degeneration.

Discussion

The performed investigations show that lesions of definite cerebellum regions lead to degeneration of some neurons within the ganglion (ganglia) of the glossopharyngeal nerve (in case of two ganglia of the IXth nerve degeneration was encountered only in the superior ganglion—P 104, P 50, P 11), as well as in the superior, and sometimes in the inferior ganglion of the vagus nerve. This means that degenerating neurons of the mentioned ganglia sends their axons to the injured regions of the cerebellum.

In cases of superficial lesions of the cerebellum (P 104, P 70, P 19) distinct chromatolytic changes

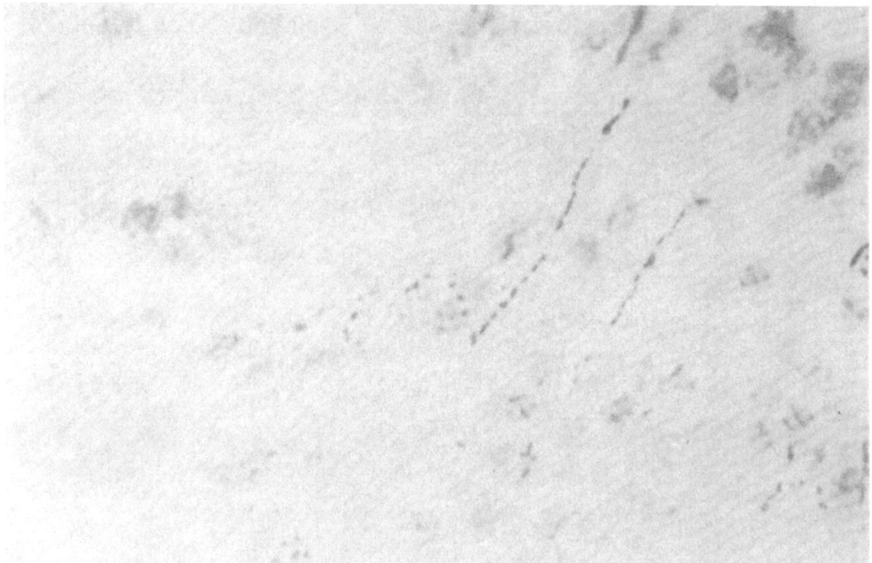

Fig. 15. Degenerating fibers in the granular layer of cortex of the posterior part of lobule V of the cerebellar vermis after intracranial rhizotomy of the glossopharyngeal and the vagus nerve in the case P 118. Nauta stain, 500 ×.

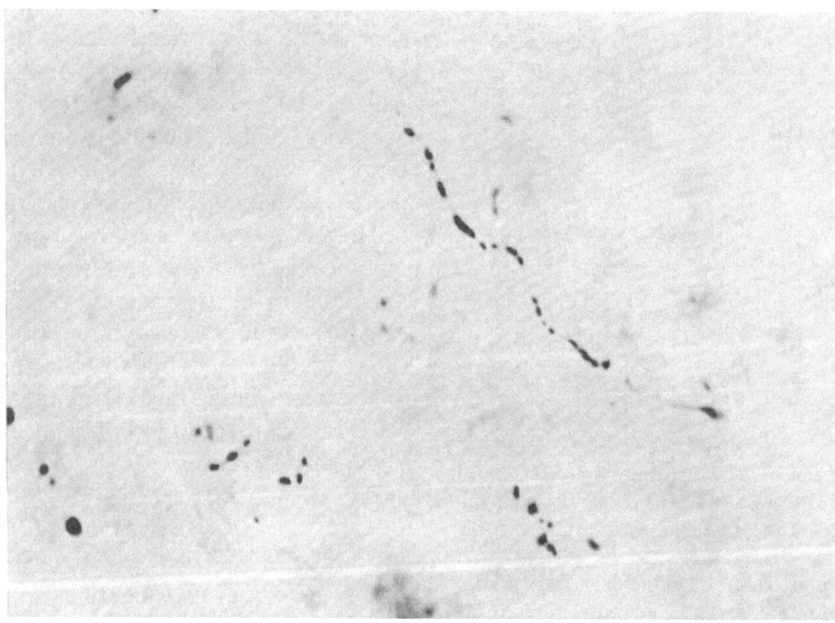

Fig. 16. Degenerating fibers in the granular layer of the cortex the lobule VIIIa of the cerebellar vermis after intracranial rhizotomy of the glossopharyngeal and the vagus nerve in the case P 63. Nauta stain, 500 ×.

occurred only when the lesion referred to the anterior cerebellar lobe. Similarly, cases of lesions of the posterior parts of the vermis and hemisphere caused a rather insignificant degeneration in neurons of ganglia IXth and Xth of the cranial nerve. This suggests that the projection of these nerves to the posterior regions of the cerebellum is very insignificant. In the operation that injured the cerebellar posterior vermis together with the fastigial nucleus (P 112) the intensity of neurons degeneration in the examined ganglia was not greater, and therefore it cannot be decided whether the fastigial nucleus receives any contingent of primary afferent glossopharyngeal and vagal fibers. The various extent of posterior cerebellar lesions arrived as a rule, inside the white matter at least,

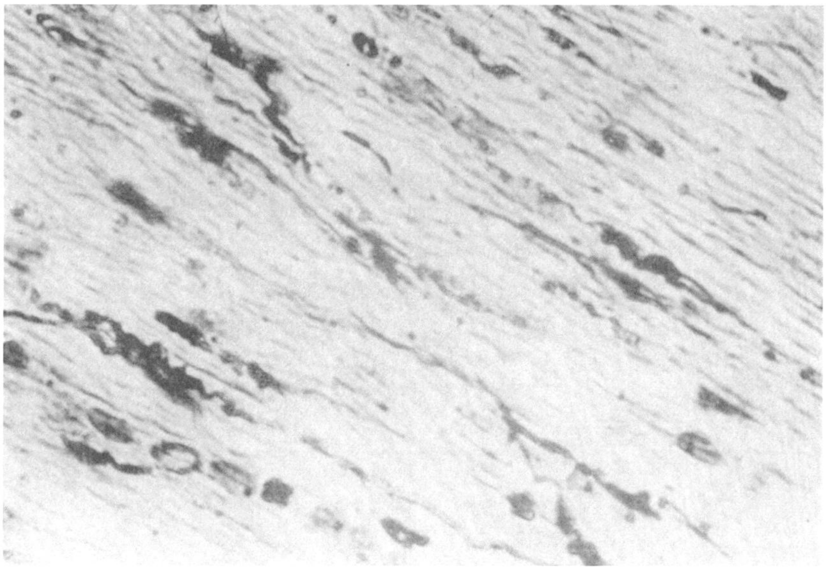

Fig. 17. Degenerating fibers in the middle part of the inferior cerebellar peduncle homolaterally to extracranial transection of the vagus nerve proximally to the inferior ganglion in the case P 119. Nauta stain, 800 ×.

in the territory of a small posterior projection field of the IXth and Xth nerves (as issues from the analysis of Nauta material), while there are no simultaneous quantitative studies of degenerating neurons in ganglia, does not permit to draw certain conclusions.

We can conclude from these considerations that primary afferent neurons of the peripheral ganglia of the IXth and Xth cranial nerves send axons into the posterior part of the anterior cerebellar lobe and perhaps into the small area of the anterior part of the posterior cerebellar lobe. Most probably no fibers end in the fastigial nucleus.

The analysis of cases P 79 and P 11 suggests that the cerebellum obtains only a homolateral afferent projection from the ganglia of the IXth and Xth cranial nerves.

The ablation method applied in these investigations does not allow to define precisely the cerebellar projection area for the primary afferent fibers of the IXth and Xth cranial nerves, because a rather large part of the cerebellum was removed each time.

It is impossible from available material to define, too, whether the described projection is homolateral or bilateral, and it made difficult a correlation of this projection with the zonal cerebellar organization, given by JANSEN and BRODAL (1940, 1942).

These observations are supplemented by the analysis of Nauta material (after transections of cranial nerves), which shows that degenerating fibers are present within the posterior part of lobule V, in a small anterior part of lobule VI, and in the borderland of lobules VIIIa and VIIb, the vermis and the medial parts of the hemispheres.

The degenerating fibers reach the mentioned regions of the cerebellum by way of the inferior cerebellar peduncle. This supports the earlier microscopic findings of HELD (1892) in experimental Marchi material after cutting of the VIIth, IXth and Xth cranial nerve, and macroscopic observations of БАРАШКОВ (1960) with dissecting technique in normal human material, who observed fibers entering the inferior cerebellar peduncle. KERR (1962b) in Nauta method after transections of the IXth and Xth cranial nerves mentions a few fibers "in marginal zone of the cuneate accessory nucleus just beneath the restiforme body" and states that "it may be that they reach the cerebellum by way of the restiform body", as well.

Contrary to these CAJAL (1909) and ASTRÖM (1953) in GOLGI method, and VAN GEHUCHTEN (1900), ALLEN (1923a), DU BOIS (1929), FOLEY and DU BOIS (1933, 1934), DU BOIS and FOLEY (1936, 1937), as well as INGRAM and DAWKINS (1945) in MARCHI material, did not find fibers of this type in the inferior cerebellar peduncle. Several others authors, as well, who applied the NAUTA method (TORVIK, 1956; KIMMEL, KIMMEL and ZARKIN, 1961; KUNC and MARSALA, 1962;

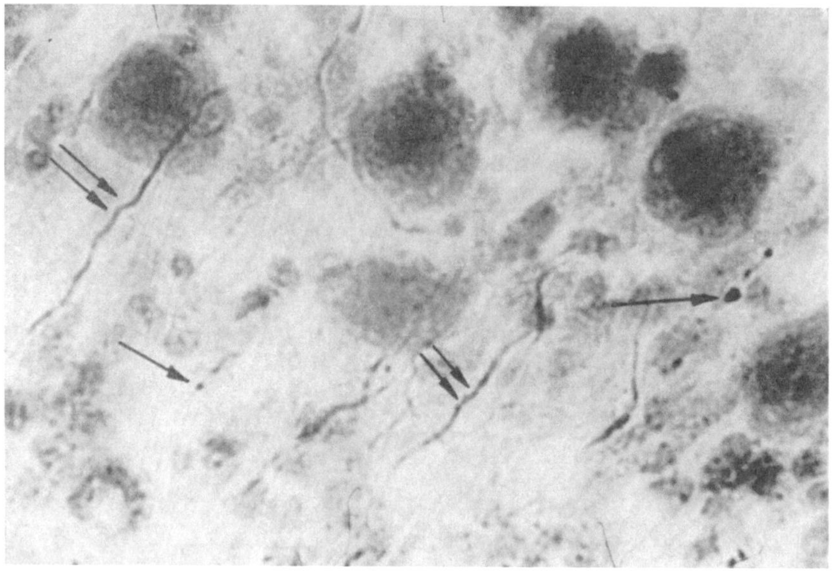

Fig. 18. The degenerating (arrows) and normal (doubly arrow) fibers in the granular and Purkinje layers the cortex of lobule V the cerebellar vermis after extracranial transection of the vagus nerve proximally to the inferior ganglion in the case P 114. Nauta stain, 520 ×.

COTTLE, 1964; RHOTON, O'LEARY and FERGUSON, 1966) do not mention any direct afferent fibers from the IXth and Xth nerves projecting to the cerebellum. Our results show that direct cerebellipetal primary afferent glossopharyngeal and vagal fibers take a more central position in the inferior cerebellar peduncle. So they are not situated within the so-called corpus juxtarestiforme which, formed of fibers connecting in two directions the vestibular centres and the cerebellum (BUSCH, 1961; VOOGD, 1964; FLOOD and JANSEN, 1966) occupies the medial part of the inferior cerebellar peduncle.

The fibers demonstrated at present do not seem to correspond to components identified by VAN GEHUCHTEN (1900) and KRAUSE (1930) as fibers running to the cerebellum directly from the region of the solitary nucleus ALLEN (1923b) however, in experimental MARCHI material, and CAJAL (1909) and ASTRÖM (1953) in normal GOLGI material did not verify of such connections. In the light of the present observations the view of several authors (BUSCH, 1961; VOOGD, BROERE and VAN ROSSUM, 1969; SOBUSIAK, 1970), that components mentioned do not represent the primary afferent cerebellar fibers of the glossopharyngeal and vagus nerves, but they rather correspond to the so-called nucleo-cerebellar fibers of VAN GEHUCHTEN (1900), BUSCH (1961) and VOOGD (1964), may be confirmed.

More precise information about the termination of the primary afferent fibers of the IXth and Xth cranial nerves can be obtain by the analysis of Nauta material. This analysis shows that these fibers run only homolaterally to the cortex of the anterior cerebellar lobe within the posterior part of lobule V and the anterior part of lobule VI, as well, as though in a minor degree, within the adherent parts of lobules VIIb and VIIIa of the posterior cerebellar lobe. None of the primary afferent fibers of the IXth and Xth cranial nerves appears to form any direct synaptic contacts with neurons of the fastigial nucleus. Simultaneously this projection in the anterior cerebellar lobe comprises not only the median and intermediate zone, but also the medial part of the lateral cerebellar zone of JANSEN and BRODAL (1940, 1942) what coincides, in a high degree, with the medio-lateral extent of the projection from the spino-cerebellar tracts (VOOGD, BROERE and VAN ROSSUM, 1969) and the accessory cuneate nucleus (GRANT, 1962b), as well.

The great similarity of termination of cuneo-cerebellar tract and of primary glossopharyngeal and vagal cerebellar projection deserves special consideration, since degeneration of cerebellipetal fibers, in cases with intracranial root sections, may be produced by accidental damage of the accessory cuneate nucleus. However, we excluded this suspicion because in the present observations the cases without lesions inflicted to the accessory cuneate nucleus were analyzed only (remaining material which showed some degeneration due to trauma incident to the operation, and with happen lesion of the accessory cuneate nucleus was rejected, as stated above).

The primary afferent fibers of the IXth and Xth nerves form terminations that resemble the endings of mossy fibers and thus are likened to the terminals of primary (BRODAL and HØVIK, 1964; HILLMAN, 1969), and secondary vestibular (BRODAL and DRABLØS, 1963; VOOGD, 1964), reticulo-cerebellar (VOOGD, 1964), spino-cerebellar (BRODAL and GRANT, 1962; GRANT, 1962a; VOOGD, 1964), and cuneo-cerebellar fibers (GRANT, 1962b).

In the present investigations, unlike KERR's (1962b) after the transection of the vagus nerve between the jugular and nodose ganglia we observed few degenerating fibers not only in the territory of the solitary tract but also in the inferior cerebellar peduncle. The suggestion that these fibers (representing axons of neurons the inferior ganglion of the vagus nerve) terminate only in the anterior projection field of the cerebellum cannot hold since in the other cases the degeneration of neurons of the nodose ganglion occurs also after lesions relative to the posterior projection field of the cerebellum only. The parental neurons for other (non-cerebellar) fibers are situated only homolaterally in the peripheral ganglia of the glossopharyngeal nerve (but only of the upper one, if the superior and inferior ganglia occur), in the superior ganglion of the vagus nerve, and possibly also in the inferior ganglion of the same nerve.

In the superior ganglion of the vagus nerve are localized the parental neurons of fibers contained in the auricular branch (FOLEY and DU BOIS, 1934; DU BOIS and FOLEY, 1936, 1937), meningeal branch (DU BOIS and FOLEY, 1936), pharyngeal branches (MOLHANT, 1914; FOLEY and DU BOIS, 1934), and partly in the recurrent laryngeal nerve (MOLHANT, 1914; HEINBECKER and O'LEARY, 1933; DU BOIS and FOLEY, 1936), while in the inferior ganglion of the vagus nerve the parental neurons of afferent fibers of the superior and inferior laryngeal nerves (MOLHANT, 1914; HEINBECKER and O'LEARY, 1933; DU BOIS and FOLEY, 1936), are situated, as are those of fibers destined for the viscera of the thorax and abdomen (MOLHANT, 1914). So we can suppose that the degenerating fibers running by way of the inferior cerebellar peduncle direct to the cerebellum are axons of cells whose peripheral processes (dendrites) are contained in the pharyngeal branches of the vagus nerve and in the superior and recurrent laryngeal nerves. If we further accept, basing on findings of SUZUKI and KIRCHNER (1968, 1969) the presence of proprioceptive fibers in the laryngeal nerves, we can suppose that the stated primary afferent fibers from the IXth and Xth cranial nerves transmit information of the proprioceptive type to the cerebellum.

Our statement is partly consistent with electrophysiological observations of LAM and OGURA (1952), which found potentials in the paramedian lobule (lobulus H VIIIa) and crus I (lobulus H VIIa) of the cerebellum following stimulation of the superior laryngeal nerve.

The topic differentiation of projection regions of median and intermediate cerebellar zones demonstrated many times in the region of the anterior cerebellar lobe mainly (PROVINI, REDMAN and STRATA, 1967, 1968; CERVETTO, MARCHESI and STRATA, 1969) with representation not only of spino-cerebellar (BRODAL and GRANT, 1962; GRANT, 1962a; VOOGD, 1964; VOOGD, BROERE and VAN ROSSUM, 1969), spino-olivary (OSCARSSON and UDDENBERG, 1966; OSCARSSON, 1967, 1968, 1969), olivo-cerebellar (BRODAL, 1940), spino-reticular (BRODAL, 1943, 1949; GRANT, OSCARSSON and ROSÉN, 1966), cortico-olivary (WALBERG, 1956; SOUSA-PINTO and BRODAL, 1969) and subcortico-olivary (WALBERG, 1956; 1968), but also cortico-reticulo-cerebellar (BRODAL, 1943; BRODAL P., MARSALA and BRODAL, 1967; EVARTS and THACH, 1969), and cortico-ponto-cerebellar (BRODAL and JANSEN, 1946; BRODAL P., 1968; EVARTS and THACH, 1969) tracts, agrees with the cerebellar projection of the IXth and Xth cranial nerves proved in this paper.

The cerebellar field lying in front of lobulus V of the anterior cerebellar lobe represents the so-called hindlimb area, while lobulus V the forelimb area. In this way the projection of mossy fibers from the IXth and Xth cranial nerves, localized in the limits of transverse cerebellar zones, corresponds to the neck and partly the head of the topical homunculus in SNIDER's (1967) map.

Summary

This paper discusses the results of studies performed on dogs in which symptoms of retrograde degeneration within the peripheral ganglia of the IXth and Xth cranial nerves (toluidine blue method) after various lesions of the cerebellum were investigated. Moreover, after intracranial rhizotomy of the IXth and X^th^ nerves and extracranial transections of the Xth nerve (proximally to the nodose ganglion) the anterograde degeneration of axons (Nauta method) in the medulla and cerebellum was analysed.

The studies showed that there are cerebellipetal primary afferent fibers of the IXth and X^th^ cranial nerves, at once the parental pericarions of these fibers lying in the peripheral ganglia of the mentioned nerves, and mainly in the superior ganglia.

The considered fibers end within the cortex of lobules V and VI of the medial and intermediate zones of the anterior lobe, as well as in the regions of the lateral zone adjoining them, and within lobules VII and VIII of the medial zone of the posterior cerebellar lobe.

The possible physiological importance of the proved primary afferent cerebellar projections from the IXth and X^th^ cranial nerves has been discussed.

Zusammenfassung

Es werden die Ergebnisse der an Hunden durchgeführten Untersuchungen über retrograde Degeneration in peripheren Ganglien des IX. und X. Hirnnerven nach verschiedenen Läsionen des Kleinhirns (Toluidinblaumethode) erörtert.

Gleichzeitig wird die retrograde Degeneration der Axone (Nauta-Methode) im Rückenmark und im Kleinhirn nach intrakranieller Durchtrennung des IX. und X. Hirnnerven und nach extrakranieller Durchtrennung des X. Hirnnerven (proximal vom Ganglion nodosum) analysiert. Die Untersuchungen haben erwiesen, daß es primäre, zum Kleinhirn führende, afferente Fasern des IX. und X. Hirnnerven gibt, wobei die zuständigen Perikarya dieser Fasern in den peripheren Ganglien dieser Nerven liegen (Lokalisation hauptsächlich in den oberen Ganglien).

Die oben erwähnten Fasern enden im Bereich des V. und VI. Kleinhirn-Lobulus der medianen und der intermedianen Zone des Lobus anterior, sowie in der anliegenden Umgebung der lateralen Zone und in den Lobuli VII und VIII der medianen Zone des hinteren Kleinhirn-Lobulus. Es wird die physiologische Bedeutung der nachgewiesenen primären afferenten Projektion des IX. und X. Hirnnerven diskutiert.

List of Abbreviations

N.A.	— ambiguus nucleus
N.C.	— cuneate nucleus
N.C.A.	— acessory cuneate nucleus
N.d.	— dentate (lateral) nucleus
N.D.X	— dorsal vagal nucleus
N.f.	— fastigial nucleus
N.i.	— interposite nucleus
N.P.R.	— paramedian reticular nucleus
N.R.L.	— lateral reticular nucleus
N.T.So.	— solitary tract nucleus
N.T.S.V	— spinal trigeminal nucleus
N.V.I.	— inferior vestibular nucleus
N. XII	— hypoglossal nucleus
O.X.	— inferior olivary nucleus
P.C.I.	— inferior cerebellar peduncle
Pyr.	— pyramid
R. XII	— rootlets of the hypoglossal nerve
Rr. IX, X	— rootlets of the glosso-pharyngeal and the vagus nerve
T.S. V	— spinal trigeminal tract
V. IV	— IV ventricle

Acknowledgements

The ideas expressed in this paper have been refined through discussion with many stimulating authors. We feel especial indebtedness to Prof. H. Powiertowski, Head of Department of Neurosurgery, for the facilities graciously provided to the authors.

The authors would like to express the deep gratitude to Prof. K. Miętkiewski, M.D., Head of Department of Histology, for his courtesy of having provided opportunities for this study and his continuous encouragement during the work. We wish to express particular gratitude to Doc. F. Tokarz, M.D., for his help in first steps of operations.

The authors want to thank Mrs. M. Krawczyk, G. Kozubowska and I. Chojnacka for their excellent technical assistance.

References

Allen, W. F.: Origin and distribution of the tractus solitarius in the guinea pig. J. comp. Neurol. **35**, 171—204 (1923a).

Allen, W. F.: Origin and destination of the secondary visceral fibres in the guines pig. J. comp. Neurol. **35**, 275—312 (1923b).

Aström, K. E.: On the central course of afferent fibres in the trigeminal, facial, glossopharyngeal, and vagal nerves and their nuclei in the mouse. Acta physiol. Scand. **29**, Suppl. 106, 209—320 (1953).

Барашков, В, Е.; „О связи языкоглотоьного нерва с мозжечком." Вопросы морфологии нервной системы, Медгиз, Москва., з8р. 53—55 (1960)

Brodal, A.: Experimentelle Untersuchungen über die olivo-cerebellare Lokalisation. Z. ges. Neurol. Psychiat. **169**, 1—153 (1940).

Brodal, A.: The cerebellar connections of the nucleus reticularis lateralis (nucleus funiculi laterali) in rabbit and cat. Experimental investigations. Acta psychiat. (Kth) **18**, 171—233 (1943).

Brodal, A.: Spinal afferents to the lateral reticular nucleus of the medulla oblongata in the cat. J. comp. Neurol. **91**, 259—295 (1949).

Brodal, A., and P. A. Drabløs: Two types of mossy fiber terminals in the cerebellum and their regional distribution. J. comp. Neurol. **121**, 173—187 (1963).

Brodal, A., and G. Grant: Morphology and temporal course of degeneration in cerebellar mossy fibers following transection of spinocerebellar tracts in the cat. An experimental study with silver methods. Exper. Neurol. **5**, 67—87 (1962).

BRODAL, A., and B. HØVIK: Site and mode of termination of primary vestibulo-cerebellar fibres in the cat. An experimental study with silver impregnation methods. Arch. ital. Biol. **102**, 1—21 (1964).

BRODAL, A., and J. JANSEN: The ponto-cerebellar projection in the rabbit and cat. Experimental investigations. J. comp. Neurol. **84**, 31—118 (1946).

BRODAL, P.: The corticopontine projection in the cat. I. Demonstration of a somatotopically organized projection from the primary sensorimotor cortex. Exp. Brain Res. **5**, 210—234 (1968).

BRODAL, B., J. MARSALA and A. BRODAL: The cerebral cortical projection to the lateral reticular nucleus in the cat, with special reference to the sensorimotor cortical areas. Brain Res. **6**, 252—274 (1967).

BUSCH, H. F. M.: An anatomical analysis of the white matter in the brain stem of the cat. Van Gorcum a. Comp. N.V., Dr. H. J. Prakke a. H. M. G. Prakke. Assen (1961).

CAJAL Y RAMON: Histologie du Systéme Nerveux de l'Homme et des Vertebres. Paris. A. Maloine (1909).

CERVETTO, L., G. F. MARCHESI and P. STRATA: Electrophysiological investigations on the pathways from the cerebral cortex to the anterior lobe of cerebellum. Arch. ital. Biol. **107**, 85—104 (1969).

COTTLE, M. K.: Degeneration study of primary afferents of IXth and Xth cranial nerves in the cat. J. comp. Neurol. **122**, 329—345 (1964).

DU BOIS, F. S.: The tractus solitarius and attendant nuclei in the Virginian opossum (Didelphis virginiana). J. comp. Neurol. **47**, 189—224 (1929).

DU BOIS, F. S. and J. O. FOLEY: Experimental studies on the vagus and spinal accessory nerves in the cat. Anat. Rec. **69**, 285—307 (1936).

DU BOIS, F. S., and J. O. FOLEY: Quantitative studies of the vagus nerve in the cat. II. The ratio of jugular to nodose fibers. J. comp. Neurol. **67**, 69—87 (1937).

EAGER, R. P., and B. J. BARNETT: Morphological and chemical studies of Nauta-stained degenerating cerebellar and hypothalamic fibers. J. comp. Neurol. **126**, 487—510 (1966).

EVARTS, E. V., and W. T. THACH: Motor mechanisms of the CNS: cerebrocerebellar interrelations. Ann. Rev. Physiol. **31**, 451—498 (1969).

FLOOD, S., and J. JANSEN: The efferent fibres of the cerebellar nuclei and their distribution on the cerebellar peduncles in the cat. Acta Anat. **63**, 137—166 (1966).

FOLEY, J. O., and F. S. DU BOIS: Experimental and anatomical studies on the vagus nerve of the cat. Proc. Soc. exp. Biol. Med. **30**, 571—572 (1933).

FOLEY, J. O., and F. S. DU BOIS: An experimental study of the rootlets the vagus nerve in the cat. J. comp. Neurol. **60**, 137—159 (1934).

GEHUCHTEN, A. VAN: Recherches sur la terminasion centrale des nerfs sensibles périphériques. Le faisceau solitaire. Le Nevraxe **1**, 173—195 (1900).

GLEES, P., and W. J. H. NAUTA: A critical review of studies on axonal and terminal degeneration. Monatschr. f. Psychiat. u. Neurol. **129**, 74—91 (1955).

GRANT, G.: Spinal course and somatotopically localized termination of the spino-cerebellar tracts. An experimental study in the cat. Acta Physiol. Scand. **56**, Suppl. 193, 1—45 (1962a).

GRANT, G.: Projection of the external cuneate nucleus onto the cerebellum in the cat. An experimental study using silver methods. Exp. Neurol. **5**, 179—195 (1962b).

GRANT, G., O. OSCARSSON and I. ROSÉN: Functional organization of the spinoreticulocerebellar path with identification of its spinal components. Exp. Brain Res. **1**, 306—319 (1966).

HEIMER, L.: Selective silver impregnation of degenerating axoplasm. Manuscript (1969).

HEINBECKER, P., and J. O'LEARY: The mammalian vagus nerve — a functional and histological study. Amer. J. Physiol. **106**, 623—646 (1933).

HELD, H.: Die Endigungsweise der sensiblen Nerven im Gehirn. Arch. Anat. Physiol., Anat. Abt., 33—39 (1892).

HILLMAN, D. E.: Light and electron microscopical study of the relationships between the cerebellum and the vestibular organ of the frog. Exp. Brain Res. **9**, 1—15 (1969).

HOLMQVIST, B., O. OSCARSSON and I. ROSÉN: Functional organization of the cuncocerebellar tract in the cat. Acta physiol. Scand. **58**, 216—235 (1963).

INGRAM, W. R.. and R. A. DAWKINS: The intramedullary course of afferent fibres of the vagus nerve in the cat. J. comp. Neurol. **82**, 157—168 (1945).

JANSEN, J., and A. BRODAL: Experimental studies on the intrinsic fibers of the cerebellum. II. The cortico-nuclear projection. J. comp. Neurol. **73**, 267—321 (1940).

JANSEN, J., and A. BRODAL: Experimental studies on the intrinsic fibres of the cerebellum. III. Cortico-nuclear projection in the rabbit and the monkey. Norske Vid. Akad., Avh. I, Math. Nat. Kl., **3**, 1—30 (1942).

KERR, F. W. L.: Afferent connections of the VII, IX and Xth cranial nerves. Anat. Rec. **142**, 248 (1962a).

KERR, F. W. L.: Facial, vagal and glossopharyngeal nerves in the cat. Arch. Neurol. **6**, 264—281 (1962b).

KIMMEL, D. L.: The termination of vagal and glossopharyngeal afferent nerve fibers in the region of commissura infima in the cat, rat and guinea pig. Anat. Rec. **151**, 371 (1965).

KIMMEL, D. L., C. D. KIMMEL and A. ZARKIN: The central distribution of the afferent nerve fibers of the facial and vagus nerves in the guinea pig. Anat. Rec. **135**, 245 (1961).

KOENIG, H., R. A. GROAT and W. F. WINDLE: A physiological approach to perfusion — fixation of tissues with formalin. Stain Technol. **20**, 13—22 (1945).

KRAUSE, F.: Über eine Verbindung des sensiblen Vagus und Glossopharyngeus mit dem Cerebellum. Proc. Kon. Akad. Wet., Amsterdam, **33**, 1082—1089 (1930).

KUNC, Z., and J. MARSALA: La localisation et la terminaison des voies afférentes des nerfs IX et X dans le bulbe. Acta Neurochir. **10**, 512—522 (1962).

LAM, R. L., and I. H. OGURA: An afferent representation of the larynx in the cerebellum. Laryngoscope **62**, 486—495 (1952).

LARSELL, O.: The cerebellum of the cat and the monkey. J. comp. Neurol. **99**, 135—200 (1953).

MOLHANT, M.: Le nerf vagua. Etude anatomique experimentale. Troisieme partie. Les ganglions peripheriques du vague. Localisation des noyaux de sensibilite et distribution peripherique des fibres qui en emanent. Le Nevraxe **14—15**, 521—579 (1914).

NAUTA, W. J. H.: Silver impregnation of degenerating axons. In: W. F. Windle (Ed.), New Research Techniques of Neuroanatomy, Thomas, Springfield, III, pp. 17–26 (1957).

NAUTA, W. J. H., and P. A. GYGAX: Silver impregnation of degenerating axon terminals in the central nervous system. Stain Technol. **26**, 5–11 (1951).

NAUTA, W. J. H., and P. A. GYGAX: Silver impregnation of degenerating axons in the central nervous system. A modified technic, Stain Technol. **29**, 91–93 (1954).

OSCARSSON, O.: Three ascending tracts activated from group I afferents in forelimb nerves of the cat. In: Physiology of spinal neurones, edited by J. C. Eccles and J. P. Schadé. Progress in Brain Research. Amsterdam–New York. Elsevier Publ. Co, **12**, 179–196 (1964).

OSCARSSON, O.: Functional organization of the spino- and cuneo-cerebellar tracts. Physiol. Rev. **45**, 495–522 (1965).

OSCARSSON, O.: Termination and functional organization of a dorsal spino-olivocerebellar path. Brain Res. **5**, 531–534 (1967).

OSCARSSON, O.: Termination and functional organization of the ventral spino-olivo-cerebellar path. J. Physiol. **196**, 453–478 (1968).

OSCARSSON, O.: Termination and functional organization of the dorsal spino-olivo-cerebellar path. J. Physiol. **200**, 129–149 (1969).

OSCARSSON, O., and N. UDDENBERG: Somatotopic termination of spino-olivocerebellar path. Brain Res. **3**, 204–207 (1966).

PROVINI, L., S. REDMAN and P. STRATA: Somatotopic organization of mossy and climbing fibres to the anterior lobe of cerebellum activated by the sensorimotor cortex. Brain Res. **6**, 378–381 (1967).

PROVINI, L., S. REDMAN and P. STRATA: Mossy and climbing fibre organization on the anterior lobe of the cerebellum activated by forelimb and hindlimb areas of the sensorimotor cortex. Exp. Brain Res. **6**, 216 bis 233 (1968).

RHOTON, A. L., J. L. O'LEARY and J. P. FERGUSON: The trigeminal, facial, vagal and glossopharyngeal nerves in the monkey. Afferent connections. Arch. Neurol. **14**, 530–540 (1966).

SNIDER, R. S.: Functional alterations of cerebral sensory areas by the cerebellum. Progr. Brain Res., **25**, 322 bis 333 (1967).

SOBUSIAK, T.: Połączenia móżdżkowe niektórych skupisk istoty szarej dna komory IV ze szczególnym uwzględnieniem jąder zespołu okołopodjęzykowego. Roczniki Naukowe AM Poznań, **4**, 91–108 (1970).

SOUSA-PINTO, A., and A. BRODAL: Demonstration of a somatotopical pattern in the cortico-olivary projection in the cat. An experimental–anatomical study. Exper. Brain Res. **8**, 364–386 (1969).

SUZUKI, M., and J. A. KIRCHNER: Afferent nerve fibers in the external branch of the superior laryngeal nerve in the cat. Ann. Otol. Rhinol. Laryngol. **77**, 1059–1070 (1968).

SUZUKI, M. and J. A. KIRCHNER: Sensory fibers in the recurrent laryngeal nerve. Ann. Otol. Rhinol. Laryngol. **78**, 21–31 (1969).

TORVIK, A.: Afferent connections to the sensory trigeminal nuclei, the nucleus of the solitary tract and adjacent structures. An experimental study in the rat. J. comp. Neurol. **106**, 51–142 (1956).

VOOGD, J.: The cerebellum of the cat. Structure and fibre connexions, Van Gorcum a. Comp. N.V., Dr. J. H. Prakke a. H. M. G. Prakke, Assen (1964).

VOOGD, J., G. BROERE and J. VAN ROSSUM: The mediolateral distribution of the spinocerebellar projection in the anterior lobe and the simple lobule in the cat and a comparison with some other afferent fibre systems. Psychiat. Neurol. Neurochir. **72**, 137–151 (1969).

WALBERG, F.: Descending connections to the inferior olive. An experimental study in the cat. J. comp. Neurol. **104**, 77–173 (1956).

WALBERG, F.: Light and electron microscopic studies of two cerebellar relay nuclei. In: The cerebellum in health and disease (Ed. W. S. Field, W. D. Willis, Jr.) Warren H. Green, Inc., **39-62** (1969).

ZIMNY, R., and Z. MATŁOSZ: Does the glossopharyngeal nerve take part in the afferent innervation of the motor apparatus of the tongue? Folia Morphol., 30, 63–72 (1971).

Addresses of authors:

T. SOBUSIAK, M.D.
Dept. of Anatomy Medical Academy
Poznań, Poland
Av. Święcickiego 6

R. ZIMNY, M.D.
Dept. of Anatomy and Dept. of Neurosurgery
Medical Academy
Poznań, Poland
Av. Przybyszewskiego 49

Z. MATŁOSZ, M.D.
Dept. of Neurosurgery Medical Academy
Poznań, Poland
Av. Przybyszewskiego 49

Buchbesprechungen

NORTHCUTT, R. GLENN:

The Telencephalon of the Western Painted Turtle (Chrysemys picta belli)

Illinois Biological Monographs 43. University of Illinois Press Urbana, Chicago, and London 1970. Price 54/—.

Die Darstellung der funktionellen Morphologie des Endhirnes von Chrysemys picta belli (Carapax 42,27 bis 17,34 cm) basiert auf neurohistologischen Untersuchungen (Bodian, Golgi-Cox, Kresylviolett, Klüver, Nauta-Gygax und Weil) von 29 Schnittserien. Darüber hinaus standen 17 Hirnschnittserien verschiedener Reptilien zur Verfügung. Zur Analyse der Leitungssysteme wurden in Unterkühlungsnarkose Läsionen gesetzt bzw. unilaterale Entfernungen verschiedener Telencephalonbezirke vorgenommen.

Die Arbeit enthält eine detaillierte Beschreibung der Kerne des Telencephalons und der durch das Degenerationsexperiment erfaßten Leitungssysteme. Die Einzelheiten der an Hand instruktiver Abbildungen dargestellten Ergebnisse müssen im Original gelesen werden. Folgendes sei hervorgehoben: Der Cortex cerebri wird in drei Regionen gegliedert. Die laterale Region (= Cortex pyriformis) erhält olfactorische Projektionen und interhemisphärische Verbindungen zur gegenüberliegenden Cortexseite über die Commissura anterior. Der Cortex dorsalis wird in eine dorsolaterale und dorsomediale Komponente gegliedert. Der dorsolaterale Abschnitt erhält Fasern von den vorderen dorsomedialen oder lateralen Thalamuskernen sowie vom vorderen Teil des Epistriatums (Edinger) (= dorsal ventricular ridge). Der dorsolaterale Teil des Cortex dorsalis besitzt motorische Neurone vom Typus I (Golgi), welche zum homolateralen Hemisphärengebiet („dorsal ventricular ridge"), zum homolateralen Palaeostratum und wahrscheinlich auch zum homolateralen ventralen Teil des Nc. lateralis thalami projizieren. Der dorsolaterale Teil des Cortex dorsalis besitzt ferner assoziative Fasern, die über die Commissura anterior zum kontralateralen Cortex dorsalis verlaufen.

In der lateralen Endhirnwand der Schildkröte werden 3 große Kerngebiete beschrieben: Palaeostriatum, „dorsal ventricular ridge" und der basale Nc. amygdalae. Die Verbindungen der Leitungsbahnen zu diesen Hirnabschnitten werden beschrieben. Der vordere Teil des Epistriatums („dorsal ventricular ridge") erhält thalamische Zuleitungen vom Nc. rotundus, von den vorderen dorsomedialen und lateralen Thalamuskernen sowie vom Cortex dorsalis, pars dorsolateralis.

Im Telencephalon werden 3 longitudinale palliale und subpalliale Säulen beschrieben (P I, P II, P III). Die dorsopalliale Säule (P II) gliedert sich in eine dorsomediale (P IIa) und eine dorsolaterale (P IIb) Komponente. Beide Teile enthalten Neurone vom Typus I (Golgi). Der Abschnitt P III wird ebenfalls in 2 Komponente gegliedert (P IIIa und PIIIb).

In der „sauropsid reptilian line" verschwinden die Neurone vom Typus Golgi I im Bereiche des Abschnittes P IIb, und der Abschnitt P IIIa proliferiert in den Ventrikel und bildet eine große Kernmasse. Die P IIb-Komponente bildet keinen echten Cortex. Diese Entwicklungslinie findet sich bei allen lebenden Reptilien mit Ausnahme der Schildkröten und bei Vögeln. In der „theropsid reptilian line" bleiben die Neurone vom Typus Golgi I in dem Abschnitt P IIb erhalten. Im Gegensatz zur „sauropsid reptilian line" entwickelt sich das Gebiet P IIb zu einem echten Cortex. Diese Entwicklungslinie ist bei Schildkröten und Säugetieren erkennbar.

Mit der vorliegenden Monographie wird die von Cajal schon 1906 geäußerte Auffassung bestätigt, wonach dem Reptiliengehirn für die Aufklärung des Hirnbauplanes eine besondere Bedeutung zukommt. Darüber hinaus hat der Autor die im Vergleich zu allen anderen Reptilien interessante Sonderstellung des Gehirns der Schildkröten im Rahmen des Evolutionsprozesses der Wirbeltiere eindrucksvoll aufgezeigt. Die Monographie zeigt, daß vergleichend-anatomische Untersuchungen in Kombination mit dem Experiment auch in unserer Zeit zu wertvollen neuen Erkenntnissen führen können.

W. KIRSCHE, Berlin

Aspects of Neuroendocrinology

Edited by W. BARGMANN, Universität Kiel, and B. SCHARRER, Yeshiva-University, Bronx, N.Y. 145 fig. 1 portrait, XI, 380 pages (41 pp. in French, 46 pp. in German) 1970. Springer-Verlag, Berlin—Heidelberg—New York. DM 98,—; US $ 27.00

Die von W. BARGMANN und B. SCHARRER herausgegebene Monographie enthält den größten Teil der auf dem V. internationalen Symposion über Neurosekretion im Anatomischen Institut der Universität Kiel gehaltenen Vorträge. Der vorliegende Band ist BERTIL HAUSTRÖM, einem der Pioniere der Neurosekretionsforschung gewidmet. Es wurden neben Vorträge über verschiedene Probleme der Neurosekretion 4 Hauptthemen behandelt:

1. Neurosekretion bei Invertebraten.
2. Adrenerge Neurone.
3. Mechanismus der Freisetzung von neurohypophysärem Material.
4. Hypothalamische Kontrolle des Hypophysen-Vorderlappens.

In einem ausgezeichneten Übersichtsreferat von B. SCHARRER und M. WEITZMAN zur Frage der Neurosekretion bei Invertebraten wird ersichtlich, daß auch bei Wirbellosen wertvolle Erkenntnisse zu verschiedenen neuroendokrinen Vorgängen zu erzielen sind, wenn geeignete Tierarten mit geeigneter Methode untersucht werden. In weiteren Beiträgen zu diesem Hauptthema werden u. a. neue Möglichkeiten zur fluoreszenzmikroskopischen Darstellung neurosekretorischer Zellen

(P. ZIMMERMANN) erörtert und interessante Befunde über den Mechanismus der Hormonfreisetzung von neurosekretorischen Axonendigungen bei Calliphora mitgeteilt (T. CH. NORMANN).

DAHLSTRÖM gibt eine sehr gute Darstellung über adrenerge Neurone bei Säugetieren mit besonderer Berücksichtigung fluoreszenzmikroskopischer Untersuchungen. Es werden u. a. Morphologie der adrenergen Neurone, intraneuronale Verteilung von Noradrenalin, axonaler Transport und Noradrenalinfreisetzung von Nervenendigungen dargestellt. Der Beitrag von DAHLSTRÖM wird ergänzt durch eine Arbeit von HÖKFELT über elektronenmikroskopische Untersuchungen an peripheren und zentralen monaminhaltigen Neuronen. Dieser Beitrag behandelt u. a. die gegenwärtige Auffassung über die Bedeutung großer und kleiner „granular vesicles", wobei die modernen Ergebnisse des Schrifttums kritisch dargeboten werden. Es folgen Berichte über das monaminerge hypothalamisch-hypophysäre System, über adrenerge Neurone im Rückenmark von Esox lucius und deren Beziehungen zum neurosekretorischen System der Neurophysis spinalis caudalis sowie über biogene Amine im Tuber cinereum von Xenopus laevis. Der zweite Teil des Symposions wird abgeschlossen durch einen ausführlichen Bericht über Untersuchungen des hypothalamo-neurohypophysären-neurosekretorischen Systems von Rana pipiens nach Durchtrennung der proximalen Neurohyhpopyse.

In einem weiteren Abschnitt des Symposions wird die sehr aktuelle Problematik des Mechanismus der Freisetzung des neurohypophysären Materials behandelt. A. THORN berichtet u. a. über verschiedene Hypothesen der Freisetzung von Vasopressin. Anschließende Beiträge behandeln die Ultrastruktur der neurosekretorischen Faserendigungen, das neurosekretorische System der Albinoratte sowie die noch immer nicht endgültig geklärte Frage über den Ursprung der „synaptischen" Bläschen im neurosekretorischen Axon. L. VOLLRATH erörtert auf Grund elektronenmikroskopischer Untersuchungen der Neurohypophyse von embryonalen und neugeborenen Ratten 3 Möglichkeiten der Entstehung: Die Entwicklung aus sackähnlichen Erweiterungen der Neurotubuli, die Bildung durch mikropinocytotische Invagination des Axolemma und die Entstehung durch Sprossung aus den Membranen von Elementargranula.

Ein weiterer großer Abschnitt der Monographie behandelt die Frage der hypothalamischen Kontrolle des Hypophysen-Vorderlappens. In 11 aktuellen Beiträgen über dopaminerge Leitungswege sowie über die Teilnahme zentraler monoaminerger Neurone an der Regulation des Hypophysen-Vorderlappens und anderer damit im Zusammenhang stehender Probleme werden interessante neue Forschungsergebnisse dargestellt. U. a. berichten OKSCHE, OEHMKE und FARNER über bemerkenswerte Ergebnisse zur Struktur und Funktion des Zwischenhirn-Hypophyse-Systems der Vögel. Durch elektronenmikroskopische Untersuchungen und den fluoreszenzmikroskopischen Aminnachweis konnte im Vogelhypothalamus neben dem klassischen neurosekretorischen System des Nucleus supraopticus und Nucleus paraventricularis noch ein weiterer aminerger neurosekretorischer Apparat des Nucleus infundibularis nachgewiesen werden.

Der letzte Teil des Berichtes beinhaltet 12 Vorträge zu verschiedenen Problemen der Neurosekretion (Verteilung peptiderger Neurone im Säugergehirn, quantitative und qualitative histochemische Untersuchungen des neurosekretorischen Systems der Säugetiere, Einfluß der Winterruhe auf das neurosekretorische System). Ferner berichtet LEONHARDT auf Grund von elektronenmikroskopischen Untersuchungen über Probleme der ventrikulären „gomoripositiven" Neurosekretion. Es werden intraventrikuläre neurosekretorische Fasern beschrieben, die von einer dünnen Lamelle des apikalen Zytoplasmas einer Ependymzelle bedeckt sind. Ein weiterer Fasertyp ist dagegen nicht von Zytoplasma bedeckt. Auch in diesem Beitrag werden Probleme der Neurosekretabgabe diskutiert.

Die vorliegende Drucklegung der Beiträge des V. internationalen Symposions über Neurosekretion vermittelt einen ausgezeichneten Überblick über den gegenwärtigen Stand der Neuroendokrinologie. Die zahlreichen neuen Befunde werden durch ausgezeichnetes Bildmaterial dokumentiert. Das Studium dieses Berichtes läßt erkennen, daß auf diesem Forschungsgebiet in den letzten Jahren beachtliche Fortschritte erzielt wurden, daß aber andererseits noch viele Fragen einer weiteren Klärung bedürfen. Dem vorliegenden Bericht über dieses sehr erfolgreiche Symposion über Probleme der Neurosekretion kann man eine weite Verbreitung wünschen.

W. KIRSCHE, Berlin

Hinweise für Mitarbeiter

1. Es werden nur Arbeiten aufgenommen, die dem Publikationsgebiet der Zeitschrift angehören.

2. Es muß sich um wissenschaftlich wertvolle Arbeiten handeln, die neue und bisher unveröffentlichte Ergebnisse bringen. Arbeiten rein referierenden oder spekulativen Inhalts können in der Regel nicht aufgenommen werden.

3. Die Manuskripte sind, einseitig mit Schreibmaschine geschrieben, in druckfertiger Form einzureichen. Sie können in deutscher, englischer oder französischer Sprache abgefaßt werden.
   Gewünschte Kursivschrift ist durch eine Wellenlinien-Unterstreichung zu markieren. Hervorhebung einzelner Worte durch gesperrte Schrift ist im Manuskript durch unterbrochene Unterstreichung und für den Kleindruck vorgesehene Abschnitte sind im Manuskript durch „p“ zu kennzeichnen. Fußnoten sind fortlaufend zu numerieren. Außer der üblichen Zusammenfassung soll noch eine weitere Zusammenfassung in englischer Sprache beigefügt werden. Bei englischen Originaltexten kann für die zweite Zusammenfassung die deutsche, französische oder russische Sprache gewählt werden Es wird um Angabe des Kolumnentitels gebeten.

   Die Zahl der Abbildungen ist auf das unbedingt nötige Maß zu beschränken. Es wird gebeten, im Manuskript auszuweisen, an welcher Stelle des Textes die Abbildungen und Tabellen zu publizieren sind. Bei Abbildungsvorlagen, die die Satzspiegelgröße (16,9 cm × 23,8 cm) überschreiten, ist auf der Rückseite der Vorlage der Verkleinerungsmaßstab anzugeben. Kleinere Abbildungen sollten der Spaltenbreite (8,1 cm) in entsprechender Weise angepaßt werden. Die Legenden zu den Abbildungen sind auf ein gesondertes Blatt zu schreiben.

4. Im Interesse einer schnellen Veröffentlichung der Beiträge wird das Journal für Hirnforschung im Sofortumbruch hergestellt. Die Autoren erhalten deshalb lediglich eine Umbruchkorrektur. In den Korrekturabzügen können lediglich Wortkorrekturen angegeben werden.

5. Von jeder Originalarbeit werden kostenlos 80 Sonderdrucke geliefert.

6. Der Verlag behält sich das ausschließliche Recht der Vervielfältigung, der Verbreitung und der Übersetzung in fremde Sprachen innerhalb der gesetzlichen Schutzfrist vor. Es ist ohne ausdrückliche Genehmigung nicht gestattet, Photokopien, Mikrofilme und dergleichen von dieser Zeitschrift oder von Teilen derselben herzustellen.

   Manuskripte nehmen entgegen:

   Professor Dr. J. Anthony, Museum National d'Histoire Naturelle, 55 Rue de Buffon, Paris V/Frankreich;
   Professor Dr. A. Hopf, Institut für Hirnforschung, Institutsgruppe II, 4 Düsseldorf, Himmelgeisterstr. 300/5. O.G.;
   Professor Dr. W. Kirsche, Anatomisches Institut der Humboldt-Universität, 104 Berlin, Philippstr. 12;
   Professor Dr. J. Szentágothai, Anatomisches Institut der Universität Budapest, Tüzoltó ut 58, Budapest IX/Ungarn.

FSC
www.fsc.org
MIX
Papier | Fördert gute Waldnutzung
FSC® C083411

Zeitfracht Medien GmbH
Ferdinand-Jühlke-Straße 7
99095 Erfurt, Deutschland
produktsicherheit@kolibri360.de